2025年北京市文物局科研出版项目
北京市考古研究院学术研究丛书（第50号）

牢记民族的伤疤
北京宛平城战争遗迹保护研究

北京市考古研究院
张涛 等 著

学苑出版社

图书在版编目（CIP）数据

牢记民族的伤疤：北京宛平城战争遗迹保护研究 / 张涛等著. -- 北京：学苑出版社, 2025.5. -- ISBN 978-7-5077-7258-6

Ⅰ. K878.24

中国国家版本馆 CIP 数据核字第 20250980BM 号

出 版 人：洪文雄
责任编辑：周　鼎　周　扬
出版发行：学苑出版社
社　　址：北京市丰台区南方庄 2 号院 1 号楼
邮政编码：100079
网　　址：www.book001.com
电子信箱：xueyuanpress@163.com
联系电话：010-67601101（营销部）、010-67603091（总编室）
印 刷 厂：廊坊市印艺阁数字科技有限公司
开本尺寸：889 mm×1194 mm　1/16
印　　张：23.75
字　　数：555 千字
版　　次：2025 年 5 月第 1 版
印　　次：2025 年 5 月第 1 次印刷
定　　价：800.00 元

本书编委会

主　编：张　涛　葛怀忠

副主编：胡　睿　杜　伟　王菊琳　杜德杰　居敬泽

编　委：姜　玲　王丹艺　蒋　妍　房　瑞　刘　通
　　　　曹春利　邢建欣　郭晓峰　李思佳　刘波涛

目录

第一章 绪论 ··· 001
一、概况 ··· 003
二、宛平城历史沿革 ··· 003
（一）明清时期 ·· 003
（二）民国时期 ·· 003
（三）中华人民共和国成立至今 ··· 004
三、宛平城弹坑形成过程 ··· 004
四、宛平城墙弹坑遗址价值 ·· 005

第二章 宛平城弹坑遗址保存现状及城墙各面保存现状评估 ································ 007
一、宛平城墙弹坑检测状况 ·· 009
（一）东城门南东立面城墙 ··· 009
（二）东城门北东立面城墙 ··· 018
（三）南城墙南立面 ·· 025
（四）西城墙 ··· 031
（五）北城墙 ··· 031
二、城墙病害位置及程度 ··· 034
（一）城墙的病害类型及产生机理 ·· 034
（二）病害程度评估 ·· 035
（三）墙体保存状况综合评估体系的建立 ··· 036

三、宛平城城墙保存状况 038
　　（一）东城门南东立面城墙保存状况 039
　　（二）东城门北东立面城墙保存状况 060
　　（三）南城墙南立面保存状况 088
　　（四）西城墙保存状况 119
　　（五）北城墙保存状况 127
　　（六）宛平城城墙整体保存状况 134

四、北城墙渠道对北城墙的影响 137
　　（一）北城墙渠道保存现状 137
　　（二）北城墙与渠道间土体渗透率的测定 137

五、墙体原材料、原工艺研究 140
　　（一）城墙砌筑工艺 140
　　（二）成分分析 145
　　（三）力学性能分析 146

第三章　弹坑承载力分析 149

一、弹坑承载力分析方案 151
　　（一）城砖及灰浆强度的推定 151
　　（二）砌体强度的推定 152
　　（三）弹坑安全状况的评估 153
　　（四）宛平城砖砌体的基本性能参数 154

二、东侧城墙弹坑受力分析 156
　　（一）城门南马面弹坑 156
　　（二）城门南2号片区1号弹坑 159
　　（三）城门南2号片区2号弹坑 162
　　（四）城门南4号片区1号弹坑 164
　　（五）城门南8号片区1号弹坑 167
　　（六）城门北10号片区1号弹坑 170
　　（七）城门北10号片区2号弹坑 173

三、南侧城墙弹坑受力分析 176
　　（一）1号马面西侧2号片区1号弹坑 176
　　（二）1号马面西侧2号片区2号弹坑 178

（三）1号马面西侧2号片区3号弹坑 ························· 181
　　（四）1号马面西侧2号片区3号弹坑 ························· 184
　　（五）2号马面西侧4号片区1号弹坑 ························· 187
　　（六）2号马面西侧4号片区2号弹坑受力分析 ··············· 189
　　（七）2号马面西侧6号片区1号弹坑 ························· 192
　　（八）2号马面西侧6号片区2号弹坑 ························· 195
　　（九）2号马面西侧6号片区3号弹坑 ························· 198
　四、北侧城墙弹坑受力分析 ··· 200
　　（一）1号马面西侧1号片区1号弹坑 ························· 200
　　（二）1号马面西侧1号片区2号弹坑 ························· 203
　　（三）西马面东侧1号弹坑 ·································· 206
　　（四）西马面东侧2号弹坑 ·································· 209
　五、小结 ··· 211

第四章　加固材料筛选实验 ··· 213
　一、加固材料配方及试样制作 ······································· 215
　　（一）加固材料配方 ··· 215
　　（二）试样制作 ·· 216
　二、试样基本性能测试 ··· 216
　　（一）pH 测试 ·· 216
　　（二）流动性测试 ·· 217
　　（三）收缩性测试 ·· 218
　　（四）色差值测试 ·· 220
　三、试样力学性能测试 ··· 221
　　（一）抗压强度测试 ··· 221
　　（二）抗折强度测试 ··· 223
　四、耐水性测试 ··· 224
　五、耐冻融测试 ··· 226
　六、耐硫酸盐测试 ··· 229

第五章　缺陷砖砌体模拟实验 ·· 233
　一、缺陷砖砌体制备 ·· 235

二、病害模拟实验 ……………………………………………………………… 236
三、数据测量和评估 …………………………………………………………… 236
　（一）实验室评估 …………………………………………………………… 236
　（二）现场评估 ……………………………………………………………… 237

第六章　结论 ………………………………………………………………………… 241

附录一　宛平城结构安全检测 ……………………………………………………… 245

附录二　卢沟桥结构安全检测鉴定 ………………………………………………… 313

第一章

绪 论

一、概况

宛平城，地处卢沟桥东，全城东西长640米，南北宽320米，总面积20.8万平方米，是我国华北地区唯一保存完整的两开门卫城。明末崇祯十一年（1638年）开建，历时三年建成。宛平城原为军用保卫京师的卫城，后逐渐迁入商户和民居，明清时称拱北城、拱极城。城分东西两座城门，东为"顺治门"，西为"永昌门"（清代改为"威严门"）。1937年7月，卢沟桥事变爆发，宛平城成为"七七事变"的历史见证，至今城墙上还保留着当年日军炮击宛平城的弹痕，因此宛平城具有极高的历史纪念意义和价值。

然而，由于年代久远，宛平城城墙长期遭受风化侵蚀，城墙砖砌体出现了裂缝、空鼓、缺损、泛碱等病害，导致城墙砖砌体的承载力和耐久性日益降低，严重影响了城墙的结构安全，因此即刻需要对宛平城城墙战争遗迹及墙体病害进行保护研究。

二、宛平城历史沿革

（一）明清时期

宛平城修建于明末崇祯十一年至崇祯十三年（1638—1640），因卢沟桥地区位于京畿咽喉要道，地理位置十分重要，为防范农民军进攻京师，朝廷命御马监太监武俊在永定河东岸主持修建卫城，时称"拱极城"。

宛平城作为卫城，形制结构与普通城池不同，城内初始并无一般县城的大街、小巷、市场、钟鼓楼等设施，并仅设东西两座城门，东为"顺治门"，西为"永昌门"，全城东西长640米，南北宽320米，总面积20.8万平方米。城墙四周外侧有垛口、瞭望孔，下侧有射眼，每垛口有盖板。城墙基础为六层条石，上面砌砖，内部以黄土和碎石夯实，顶上铺砌面砖三层，整个城墙非常厚实坚固，因此清代褚人获在《坚瓠广集·芦沟斗城》中形容宛平城"局制虽小，而崇墉百雉，俨若雄关"。

明清期间，宛平城一直作为驻兵之所，改名"拱北城"，在宛平县辖区内，但非县治所在地，而宛平县作为京师附廓两县之一，为京师属地，朝廷在此设有参将，平时统辖本部军士1500人左右，并可以调动外地驻军。在此时期内，宛平及卢沟桥周边修建了数十处庙宇。其中，宛平城东门外北侧有龙王庙，南侧有药王庙，卢沟桥南侧有河神庙，西侧有大王庙，北侧有迴神庙，宛平城内有兴隆寺、观音庵、城隍庙、马神庙、九神庙等。

（二）民国时期

清末民初，拱极城仍属宛平县管辖。民国十七年（1928年），废除京兆地方，设置北平市，宛平县划归河北省，其县署由北京城内迁到拱极城，改称"宛平城"，并成为县治所在地，并将卢沟桥城内河路厅、城外龙王庙各房屋作为县政府机关临时办公用房。民国二十三年（1934年），宛平城内建新县衙，共计房舍60余间。1937年7月7日，卢沟桥事变爆发，日军炮轰宛平城，宛平县周边庙宇及县衙大部分房屋被炸毁，后县衙迁至长辛店老爷庙。由于日军的炮击，宛平城墙上留下了炮轰留下的弹坑。经过艰苦抗战，1945年，日本宣布投降，宛平城随同北平一起光复。

（三）中华人民共和国成立至今

中华人民共和国成立前后，经历了战争的宛平城已经破败不堪，再加上年久失修，宛平城已经失去了原貌。此时宛平县仍隶属河北，1952年重新划归北京，并撤销县级建置，宛平城归丰台区管辖。

1958年，为缓解交通，东西城门和闸门被拆除。

1961年，卢沟桥和宛平县城被国务院列为第二批全国重点文物保护单位，划定了卢沟桥和宛平城的文物保护范围。

1980年，对文物保护范围进行了细微改动，国家计委、国家文物局拨款修复了宛平城。

1984年，丰台区政府公布宛平县衙为丰台区文物保护单位，国家拨专款对城墙、东西城楼进行修缮。

1986年，中央决定在宛平县城内建中国人民抗日战争纪念馆，并将宛平县衙旧房拆除。

1987年，向游客开放。

20世纪末，北京市政府决定恢复宛平城明、清时期原貌，包括将柏油街道恢复为青石地面等。

2000年，在宛平城南建成了中国人民抗日战争纪念雕塑园。

2001年7月，北京市文物局拨款400余万元对宛平城进行修缮，修缮工程严格遵照文物古建筑修缮、复建的有关规定，使用原结构、原材料、原工艺，地基、大木、城砖、瓦石等均按明代做法选材施工，以确保修旧如旧，主要修缮内容包括复建角楼4座、中心敌楼2座、小铺房4座，总面积336.14平方米；修缮长640米，高7.18米，总面积4595.2平方米的南城墙外立面。

2002年，西五环通车，从宛平城与卢沟桥之间的地下通过，尽量避免了对地上建筑的影响，宛平城内原住户也基本迁出城外。

2003年起的宛平城二期修缮工程被列入人文奥运文物保护计划，同年11月，开始对城墙进行修缮，主要修缮内容包括东西城楼修缮460平方米，城墙修缮11345平方米；在南城墙一期修缮的基础上修缮了其他具备施工条件的城墙，保留城墙上留下的抗日战争时期枪炮弹痕迹。修缮后的宛平城再现了它的历史原貌，对宛平城历史文化保护区的保护利用和发展，具有积极的推动作用。

2017年6月25日，为纪念"七七事变"爆发80周年，卢沟桥历史博物馆首次全面对外开放。

三、宛平城弹坑形成过程

日本侵略者自从1931年制造"九一八事变"侵吞我国东北三省后，为了进一步挑起全面侵华战争，陆续运兵入关。到1936年，日军已从东、西、北三面包围了中国北方重要的战略要地——北平，卢沟桥成为北平对外的唯一通道。从 1936 年 10 月至 1937 年 7 月卢沟桥事变之前，日军以北平为目标，不断在宛平城北、卢沟桥一带及平汉铁路北侧进行挑衅性的军事演习。日军剑拔弩张，战事已呈一触即发之势。

1937 年 7 月 7 日 17 时，驻扎在中国丰台的日军第一联队第三大队第八中队，在队长清水节郎的带领下，到宛平城附近演习。一名日军士兵志村菊次郎在解手返回时走反了方向，延误了归队时间。日军以"演习地带传来枪声，有一士兵失踪"为借口，要求入宛平县搜查，此举遭到守城国民党军第 29 军第 37 师第 110 旅第 219 团的严词拒绝。日军随即向宛平县城射击，炮弹飞越宛平城墙，炸倒营指挥部房屋 6 间，炸死士兵 2 人、伤 5 人。随后，中国在华北军政最高长官、冀察政务委员会委员长、第 29 军军长宋哲元在天津与日军谈判，试图遏制事态扩大。

7 月 8 日凌晨 2 时，日驻屯军第 3 营主力占领宛平城外唯一制高点沙岗；晨 5 时，日方仍坚持入城搜查，中方未允，日军向县城攻击，中国军队奋起抵抗，日军不支败退；中日双方谈判，日方要求中国军队于 8 月 11 日先自卢沟桥撤退，中国方面坚决予以拒绝，谈判无果；5 时 30 分左右，日军联队长牟田口廉也率步、炮兵 400 多人，向宛平城外第 29 军阵地进攻，第 29 军司令部立即命令前线官兵："宁作战死鬼，不作亡国奴"，"卢沟桥即尔等之坟墓，应与桥共存亡，不得后退"；上午 11 时战斗再起，一木清直带领第 3 营主力向回龙庙、铁路桥阵地进攻，在回龙庙与中国守军激战。中国守军英勇抗击，两个排 60 余名官兵几乎全部壮烈牺牲。接着，日军继续向中国守军进攻，猛烈炮火炸毁宛平县公署及大批民房；7 月 8 日夜 12 时许，守备团长吉星文带领突击队的青年战士用绳梯爬出宛平城，出其不意地将日军 1 个中队全歼在铁路桥上，夺回了铁路桥和龙王庙。

此后日军以协商解决为缓兵之计，暂缓攻击，7 月 11 日后战事再次因日军炮轰升级，日军与国军激战二十多天，国军毫不退缩。7 月 28 日下午，中国军队在南苑战斗中失利，次日，日军即发起对宛平城及卢沟桥的总攻。29 日傍晚，日军工兵炸毁宛平城东门，日军遂突入城内，经激烈巷战，中国军队于晚 8 时 30 分左右完全退出宛平城，宛平城遂告失陷。

四、宛平城墙弹坑遗址价值

宛平城，是举世闻名的"七七事变"爆发地，是中华民族开始全面抗战的纪念地。宛平城弹坑遗址既是重要的历史文物，又是对全体国民进行爱国主义教育的珍贵资源，具有不可估量的意义和价值。目前，宛平城弹坑遗址大部分没有得到有效保护，保存状况堪忧，因此，非常有必要对其进行合理规划和有效保护，让其发挥最大的价值。

"七七事变"是日本帝国主义全面侵华战争的开始，也是中华民族进行全面抗战的起点。卢沟桥之战对于中日关系史乃至整个世界历史的进程，都产生了重要的影响和作用。"七七事变"爆发后，全国人民团结一致，中华民族焕发出空前的觉醒，唤醒了人民的危机意识，促使中国形成了抗日统一战线，最终战胜了日本帝国主义。宛平城作为爱国主义教育基地，告诫人们要铭记历史，前事不忘，后事之师。只有尊重和正视历史，才能赢得未来。

宛平城作为爱国主义教育基地，能够激发全国人民的民族自尊心和自豪感，以爱国主义为核心的伟大民族精神是中国人民抗日战争胜利的决定因素；能够激发爱国热情、凝聚人民力量、培育民族精神。

和平与发展仍是当今世界的主题。宛平城作为爱国主义教育基地，人们可以在现场近距离地接触到战争留下来的物质遗存，并且身临其境地感受战场遗址所带来的震撼，这和我们从电视或者书本上所看到的文字影像资料是不同的。所以，战场遗址与其他遗址相比更具有实际教育意义。爱国主义教育基地能够警示国人现在的和平稳定来之不易，应该倍加珍惜现在的和平时光，能够引导人们特别是广大青少年树立正确理想信念和世界观、人生观、价值观。提醒这一代人肩负着巨大的责任，要将自己的命运与国家的命运结合起来，推动祖国的繁荣与富强，为实现中华民族伟大复兴的中国梦贡献出自己的一份力量。

第二章

宛平城弹坑遗址保存现状及城墙各面保存现状评估

一、宛平城墙弹坑检测状况

在现场检测过程中,将弹坑按照尺寸分为大、中、小三类,分类标准如表 2.1 所示,表中尺寸指弹坑长、宽、高中最大尺寸。在宛平城各面城墙中,选取部分大、中、小的典型弹坑对其形状、尺寸、特点及保存状况进行描述。

表 2.1　宛平城墙弹坑尺寸分类标准

尺寸 / 厘米	等级
< 20	小型
20 ~ 80	中型
> 80	大型

(一)东城门南东立面城墙

图 2.1.1-1 为东城门南东立面城墙主要弹坑分布情况,由图可见,东城门南东立面城墙弹坑主要分布在 ESM、ES2、ES3、ES4、ES5、ES6 和 ES8 片区,约存在 10 处中大型弹坑,弹坑面积占所在片区面积较大,且主要分布在城墙中上部区域。

小弹坑数目较多,且周围多伴随严重的风化、缺损等病害。

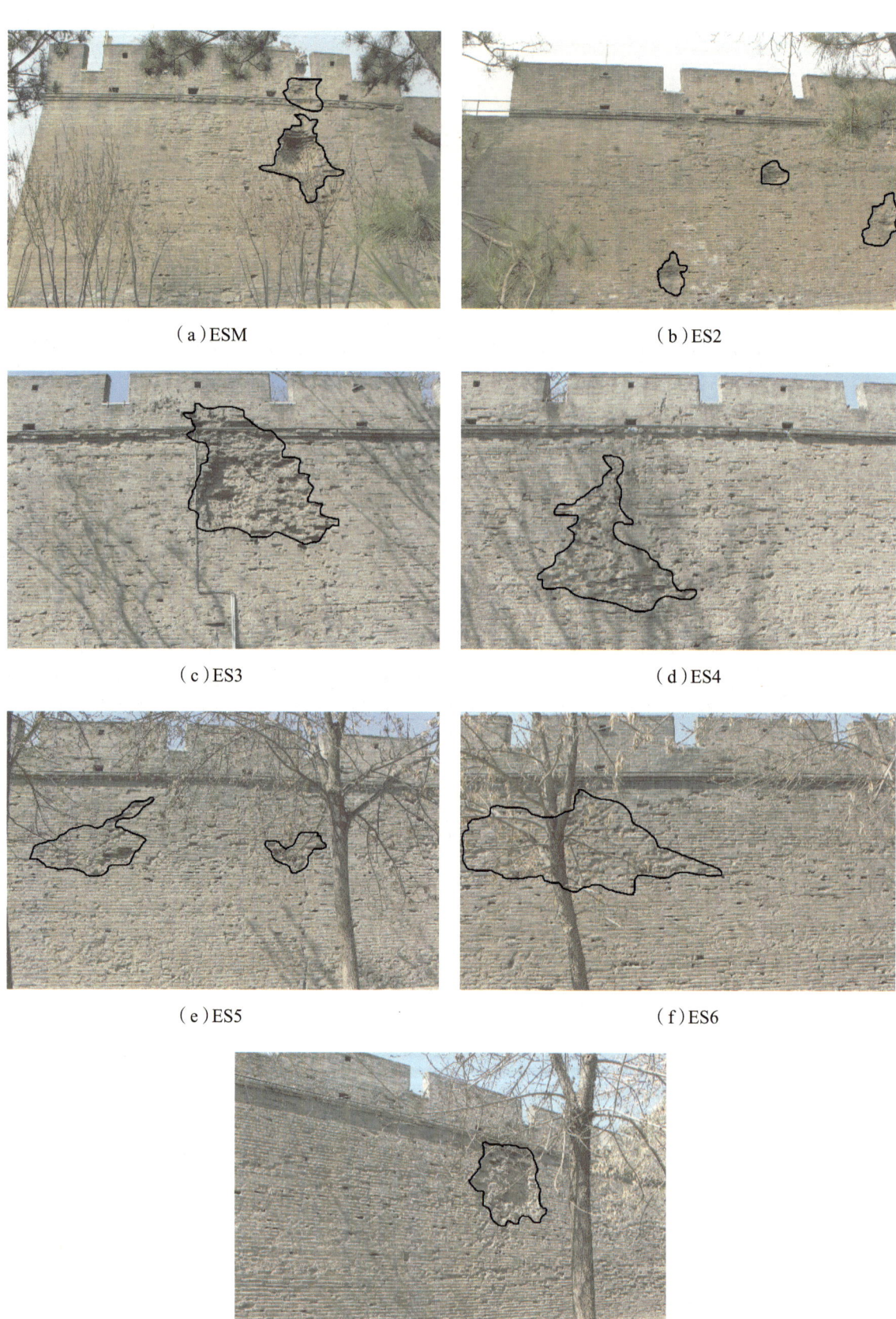

(a) ESM　　　　　　　　　　　　　　(b) ES2

(c) ES3　　　　　　　　　　　　　　(d) ES4

(e) ES5　　　　　　　　　　　　　　(f) ES6

(g) ES8

图 2.1.1-1　东城门南东立面城墙弹坑分布情况（图中 ⬜ 为弹坑标识）

宛平城东城门南东立面城墙典型弹坑的编号、尺寸及等级分类信息汇总如表 2.1.1-1 所示。

表 2.1.1-1　宛平城东城门南东立面城墙弹坑检测汇总

城墙编号	弹坑编号	弹坑尺寸 / 立方厘米 （长 × 宽 × 深）	等级分类
ESM	ESM-1	左：11×18×12 右：18×6×9	小型
	ESM-2	170×184×93	大型
ES1	ES1-1	8×6×6	小型
	ES1-2	30×7×15	中型
ES2	ES2-1	118×117×27	大型
	ES2-2	15×7×14	小型
	ES2-3	10×8×30	中型
	ES2-4	120×110×20	大型
ES3	ES3-1	10×9×29	中型
	ES3-2	18×9×17	中小型
ES4	ES4-1	355×202×50	大型
	ES4-2	14×5×5	小型
ES5	ES5-1	340×380×20	大型
	ES5-2	15×8×12	小型
	ES5-3	40×10×9	中型
ES6	ES6-1	100×40×20	大型
	ES6-2	80×40×20	中型
	ES6-3	9.5×8	小型
ES7	ES7	左：6×8×9 右：10×7×12	小型
ES8	ES8-1	310×210×20	大型
	ES8-2	15×20	中型

图 2.1.1-2～图 2.1.1-10 为宛平城东面南侧城墙典型弹坑局部特点及保存状况。

ESM-1 弹坑有左右两个弹坑，右侧弹坑较左侧长度略长，深度略浅，两个弹坑内部均存在严重的风化酥粉现象；ESM-2 弹坑在弹坑分类中属于大型弹坑，弹坑内夯土层外露，周边分布较多小弹坑，且周边墙砖缺损严重。

a.ESM-1 弹坑

b.ESM-2 弹坑

图 2.1.1-2　ESM 城墙典型弹坑

ES1-1 弹坑为尺寸较小的圆形弹坑，可判断其由机械损伤后风化形成，弹坑周边墙砖缺损、灰浆脱落，且存在泛碱的现象；ES1-2 弹坑呈椭圆形，风化特别严重，长度几乎贯穿整块墙砖，弹坑较深,周边有轻微缺损现象。

a.ES1-1 弹坑

b.ES1-2 弹坑

图 2.1.1-3 ES1 城墙典型弹坑

ES2-1 弹坑整体尺寸较大,深度较浅,经检测判断为炮弹机械损伤,弹坑内及周边墙砖有严重的缺损、剥落、酥粉现象,墙砖之间灰浆脱落;ES2-2 弹坑由于风化严重,弹坑深度较深,弹坑周边风化成规则的圆形,下部灰浆脱落;ES2-3 弹坑外部呈规则的梯形,内部风化形成很深的空鼓,深度贯穿了两块砖,外部有轻微的缺损及灰浆脱落现象;ES2-4 弹坑面积较大,深度较浅,为炮弹机械损伤,弹坑周边砖有轻微缺损及风化酥粉现象。

a. ES2-1 弹坑　　　　　　　　　　　　　　b. ES2-2 弹坑

c. ES2-3 弹坑　　　　　　　　　　　　　　d. ES2-4 弹坑

图 2.1.1-4　ES2 城墙典型弹坑

ES3-1 为中型弹坑风化成的孔洞，外部面积约为墙砖侧面的一半，内部风化形成较大的空鼓；ES3-2 也是弹坑风化形成的孔洞，外部面积约为整个墙砖侧面，弹坑周边有酥粉现象。

a. ES3-1 弹坑　　　　　　　　　　　　　　b. ES3-2 弹坑

图 2.1.1-5　ES3 城墙典型弹坑

ES4-1弹坑面积很大，深度较浅，为炮弹机械损伤，弹坑周边缺损范围较大；ES4-2为风化严重的小型弹坑，坑内泛碱严重，且存在风化酥粉病害。

a. ES4-1弹坑

b. ES4-2弹坑

图2.1.1-6　ES4典型弹坑

ES5-1是由许多小型弹坑组成的弹坑区，分布面积较大，弹坑周边缺损较严重；ES5-2是小型弹坑，该处存在风化、酥粉、缺损等病害；ES5-3是小型弹坑风化形成的孔洞，缺损长度达到了墙砖的最大长度。

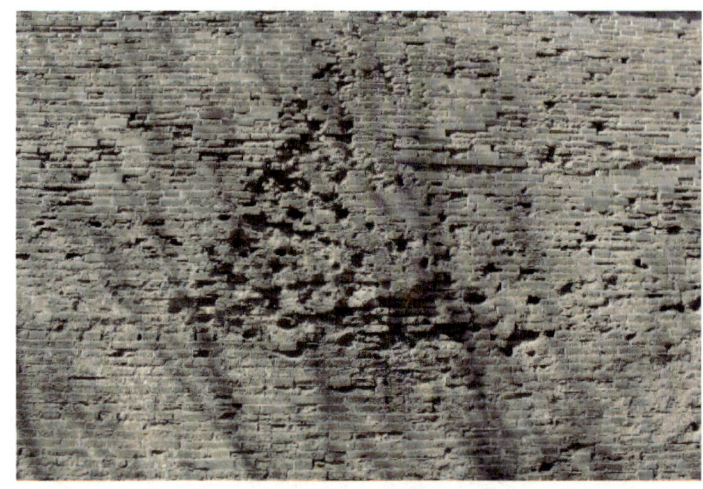

a. ES5-1 弹坑

b. ES5-2 弹坑

c. ES5-3 弹坑

图 2.1.1-7　ES5 城墙典型弹坑

ES6-1 为炮弹机械损伤形成的大型弹坑，有轻微缺损现象；ES6-2 为中型弹坑，弹坑右侧有自上而下的贯穿裂缝；ES6-3 为弹坑周边形成的空鼓，墙砖已经有部分脱落，另一半有脱落的危险。

a. ES6-1 弹坑

b. ES6-2 弹坑

c. ES6-3 弹坑

图 2.1.1-8　ES6 城墙典型弹坑

ES7弹坑为一块墙砖上形成左右两个孔洞，左右两侧弹坑尺寸相差不大，弹坑所在的墙砖外部缺损严重，内部风化严重，两侧弹坑已经连通。

图 2.1.1-9 ES7 城墙典型弹坑

ES8-1弹坑由图可判断为炮弹机械损伤形成的大型弹坑，面积较大，深度较浅，内部灰浆外露，周边墙砖大面积缺损；ES8-2弹坑周边为未烧透的黏土砖，外部脱落较浅但范围大，内部形成空鼓，且周边区域有继续脱落的危险。

a.ES8-1 弹坑　　　　　　　　　　　　b.ES8-2 弹坑

图 2.1.1-10 ES8 城墙典型弹坑

（二）东城门北东立面城墙

图 2.1.2-1 为东城门北东立面城墙弹坑分布情况，图示弹坑分别位于 EN1、EN10 和 ENMS 片区，东城门北东立面城墙中大型弹坑数目较少，约有 6 处，主要分布在靠近北面敌台的位置；小弹坑数量很多，在该面城墙各个片区均分布密集。

a. EN1

b. EN10

c. ENMS

图 2.1.2-1　东城门北东立面城墙弹坑分布情况（图中 ⬭ 为弹坑标识）

宛平城东城门北东立面城墙典型弹坑的编号、尺寸及等级分类信息汇总，见表 2.1.2-1。

表 2.1.2-1　宛平城东城门北东立面城墙弹坑检测汇总

城墙编号	弹坑编号	弹坑尺寸/立方厘米（长×宽×深）	等级分类
EN2	EN2	2×2×5.5	小型
EN3	EN3	6×5×11	小型
EN4	EN4-1	12×8×13	小型
	EN4-2	15×25×4	中型
EN5	EN5-1	10×8×12	中型
	EN5-2	13×5×31	中型
EN6	EN6-1	上：11×9×13 下：8×9×11	小型
EN7	EN7-1	10×8×13	小型
EN8	EN8-1	20×10×20	中型
	EN8-2	18×6×19	小型
EN9	EN9-1	15×9×114	大型
EN10	EN10-1	130×160×60	大型
	EN10-2	90×70×40	大型

图 2.1.2-2～图 2.1.2-10 为宛平城东面北侧城墙典型弹坑特点及保存状况。

EN2 弹坑呈较规则的圆形，深度较深，弹坑周边较光滑且强度很低，可见严重的风化痕迹。

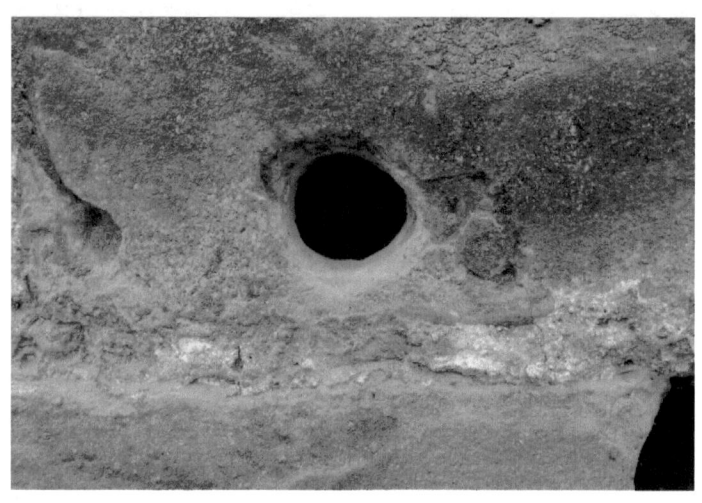

图 2.1.2-2　EN2 城墙典型弹坑

EN3 弹坑呈椭圆形，内部风化孔洞很大，几乎贯穿半个墙砖，弹坑周边墙砖轻度脱落，弹坑内部有明显生物病害。

图 2.1.2-3　EN3 城墙典型弹坑

EN4-1 弹坑所在墙砖几乎完全缺损，强度很低，内部风化酥粉现象严重，弹坑周边灰浆部分脱落；EN4-2 弹坑脱落面积较大，深度较浅，由于城墙处于背光面，弹坑表面遍布苔藓等生物病害。

a. EN4-1 弹坑

b. EN4-2 弹坑

图 2.1.2-4　EN4 城墙典型弹坑

EN5-1弹坑由于风化，周边墙砖发生了分层，强度大大降低，弹坑内部有蜘蛛网等生物病害；EN5-2弹坑位于三块墙砖的交界处，且三块墙砖有大面积缺损，砖缝灰浆处有修补的痕迹，但已部分开裂、脱落。

a. EN5-1弹坑

b. EN5-2弹坑

图2.1.2-5　EN5城墙典型弹坑

EN6弹坑由两个弹坑组成，呈上下分布，分别位于两块墙砖，中间连接处几乎断裂，风化酥粉导致强度很低，弹坑内部遍布蜘蛛网等生物病害。

图 2.1.2-6　EN6 城墙典型弹坑

EN7 弹坑内部风化严重，深度较深，弹坑所在墙砖是一块未烧透的砖，整体强度较低，弹坑内部有蜘蛛、虫卵等生物病害。

图 2.1.2-7　EN7 城墙典型弹坑

EN8-1 弹坑内部风化非常严重，向内延伸露出内层墙砖，缺损面积占墙砖一半，内部有严重的蜘蛛、虫卵等生物病害；EN8-2 弹坑深度很深，达到一块整砖的宽度，严重风化形成巨大的孔洞，伴随着生物病害，风化有继续向内延伸的趋势。

a.EN8-1 弹坑

b.EN8-2 弹坑

图 2.1.2-8　EN8 城墙典型弹坑

　　EN9 弹坑形状接近半圆形，体积接近半个墙砖，弹坑上部灰浆脱落，弹坑内有严重的风化酥粉现象，并伴随着生物病害。

图 2.1.2-9　EN9 城墙典型弹坑

EN10-1弹坑为形状接近圆形的大型弹坑,弹坑深度贯穿了两层城砖,内层墙砖与外侧墙砖之间有约10厘米的裂缝,形成空鼓,结构强度下降较大,外层墙砖有脱落的危险;EN10-2弹坑为中型弹坑,周边墙砖有较多缺损,中间弹坑深度很深,达到40厘米,达到两块墙砖的宽度。

a.EN10-1弹坑

b.EN10-2弹坑

图2.1.2-10　EN10城墙典型弹坑

(三)南城墙南立面

图2.1.3-1为宛平城南城墙南立面弹坑分布情况,南城墙南立面的主要弹坑分布于SM1W2、SM1W3、SM1W5、SM2W4、SM2W6、SM2W7片区,大中型弹坑数量较其他城墙多,小弹坑数量较少,在各片区零散分布。

牢记民族的伤疤：北京宛平城战争遗迹保护研究

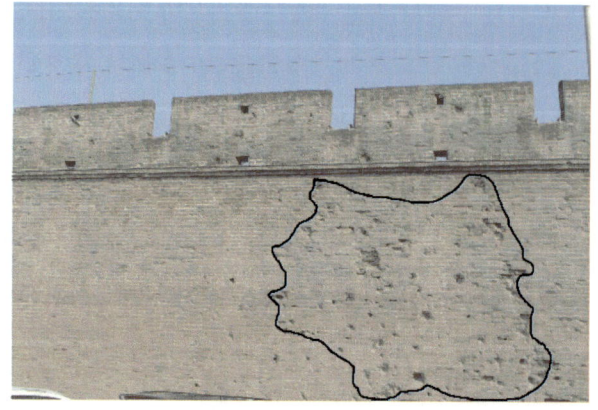
a. SM1W2

b. SM1W3

c. SM1W5

d. SM2W4

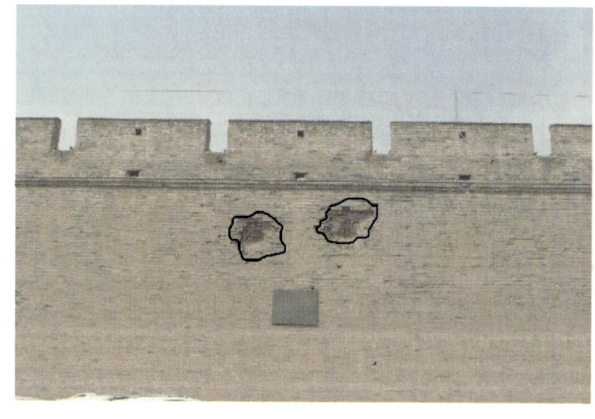
e. SM2W6

f. SM2W7

图 2.1.3-1 南城墙南立面弹坑分布情况（图中 ⬭ 为弹坑标识）

宛平城南城墙南立面典型弹坑的编号、尺寸及等级分类信息汇总，如表 2.1.3-1 所示。

表 2.1.3-1　宛平城南城墙南立面弹坑检测汇总

城墙编号	弹坑编号	弹坑尺寸 / 立方厘米 （长 × 宽 × 深）	等级分类
SM1	SM1	上：4×3×10 下：6×4×15	小型
SM2W2	SM2W2-1	80×90×20	大型
	SM2W2-2	80×170×18	大型
	SM2W2-3	30×27×25	中型
SM2W3	SM2W3-1	130×124×10	大型
	SM2W3-2	80×70×40	大型
	SM2W3-3	80×130×40	大型
	SM2W3-4	60×70×50	中型
SM2W4	SM2W4	上：120×85×55 下：128×106×45	大型
SM2W6	SM2W6-1	左：150×125×50 右：120×115×40	大型 大型
	SM2W6-2	143×100×60	大型

图 2.1.3-2 ～图 2.1.3-6 为宛平城南面东侧城墙典型弹坑特点及保存状况。

SM1 弹坑由上下两个椭圆形弹坑组成，上下贯通，弹坑内部风化严重，形成较大的空鼓。

图 2.1.3-2　SM1 城墙典型弹坑

SM2W2-1 弹坑为形状不规则的中型弹坑，弹坑周边分布几个弹坑，墙砖有部分缺损；SM2W2-2 弹坑呈竖直带状分布，弹坑较浅但分布密集，上部墙砖风化严重，有较大缺损；SM2W2-3 弹坑深度较深，接近一个半砖的宽度，缺损体积几乎达到一块整砖。

a. SM2W2-1 弹坑

b. SM2W2-2 弹坑

c. SM2W2-3 弹坑

图 2.1.3-3　SM2W2 城墙典型弹坑

SM2W3-1 弹坑面积较大，弹坑内有三个呈三角形分布的弹坑，弹坑深度在 60～100 厘米，弹坑整体保存状况良好；SM2W3-2 弹坑中间有一个较大的圆形弹坑，弹坑上部墙砖部分缺损，弹坑整体保存状况良好；SM2W3-3 弹坑由一大一小两个弹坑组成，纵向分布范围较广，周边墙砖缺损较严重；SM2W3-4 弹坑内有一较深的圆形弹坑，弹坑周边墙砖缺损较少，保存状况良好。

a. SM2W3-1 弹坑

b. SM2W3-2 弹坑

c. SM2W3-3 弹坑

d. SM2W3-4 弹坑

图 2.1.3-4　SM2W3 城墙典型弹坑

SM2W4 弹坑由上下两个弹坑组成，两个弹坑面积很大，深度较深，露出内部的夯土，结构强度较低，且存在空鼓的现象，墙砖有脱落的危险。

SM2W6-1 有左右两个弹坑，尺寸较大，形状较规则，弹坑深度较深，露出内部夯土，弹坑周边灰浆脱落，墙砖有掉落的危险；SM2W6-2 弹坑为圆形的大型弹坑，弹坑最深处达到 60 厘米，弹坑周边墙砖和灰浆部分脱落，且有继续脱落的趋势。

图 2.1.3-5 SM2W4 城墙典型弹坑

a. SM2W6-1 弹坑

b. SM2W6-2 弹坑

图 2.1.3-6 SM2W6 城墙典型弹坑

（四）西城墙

宛平城西城墙无明显弹坑。

（五）北城墙

图 2.1.5-1 为北面东侧城墙弹坑分布情况，北城墙共有 4 处大型弹坑，分别位于 NEMW1 片区和 NWME3 片区，小弹坑数量较少，城墙整体保存状况较为完好。

a. NEMW1　　　　　　　　　　　　b. NEMW1

c. NWME3　　　　　　　　　　　　d. NWME3

图 2.1.5-1　北城墙弹坑分布情况（图中 ⬭ 为弹坑标识）

宛平城北城墙典型弹坑的编号、尺寸及等级分类信息汇总，如表 2.1.5-1 所示。

表 2.1.5-1　宛平城北城墙弹坑检测汇总

城墙编号	弹坑编号	弹坑尺寸 / 立方厘米 （长 × 宽 × 深）	等级分类
NEMW1	NEMW1-1	115×50×50	大型
	NEMW1-2	150×120×45	大型
NWME3	NWME3-1	144×149×20	大型
	NWME3-2	100×100×20	大型

图 2.1.5-2～图 2.1.5-3 为宛平城北面东侧城墙典型弹坑特点及保存状况。

NEMW1-1 弹坑由两个较深的弹坑组成，弹坑周边风化较严重，且有苔藓等生物病害；NEMW1-2 弹坑位于城墙水墁处，弹坑位于垛口中间，为贯穿型的弹坑，内部夯土外露，周边墙砖有可能脱落。

a. NEMW1-1 弹坑

b. NEMW1-2 弹坑

图 2.1.5-2　NEMW1 城墙典型弹坑

NWME3-1 弹坑深度较浅，但分布范围广，墙砖有部分脱落；NWME3-2 城墙呈圆形，外层墙砖脱落，与内层墙砖之间存在空鼓，内层墙砖外露且有风化痕迹，弹坑下部伴随植物病害。

a. NWME3-1 弹坑

b. NWME3-2 弹坑

图 2.1.5-3　NWME3 城墙典型弹坑

二、城墙病害位置及程度

（一）城墙的病害类型及产生机理

宛平城墙可能存在的病害及机理如表 2.2.1-1 所示。

表 2.2.1-1　城墙的病害类型及产生机理

病害分类	病害类型	产生机理
机械损伤	断裂	城墙因外力扰动、受力不均、地基沉降、自身构造等引起的开裂现象，特指具有贯穿性且有明显位移的断裂与错位现象
	缺损	城墙受到外力作用或人为因素的影响，导致城墙的缺损
表面风化	表面泛碱	由于毛细水与可溶盐活动，使得可溶盐在城墙表面富集析出的现象，这类病害在砖质城墙的表面较为常见，该类病害与毛细水活动密切相关
	酥粉脱落	城墙长期受到周期性温湿度变化、冻融作用及可溶盐反复膨胀—结晶收缩等作用造成城墙疏松多孔、强度降低的现象，严重时会造成青砖表面脱落
	片状起翘脱落	由于外力扰动、水盐破坏、温度周期性变化等导致城墙表面片状、板块状脱落的现象
	表面溶蚀	指城墙长期受雨水冲刷的部位形成的坑窝状或沟槽状溶蚀现象，酸雨会导致这一现象的加剧
裂隙与空鼓	空鼓	城砖表层鼓起、分离形成空腔，但并未完全脱落的现象
	裂隙	裂隙分为两大类型：一是由于自然风化、溶蚀现象导致的浅表性风化裂隙；二是由于受力不均、外力引起的深入城砖内部的机械性裂隙
表面污染	表面积尘	大气及粉尘污染，露天保存的城墙通常表面沉积大量灰尘
生物病害	植物病害	树木、杂草生长于城墙裂隙之中，通过生长根劈等作用破坏城墙，导致城砖表面开裂
	动物病害	昆虫、蜂蚁等在城墙筑巢、繁衍、排泄分泌物污染或侵蚀城墙
	微生物病害	苔藓、地衣与藻类菌落、霉菌等微生物菌群在城墙表面及其裂隙中繁衍生长，导致城墙表面变色
人为病害	不当修复	不当修补是指对青砖的修补没有采用原地仗原材料、原配方、原工艺的做法，导致修补部分与原城墙在外观、力学性能等方面产生较大差异的现象
	人为破坏	人为涂鸦、书写等造成城墙污染的现象

（二）病害程度评估

物理、力学性能测试指标主要包括城墙的超声波测试、回弹强度、表面硬度、表面毛细吸水、城墙 pH 值等，各测试指标的内容及意义如下。

1. 超声波测试

依据《CECS 21：2000 超声法检测混凝土缺陷技术规程》，采用单面平测法对墙体进行超声波测试，记录声时 t 和测试距离 s，计算出超声波在墙体的传播速度，对墙体的缺陷进行评定。

2. 回弹强度

据国家标准《GB/T 50315-2011 砌体工程现场检测技术标准》和《JC/T796-2013 回弹仪评定烧结普通砖强度等级的方法》，采用灰浆回弹强度和测砖回弹仪检测墙体，根据回弹值可推定墙体强度和表面结构情况。回弹强度是用弹簧驱动弹击锤并通过弹击杆弹击样品表面所产生的瞬时弹性形变的恢复力，使锤带动指针弹回并指示出回弹距离，以回弹值作为评定样品抗压强度的指标之一。根据检测对象不同，现场采用山东省乐陵市回弹仪厂生产的两种回弹仪——灰浆回弹仪 ZC-5 和测砖回弹仪 ZC-4 进行测试。灰浆回弹仪 ZC-5 主要用于检测砌筑灰浆的回弹值，测砖回弹仪 ZC-4 主要用于检测砖墙城墙的回弹值。

3. 表面硬度

硬度是指材料局部抵抗硬物压入其表面的能力。城墙表面酥松会导致硬度值明显偏小，城墙局部空鼓也会导致在其表面测得的硬度值明显偏小。

里氏硬度计是用具有一定质量的冲击体在一定的试验力作用下冲击试样表面，测量冲击体距试样表面 1mm 处的冲击速度与回跳速度，利用电磁原理，感应与速度成正比的电压。里氏硬度值以冲击体回跳速度与冲击速度之比来表示，可用于评估墙体材料的表面结构。参考标准《JB/T 9378-2001 里氏硬度计》进行现场检测。

计算公式为：

$$HL=1000(V_B/V_A)$$

式中：HL——里氏硬度符号；V_A——球头的冲击速度，m/s；V_B——球头的反弹速度，m/s。现场采用重庆里博仪器有限公司生产的 Leeb140 里氏硬度计对测试区域进行里氏硬度测试时，选择了 10 个测试点得到 10 个数据，最后计算平均值得到测试对象的里氏硬度值。

4. 表面毛细吸水测试

结合现场实际情况及测试条件，依据标准《WW/T 0065-2015 砖石质文物表面吸水性能测定》，在现场一定位置采用卡斯特量瓶对地仗层或城墙的吸水性进行测试。卡斯特量瓶由一个内径约 3 厘米的钟形玻璃罩和一根插接的带有毫升刻度的管子构成。使用时用防水黏结剂将其黏附于待测物表面，注水至约 10 厘米水柱，然后观测记录水柱随时间变化的下降过程。该方法能定量或半定量地检测待测物表面在一定压力下的毛细吸水能力，直观地反映待测物表面的保存现状及在保护处理前后吸水能力的变化。具体测试方法如下：

（1）对砖进行表面清理，除去表面浮灰等，采用密封材料将卡斯特量瓶安装于测试对象表面，要将黏结层粘贴平整牢固，不漏水，密封材料不得占用有效的测试空间。

（2）安装完成后由卡斯特量瓶上孔注水至零点，要求卡斯特量瓶内无气泡，不漏水，否则重新换位安装。

（3）当检测管水位达到"0"后，开始计时：10分钟内，每隔1分钟记录一次液面刻度；10～30分钟内，每5分钟记录一次液面刻度；也可分别在卡斯特量瓶刻度读数为整数"0、1、2、3、4、5"时分别记录该点秒表读数，直至卡斯特量瓶读数范围内的水体全部被吸收。

（4）拆除实验装置，去除城墙表面的密封材料。

（5）为保证实验数据的可信度，每个检验对象的检验点不少于5个。

该方法能定量或半定量地检测材料在一定压力下的毛细吸水能力，可用于评估保护处理前后的吸水能力的变化。

按照德国工业标准DIN 52617，毛细吸水等级如表2.2.2-1所示。

表 2.2.2-1 卡斯特量瓶法评定参考标准

级别	毛细吸水系数 ω 值（$kg \cdot m^{-2} \cdot h^{-0.5}$）	分类
1	$\omega<0.1$	不透水
2	$\omega=0.1\sim 0.5$	憎水
3	$\omega=0.5\sim 2$	厌水
4	$\omega>2$	透水

5. 城墙pH值测试

城墙表面的酸性物质可能会加速城墙表面的溶蚀，对城墙造成一定程度的破坏，因此测定城墙表面的酸碱性十分重要。具体操作步骤如下：

用一滴蒸馏水润湿pH精密试纸，迅速贴敷到城墙表面，并保持1分钟不动，之后与标准比色卡对比读出pH值，若呈酸性则按显示的最小值记录，若呈碱性则按显示的最大值记录。

（三）墙体保存状况综合评估体系的建立

1. 指标设定及权重分析

利用0-4评分法确定参数的权重因子Q；0-4评分法的使用规则只是在进行各指标逐一比较时，将比较打分的距离拉大，即将重要程度融入重要性比较当中。若两个要素的重要性相差很大，则重要的打4分，不重要的打0分；若两个要素的重要性相差不是很大，则重要的打3分，不重要的打1分；若两个指标的重要性基本无差别，分别打2分；两两比较得分总和必须等于4分；然后按照累计得分计算权重。经0-4评分法矩阵计算具体如表2.2.3-1所示。将每个城墙分别按照保存较完好部分、风化严重部分、修缮部分进行分类划分，然后将每部分的4项测试结果进行统计分析，得出每个城墙每部分每项评估方法的平均值。然后将四个城墙的每部分每项评估方法测试结果由优至劣排序，根据排序赋予其相应的点数值，如表2.2.3-2所示。

表 2.2.3-1　各评估方法 0-4 评分法权重计算

评估方法	超声波测试	回弹强度测试	表面硬度测试	吸水率测试	得分	权重值 Q_i
超声波测试	0	1	1	2	7	0.194
回弹强度测试	3	0	3	3	13	0.361
表面硬度测试	3	1	0	3	10	0.278
吸水率测试	2	1	1	0	6	0.167
合计					36	1

表 2.2.3-2　排序与点数值对应关系

排序	1	2	3	4
点数值	1	0.75	0.50	0.25

2. 城墙保存状况的评估

根据公式1对四个城墙的保存较好部分、风化严重部分、修缮部分进行综合评估值的计算，得出每面城墙各部分的评估值，定量分析城墙的保存状况，分析影响城墙保存状况的因素。

$$W = \frac{\sum_{i=1}^{4}(P_i \times Q_i)}{n} \times 100\% \qquad (公式1)$$

3. 弹坑及弹坑识别

宛平城城墙上形形色色的坑和洞众多，坑和洞的形成过程增加了其比表面积，水的化学风化（溶蚀）和物理风化（冻融循环、可溶盐结晶、生物病害）作用在坑和洞的内部，使其内部比表面更容易风化，因此洞和孔的体积不断增大，造成表面小孔，内部大孔。再加上部分城墙历史上曾作为民房的一部分，不可避免为了生活方便会在城墙上打钉、凿洞。城墙上所有的坑和洞都极易遭受自然风化而发生形变，失去原有的形貌。城墙坑和洞的现状几乎都是原有的机械物理作用和长期的自然风化共同作用形成的结果，因此"七七事变"所致弹坑和其他原因形成的弹坑在今天来看外观形貌呈现高度的相似性，历史上也无记载究竟哪些城墙坑为战争所致的文献资料，这给我们识别城墙上的坑和洞是否为战争所致带来一定的困难。因此我们为弹坑及弹坑的识别制定了八条规则：

（1）城墙上直径超过 0.5 米的大型坑，且特征符合坑深度由中心向边缘依次递减，基本可判定为"七七事变"炮弹所致，因为这种特征的坑无任何使用价值，且规模较大，基本可排除人为破坏所致。

（2）符合（1）规则描述的大坑周围出现了小型坑，这些小型坑极有可能为炮弹爆炸的残片击中所致。

（3）如果在城墙的某一片区出现较为集中、数量众多的坑，且坑深度普遍超过 10cm。这种特征的坑基本可判定为战争枪弹击中后经自然风化形成的弹坑。

（4）位于垛子及城墙顶部四分之一区域的坑和孔为战争所致的可能性较大，因为这部分区域受水的破坏作用及人为破坏作用的影响较小，可结合（1）（2）（3）条规则进一步判定。

（5）如果孔在城墙呈密集分布，且符合坑深度超过 10 厘米，具有表面孔洞小，内部直径扩大的特征，这种特征的弹坑为枪弹坑的可能性较大。

（6）如果孔在城墙没有呈密集分布，但是符合坑深度超过 10 厘米，具有表面孔洞小，内部直径扩大的特征，这种特征的弹坑非枪弹坑的可能性较大。

（7）城墙上的坑无深度由中心向边缘依次递减的特征，且坑的深度较浅，这种坑为弹坑的可能性较小。

（8）如果在相邻两个片区同时具有（1）（2）（3）（4）（5）中其中之一或多个规则所描述的弹坑或弹坑特征的的坑或孔，那么这两个片区可以相互印证，判定两个片区同时具有弹坑或弹坑特征的坑或孔为弹坑或弹坑。

根据这八条规则对城墙的弹坑进行识别判定，判定结果详见 2.3 节每部分城墙的保存状况。

三、宛平城城墙保存状况

将现场测试的数据根据评估内容进行分析，得出宛平城的保存状况。

宛平城总平面示意图见图 2.3-1。

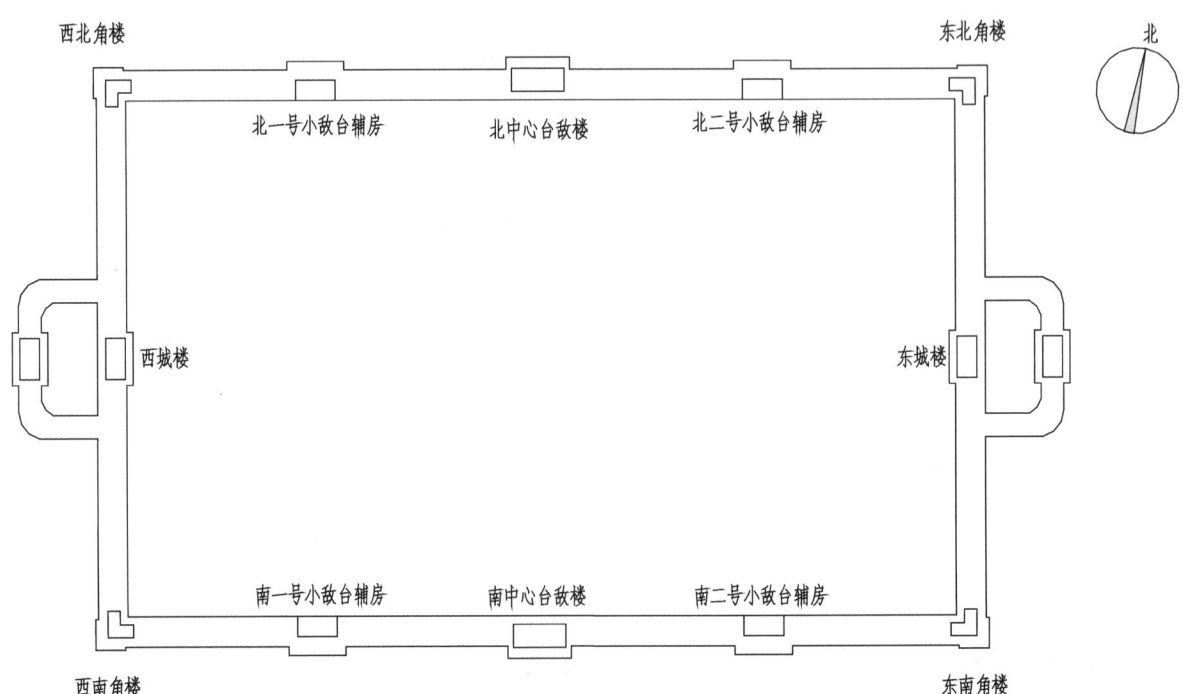

图 2.3-1　宛平城总平面示意图

（一）东城门南东立面城墙保存状况

由于城墙跨度较大，现场调研中将东城门南东立面城墙分为 9 个片区，详细信息见表 2.3.1-1。

表 2.3.1-1　东城门南东立面城墙片区编号信息

片区编号	片区所在位置	片区名称
SEM	东城门南敌台东立面	东城门南敌台东立面
ES1	垛口 1 与垛口 2 之间下方城墙	东城门南东立面城墙 1 号片区
ES2	豁口与垛口 3 之间下方城墙	东城门南东立面城墙 2 号片区
ES3	垛口 3 与垛口 5 之间下方城墙	东城门南东立面城墙 3 号片区
ES4	垛口 5 与垛口 8 之间下方城墙	东城门南东立面城墙 4 号片区
ES5	垛口 8 与垛口 11 之间下方城墙	东城门南东立面城墙 5 号片区
ES6	垛口 11 与垛口 14 之间下方城墙	东城门南东立面城墙 6 号片区
ES7	垛口 14 与垛口 16 之间下方城墙	东城门南东立面城墙 7 号片区
ES8	垛口 16 与垛口 20 之间下方城墙	东城门南东立面城墙 8 号片区

1. 东城门南东立面城墙弹坑及弹坑识别

如图 2.3.1-1 所示，SEM、ES3 上部、ES4、ES6、ES8 中的坑同时符合前文所述规则（1）（2）（4），可判定这 4 个大型坑为弹坑；ES2 出现的大豁口有可能为城墙被炮弹击中坍塌所致；ES5 中坑符合前文规则（3），可判定为弹坑；ES7 中坑满足前文规则（7），为弹坑的可能行较小。

（a）SEM　　　　　　　　　　　　　　　　（b）ES1

图 2.3.1-1　东城门南东立面城墙保存现状（1）

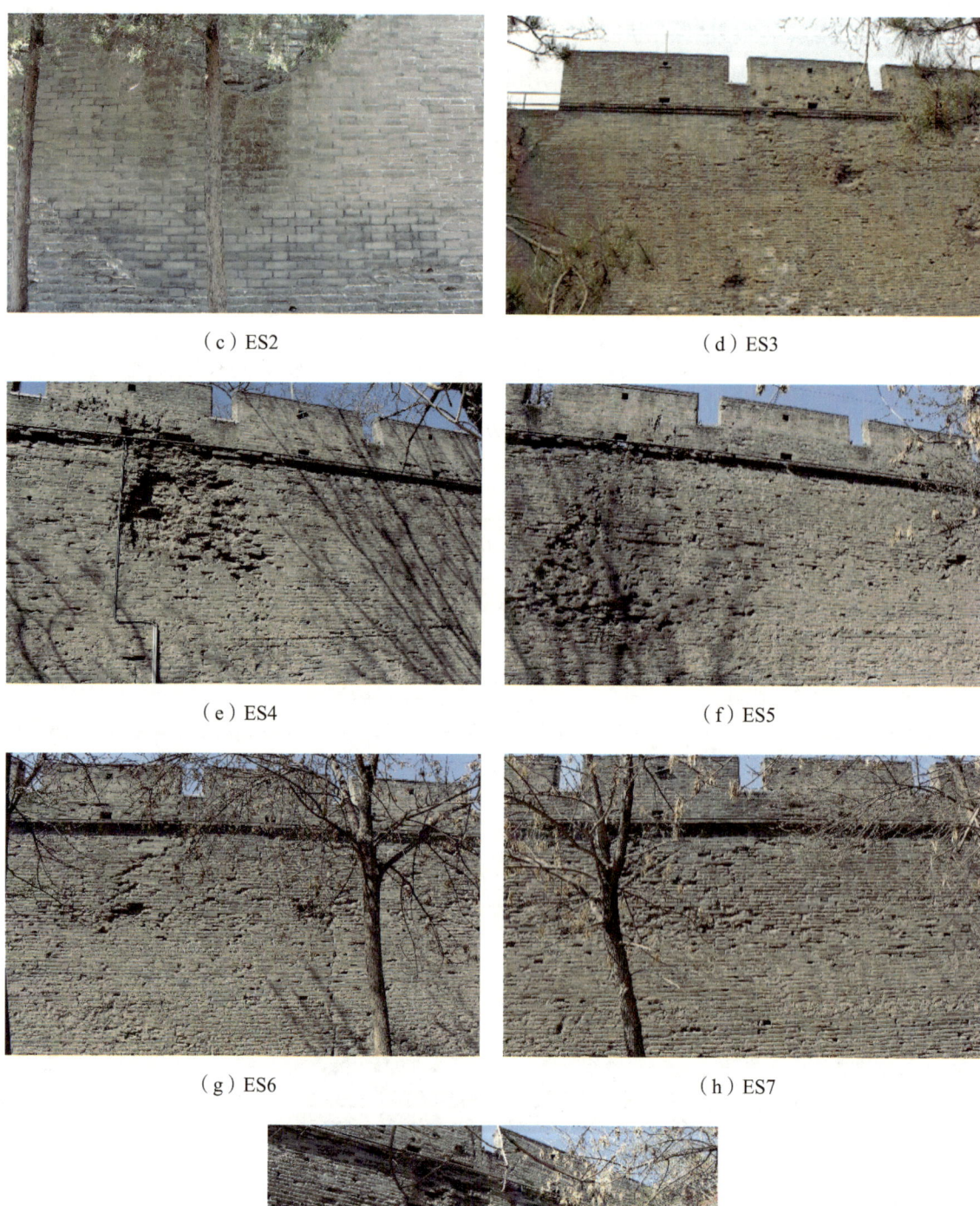

(c) ES2　　　　　　　　　　　　　　　(d) ES3

(e) ES4　　　　　　　　　　　　　　　(f) ES5

(g) ES6　　　　　　　　　　　　　　　(h) ES7

(i) ES8

图 2.3.1-1　东城门南东立面城墙保存现状（2）

2. 东城门南东立面城墙病害分析

经现场检测，东城门南东立面城墙病害类型具体如图 2.3.1-2 所示。

（a）酥粉

（b）表皮脱落

（c）泛碱

（d）缺损

（e）裂缝

图 2.3.1-2 城墙病害示意图

根据现场检测结果，对东城门南东立面城墙进行病害图绘制，以直观地获得各病害的分布位置，绘制结果如图2.3.1-3所示。东城门南东立面城墙整体保存完整，除"七七事变"留下的弹坑遗迹外，城墙未存在明显的缺损、坍塌现象。受自然风化影响，存在大面积表皮脱落现象，局部泛碱严重，主要存在于条石上方1米范围内，城墙内部夯土、城砖、表面的可溶盐随毛细水迁移到城砖表面形成富集，可溶盐的不断溶解—结晶膨胀过程造成城砖表面酥粉脱落。

（a）SEM

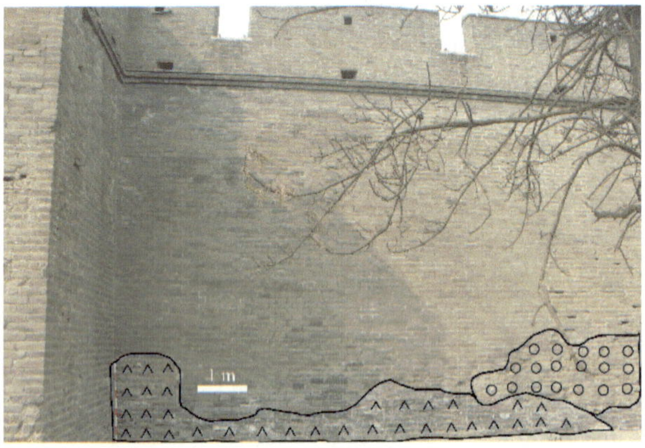

（b）ES1

（c）ES2

（d）ES3

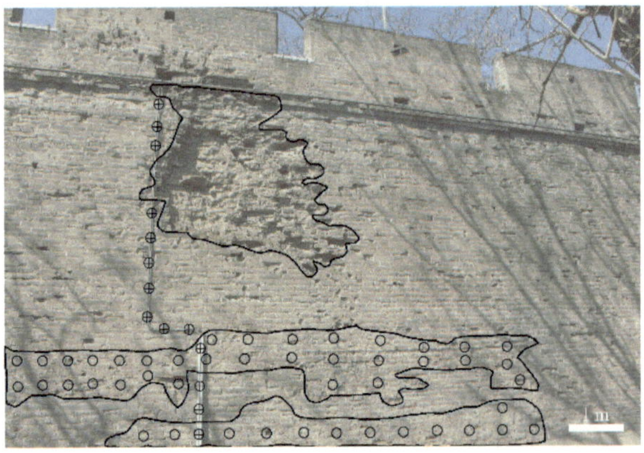

（e）ES4

（f）ES5

图 2.3.1-3　东城门南东立面城墙病害图（1）

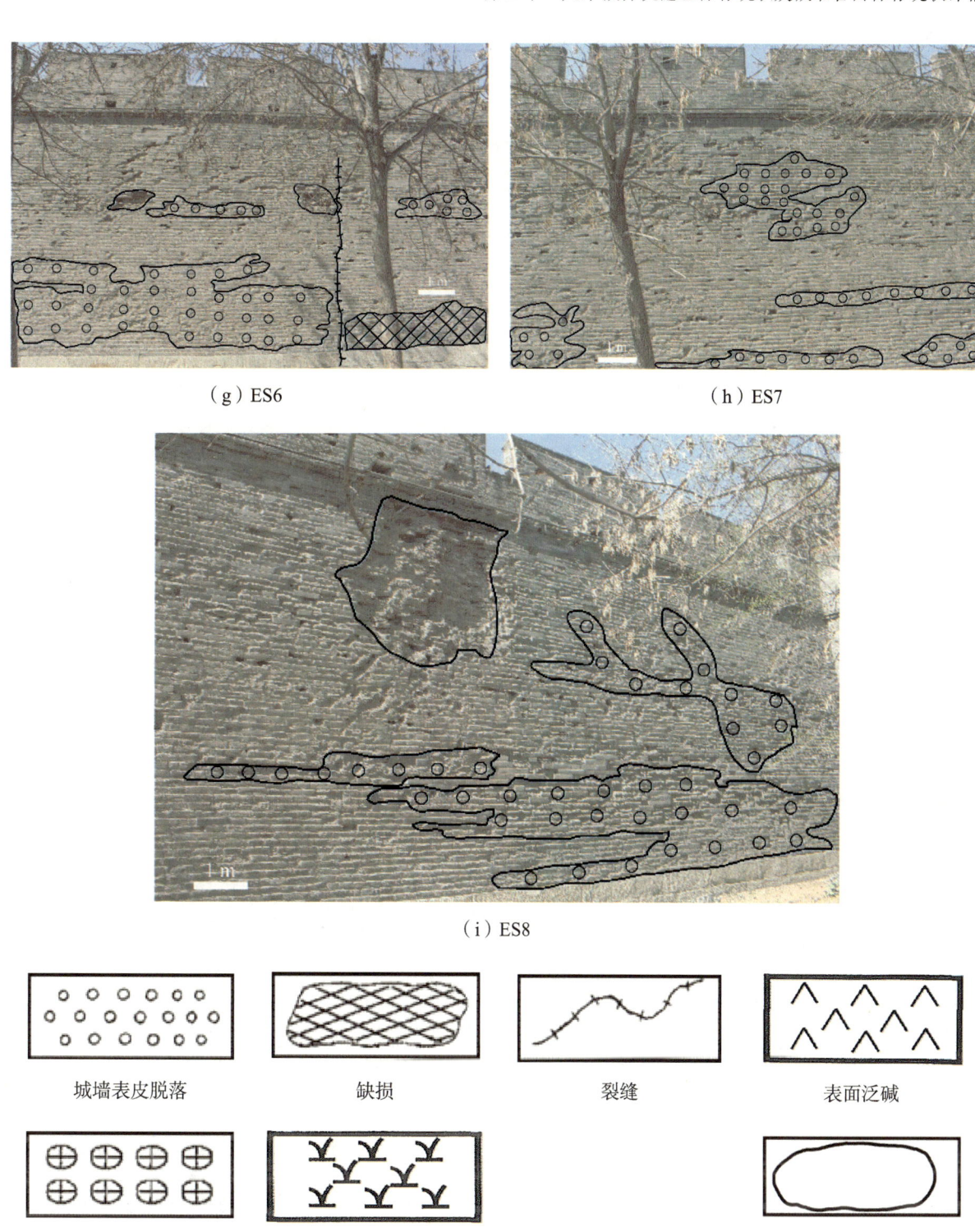

(g) ES6　　　　　　　　　　　　　　(h) ES7

(i) ES8

城墙表皮脱落　　　　缺损　　　　裂缝　　　　表面泛碱

人为破坏　　　　植物病害　　　　　　　　　弹坑遗址

图 2.3.1-3　东城门南东立面城墙病害图（2）

3. 东城门南东立面城墙病害程度评估

根据现场检测数据及病害分析结果，对东城门南立面城墙每一片区进行病害分析，并对病害类型及病害面积占比进行计算，得到病害类型及保存现状评价表。

表 2.3.1-2　东城门南东立面城墙病害严重程度及保存状况评价表

城墙编号 保存状况评估		SEM	ES1	ES2	ES3	ES4	ES5	ES6	ES7	ES8
较大弹坑面积及占比	较大弹坑面积（平方米）	1.51	0	0	1.34	7.80	6.53	1.12	0	6.12
	较大弹坑面积占比（%）	1.86	0	0	1.50	10.19	8.09	1.37	0	7.66
病害类型及严重程度	城墙表皮脱落面积（平方米）	4.99	2.55	8.59	1.81	11.21	14.41	15.65	10.09	14.37
	城墙缺损面积（平方米）	无	无	6.40	无	0	0	2.10	0	0
	裂缝规格（米）（长×宽）	2.08×0.025	无	0	无	0	无	5.62×0.015	无	无
	表面泛碱面积（平方米）	4.97	6.51	0	4.47	0	0	0	0	0
	其他破坏类型	无	无	植物病害	拉结电线	无	无	无	无	无
保存现状评估	总面积（平方米）	81.41	61.06	61.14	89.50	76.58	80.75	81.63	76.58	79.88
	保存较好面积占比（%）	87.77	85.16	75.48	92.98	85.36	82.16	78.25	86.85	82.01
	保存较差面积占比（%）	12.23	14084	14.05	7.02	14.64	17.84	19.18	13.18	17.99
	保存差面积占比（%）	0	0	10.46	0	0	0	2.58	0	0
保存现状综合性评估		较好	较好	较好	较好	较好	较好	较好	较好	较好

注：保存较好——无各类明显病害；保存较差——城墙表面泛碱、表皮脱落；保存差——城墙表面缺损。如果城墙存在长度超过 2m 的贯穿裂缝，则保存状况综合性评估为差。

由表 2.3.1-2 可见，东城门南东立面城墙基本保存状况良好，其中保存较好面积基本分布在 80%～90%，城墙受到的最主要病害是表皮脱落，这主要是由于城墙长期受到周期性温湿度变化、冻融作用及可溶盐反复膨胀—结晶收缩等作用而形成。其中东城门南敌台东立面、1 号片区、2 号片区和 3 号片区在条石上方 1m 范围内存在较为严重的泛碱现象，并且泛碱区与未泛碱区存在明显的界线，而东城门南城墙其他部分则未出现明显的泛碱现象，这是因为这些位置受敌台及周边树木影响，泛碱区阳光照射不足，阴暗潮湿，而非泛碱区阳光照射充足，城墙表面干燥，界线处毛细水较易迁移蒸发，携带可溶盐形成泛碱，泛碱现象在明暗交接处出现严重分界。

4. 现场无（微）损检测结果

现场无（微）损检测性能指标主要包含里氏硬度、回弹强度、城墙表面 pH 值、城墙表面毛细吸水系数测试。

（1）城墙表面里氏硬度、回弹强度、pH 值测试结果

东城门南东立面城墙检测的表面里氏硬度、回弹强度、pH 值平均值测试结果详见表 2.3.1–3。

表 2.3.1-3　物理力学性能测试结果

片区位置	检测位置	里氏硬度平均值（HL）	回弹强度测量平均值	抗压强度推定值（MPa）	城墙表面 pH 值
ESM	保存较好城砖	302	27	3.68	6
	风化缺损砖	274	18	/	6
	酥粉城砖	170	/	/	5
	保存较好灰浆	192	21	3.65	5
	风化缺损灰浆	179	/	/	5
	修缮灰浆	232	/	/	6
ES1	保存较好城砖	444	35	10	6
	风化缺损砖	298	23	1.48	6
	酥粉城砖	319	13	/	8
	泛碱砖	301	22	1.03	6
	保存较好灰浆	193	20	3.06	8
	修缮灰浆	380	/	/	6
ES2	保存较好城砖	412	31	6.52	6
	风化缺损砖	253	17	/	6
	酥粉城砖	200	/	/	4
	泛碱砖	312	29	5.02	10
	保存较好灰浆	316	28	10.28	6
ES3	保存较好城砖	479	40	15.25	6
	风化较严重城砖	392	27	3.68	5
	酥粉砖	188	18	/	8
	修缮灰浆	322	15	1.09	6
	风化较严重灰浆	223	/	/	8
	修缮砖	506	39	14.12	6

续表

片区位置	检测位置	里氏硬度平均值（HL）	回弹强度测量平均值	抗压强度推定值（MPa）	城墙表面pH值
ES4	保存较好城砖	506	36	10.97	6
	风化较严重城砖	339	27	3.68	5
	酥粉砖	218	22	1.03	5
	修缮灰浆	344	19	2.54	6
	风化较严重灰浆	319	/	/	5
	修缮灰浆	403	30	13.17	6
	泛碱砖	167	/	/	9
ES5	保存较好城砖	466	32	7.33	6
	风化较严重城砖	326	27	3.68	6
	酥粉砖	313	26	3.07	6
	修缮灰浆	276	/	/	5
	风化较严重灰浆	186	/	/	6
	修缮灰浆	412	30	13.17	6
ES6	保存较好城砖	423	21	0.62	6
	风化较严重城砖	224	18	/	6
	酥粉砖	256	21	0.62	5
	修缮灰浆	285	/	/	6
	风化较严重灰浆	225	14	0.85	5
ES7	保存较好城砖	442	33	8.18	5
	风化较严重城砖	251	25	2.5	6
	酥粉砖	170	15	/	6
	修缮灰浆	474	20	3.06	6
	风化较严重灰浆	196	/	/	6
	修缮砖	541	38	13.03	6
ES8	欠火砖	366	21	0.62	6
	空鼓砖	296	19	/	6

注："/"表示由于材料回弹强度低于10，无法读取准确数值。

对东城门南东立面城墙的每种保存状况进行分类，然后计算每种保存状况的里氏硬度平均值、回弹强度平均值、城墙表面pH平均值，计算结果如表2.3.1-4所示。

表2.3.1-4　每种保存状况的里氏硬度平均值、回弹强度平均值、城墙表面pH平均值

检测位置	里氏硬度平均值（HL）	回弹强度测量平均值	抗压强度推定值（MPa）	城墙表面pH值
保存较好城砖	434.3	31.9	7.25	5.9
风化缺损砖	294.6	22.8	1.39	5.8
欠火砖	366	21	0.62	6
空鼓砖	296	19	/	6
酥粉城砖	229.3	/	/	5.9
泛碱城砖	260.0	25.5	2.78	8.3
修缮砖	523.5	38.5	13.57	6
保存较好灰浆	233.7	23.0	5.06	6.3
风化缺损灰浆	221.3	/	/	5.8
修缮灰浆	347.6	/	/	5.9

由表2.3.1-4可见城砖的里氏硬度由高到低为修缮砖>保存较好城砖>欠火砖>空鼓砖>风化缺损砖>泛碱城砖>酥粉城砖；城砖的抗压强度由高到低为修缮砖>保存较好城砖>泛碱城砖>风化缺损砖>欠火砖。新修缮的城砖里氏硬度和抗压强度高于保存较好的城砖可能有两方面原因：一是尽管城砖保存较好，但也经过了三百多年的自然风化，力学强度有所下降；二是修缮用砖和城墙砖在材料组成和工艺上可能有所差异。风化程度较大的砖力学性能进一步下降，泛碱城砖的里氏硬度低于缺损砖，抗压强度却高于缺损砖，说明泛碱对城砖的表面性能有更大的影响。酥粉砖的里氏硬度和抗压强度最小，已经不具备使用性能。欠火砖的抗压强度低于1MPa，说明欠火会造成砖力学性能的下降。泛碱城砖的pH值最高，可能与泛碱析出物有关。

（2）城墙表面超声波检测结果

东城门南东立面城墙的超声波检测结果见表2.3.1-5和表2.3.1-6。东城门南东立面城墙超声波传播速度由快到慢为完整砖>修缮砖>风化砖>酥粉砖。说明城墙风化程度小的原砖内部结构比修缮用砖夯实，而风化程度较大的砖超声波传播速度低于修缮砖，说明城砖经风化后内部结构的酥松度增加，酥粉砖的传播速度约为风化砖的1/3，说明风化砖进一步风化后内部更加酥松，形成酥粉砖，酥粉砖内部的酥松多孔进一步阻碍了超声波的传播。

表 2.3.1-5　东城门南东立面城墙超声波检测结果

片区位置	检测位置	两测试点间距离（cm）	传播时间（μs）	传播速度（m/s）
ES3	修缮砖	6.5	58.4	1113
ES3	完整砖	9.5	95.2	998
ES3	风化砖	7	106	660
ES4	完整砖	8.5	63.2	1345
ES4	风化砖	13	213	610
ES7	修缮砖	12	146.4	820
ES7	风化砖	11	159.2	691
ES7	酥粉砖	10	450.8	222

表 2.3.1-6　东城门南东立面城墙超声波传播速度平均值

检测位置	完整砖	风化砖	修缮砖	酥粉砖
传播速度平均值（m/s）	1171.5	653.7	966.5	222

注：完整砖是指城墙保留较完整的原砖。

（3）城墙表面毛细吸水系数测试结果

结合现场实际情况及测试条件，依据标准《WW/T 0065-2015 砖石质文物表面吸水性能测定》，在现场一定位置采用卡斯特量瓶对东城门南东立面城墙的支撑体砖进行吸水性测试。测试结果如表 2.3.1-7 所示。

表 2.3.1-7　东城门南东立面城墙砖的吸水性测试结果

测试时间 t（s）	单位面积吸水量 Q（g/cm²）				
	ESM 完整砖	ES2 完整砖	ES2 风化砖	ES3 完整砖	ES3 修缮砖
0	0	0	0	0	0
30	0.071	0.149	0.042	0.028	0.127
60	0.142	0.255	0.092	0.042	0.226
120	0.255	0.481	0.177	0.071	0.368
180	0.368	0.665	0.283	0.113	0.524

续表

测试时间 t (s)	单位面积吸水量 Q (g/cm²)				
	ESM 完整砖	ES2 完整砖	ES2 风化砖	ES3 完整砖	ES3 修缮砖
240	0.467	0.849	0.382	0.156	0.665
300	0.552	1.033	0.510	0.198	0.793
360	0.658	1.203	0.623	0.241	0.934
420	0.750	1.373	0.750	0.269	1.062
480	0.849	/	0.885	0.311	1.175
540	/	/	/	0.354	1.302
600	/	/	/	0.382	1.415

测试时间 t (s)	单位面积吸水量 Q (g/cm²)				
	ES3 风化砖	ES4 风化砖	ES5 完整砖	ES6 空鼓砖	ES7 风化砖
0	0	0	0	0	0
30	0.156	0.099	0.099	0.113	0.057
60	0.255	0.212	0.226	0.226	0.085
120	0.453	0.382	0.425	0.382	0.156
180	0.637	0.594	0.623	0.552	0.226
240	0.807	0.764	0.807	0.708	0.297
300	0.962	0.948	1.005	0.849	0.354
360	1.118	1.104	1.189	1.005	0.425
420	1.274	1.288	1.359	1.132	0.481
480	/	/	/	1.260	0.538
540	/	/	/	1.387	0.594
600	/	/	/	/	0.651

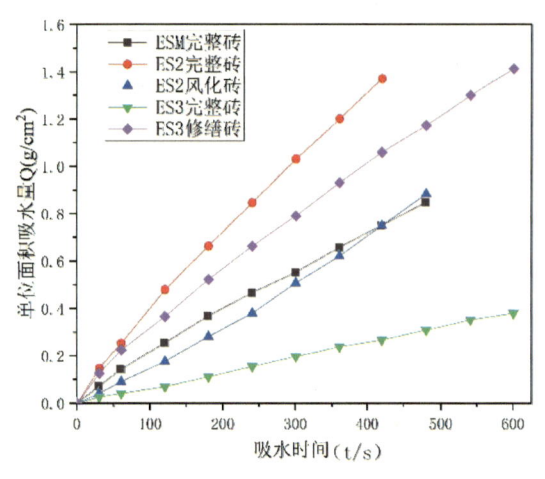 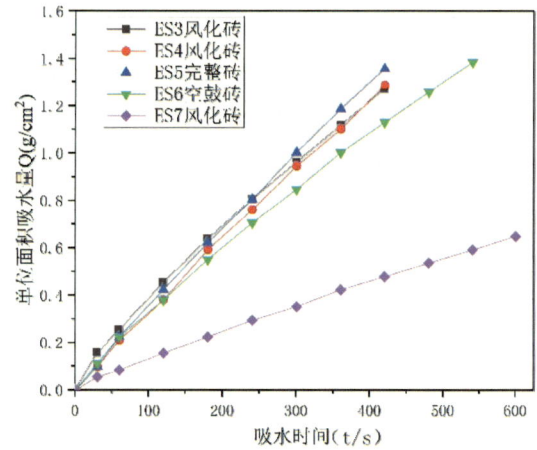

图 2.3.1-4　东城门南东立面城墙砖吸水性曲线图

按照德国工业标准 DIN 52617，由毛细吸水系数的计算公式 $\omega = M/(A \cdot H^{0.5})$ 得到毛细吸水系数值如表 2.3.1-8 所示，东城门南东立面城墙砖支撑体表面毛细吸水的效果评定属于透水。

表 2.3.1-8　东城门南东立面城墙砖的毛细吸水系数计算结果

编号	单位面积吸水量 Q（g/cm²）	吸水时间（t/s）	毛细吸水系数［kg/（m²·h⁰·⁵）］	效果评定
ESM 完整砖	0.849	480	23.25	透水
ES2 完整砖	1.373	420	40.20	透水
ES2 风化砖	0.885	480	24.24	透水
ES3 完整砖	0.382	600	9.36	透水
ES3 修缮砖	1.415	600	34.66	透水
ES3 风化砖	1.274	420	37.30	透水
ES4 风化砖	1.288	420	37.71	透水
ES5 完整砖	1.359	420	39.79	透水
ES6 空鼓砖	1.387	540	35.81	透水
ES7 风化砖	0.651	600	15.95	透水

表 2.3.1-9　东城门南东立面城墙砖毛细吸水系数［kg/（m²·h⁰·⁵）］计算结果

完整砖	风化砖	修缮砖	空鼓砖
28.15	28.8	34.66	35.81

由图 2.3.1-4 可见，东城门南东立面城墙砖单位面积吸水量与吸水时间呈正相关关系，整个吸水过程城墙表面吸水速率均匀。各检测位置的吸水速率由小到大为：完整砖＜风化砖＜修缮砖＜空鼓砖，说明风化会造成城砖内部空隙的增多。修缮用砖的毛细吸水系数远远高于完整砖和风化砖，说

明修缮砖的内部空隙率较大，吸水速率较快。而空鼓砖内部中空，孔隙率最大，因此也具有最高的吸水系数。

（4）红外热成像检测结果

表 2.3.1-10　红外热成像整体墙面检测结果

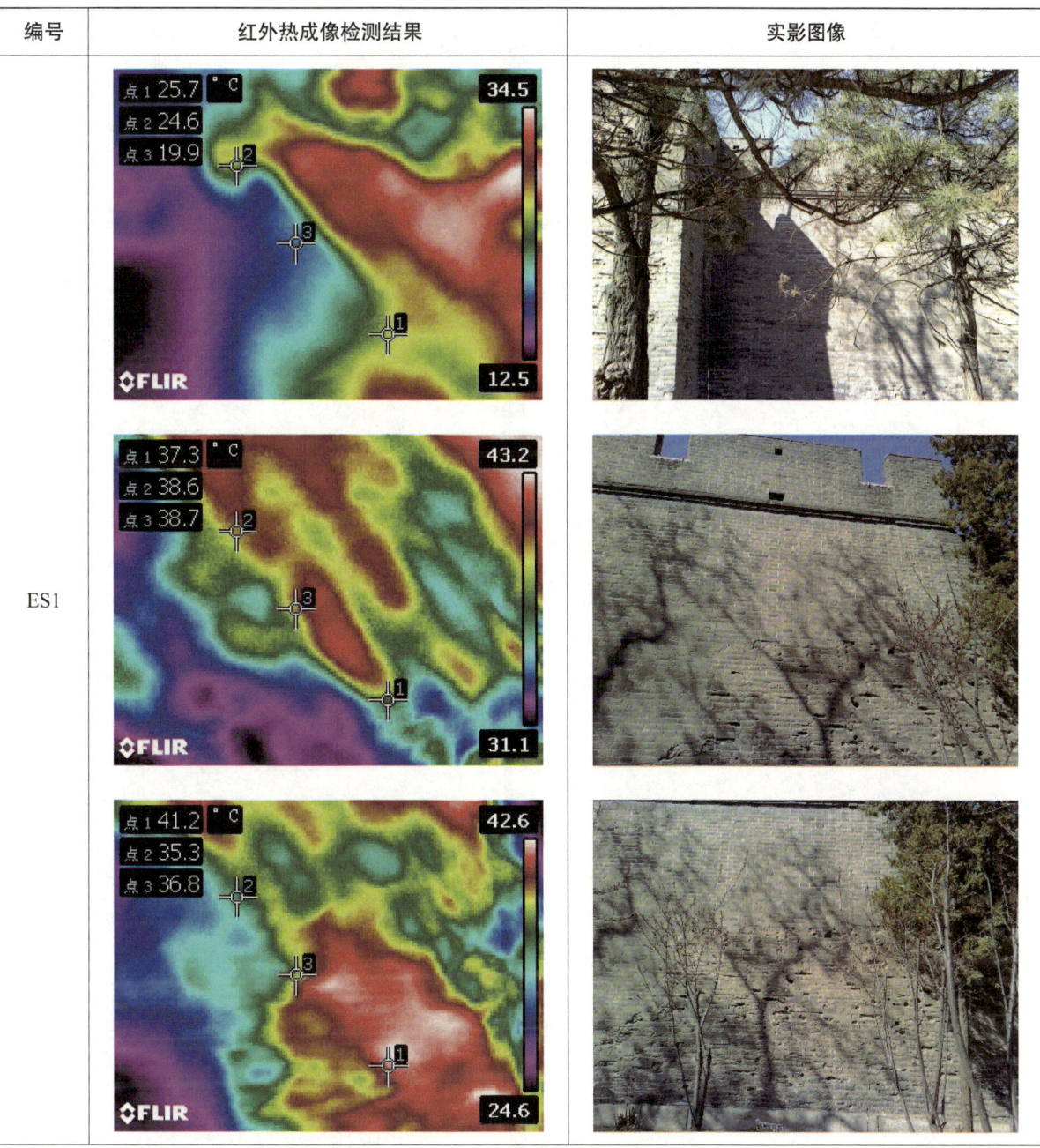

续表

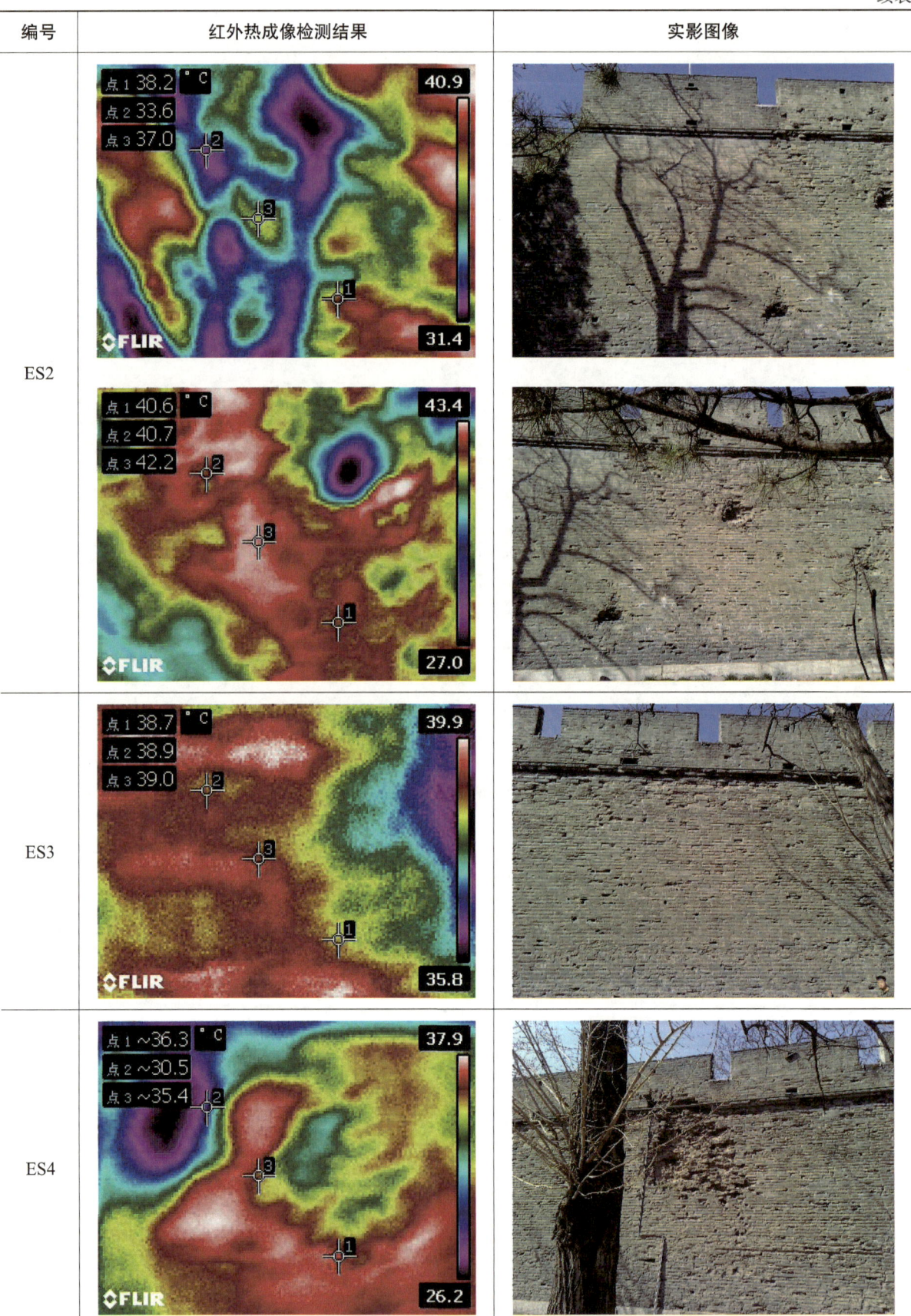

续表

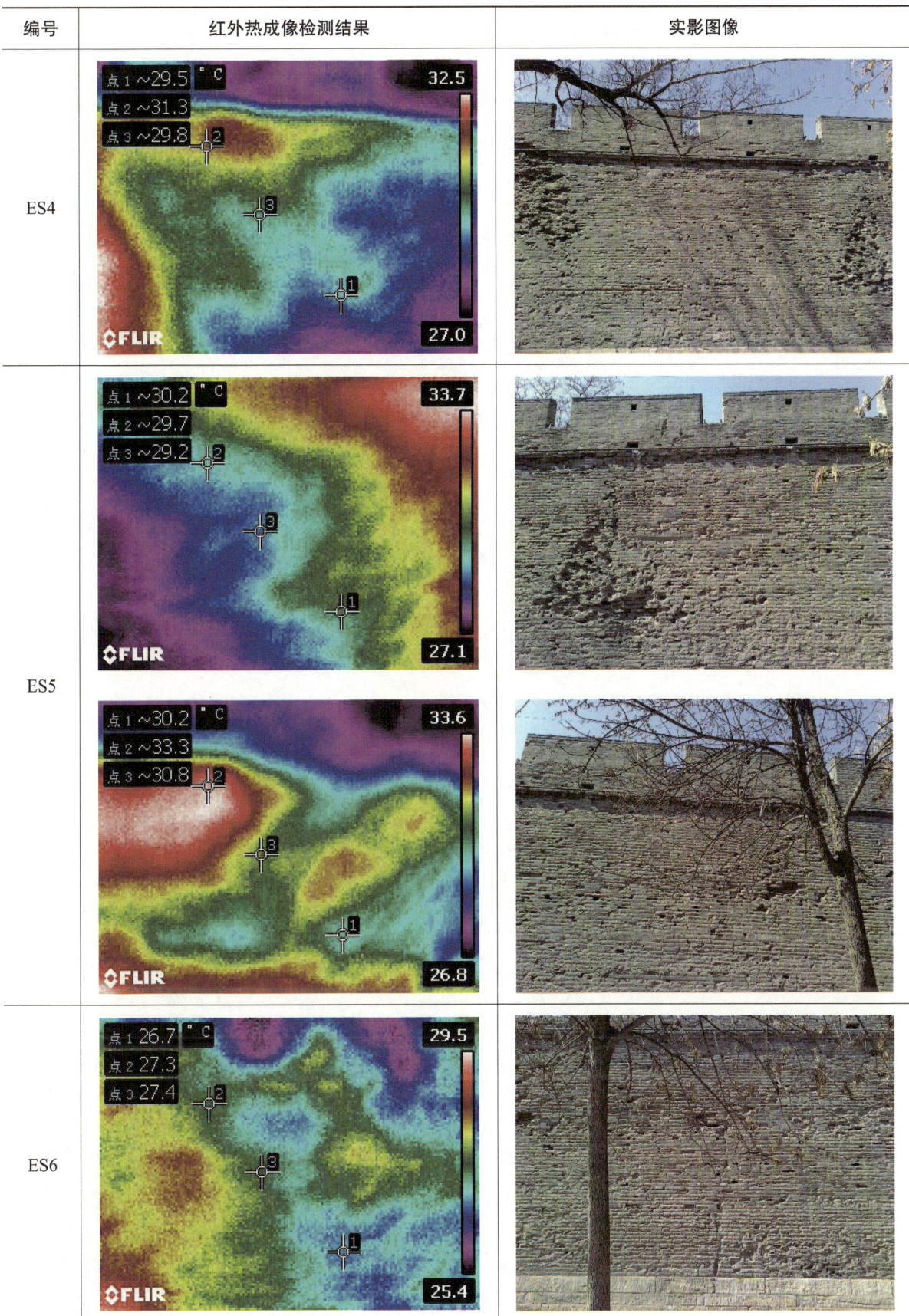

续表

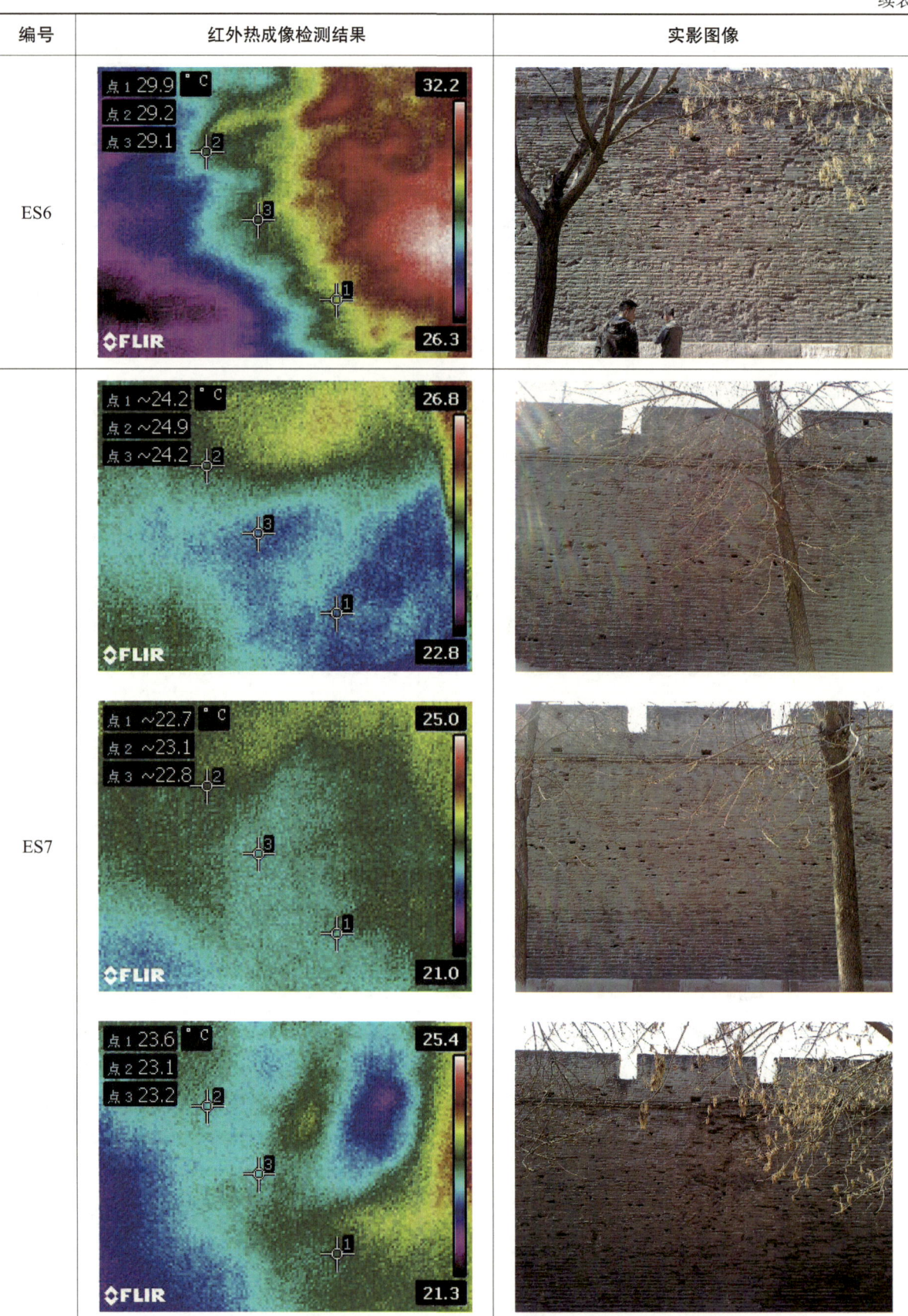

续表

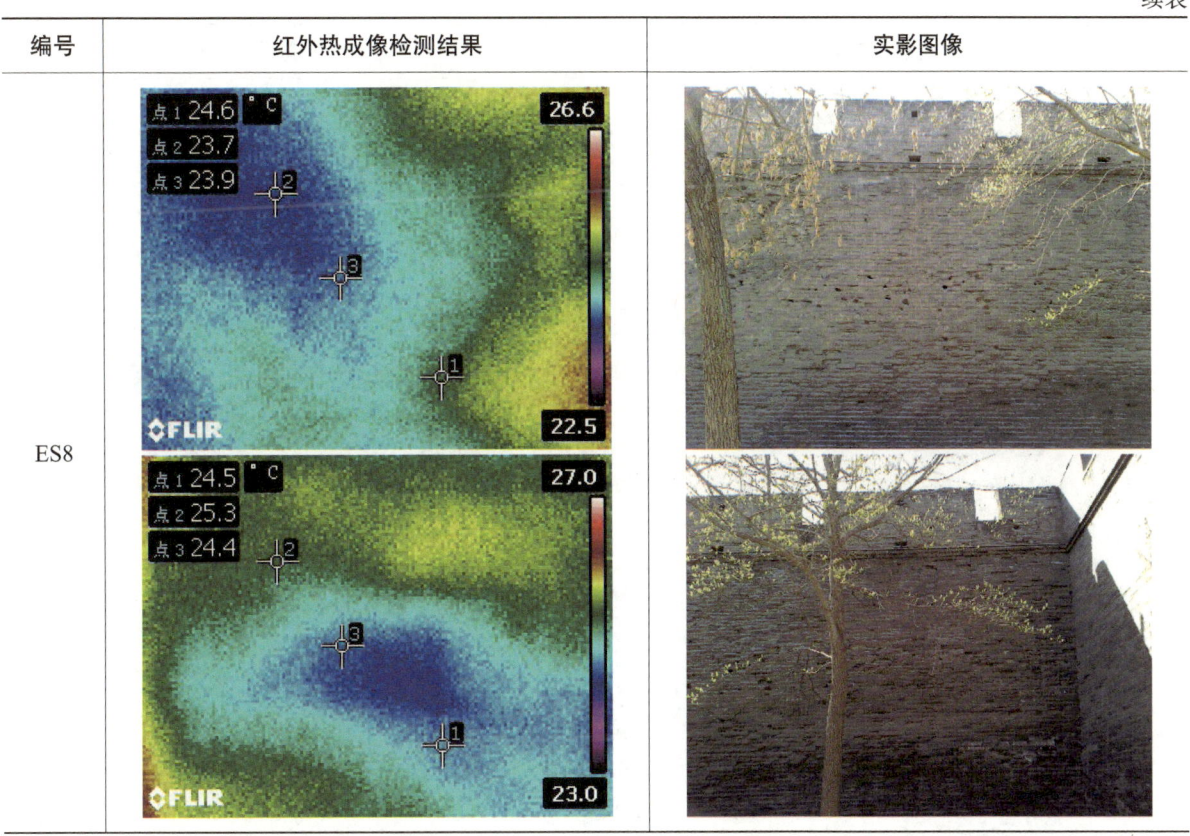

表 2.3.1-11　红外热成像局部弹坑检测结果

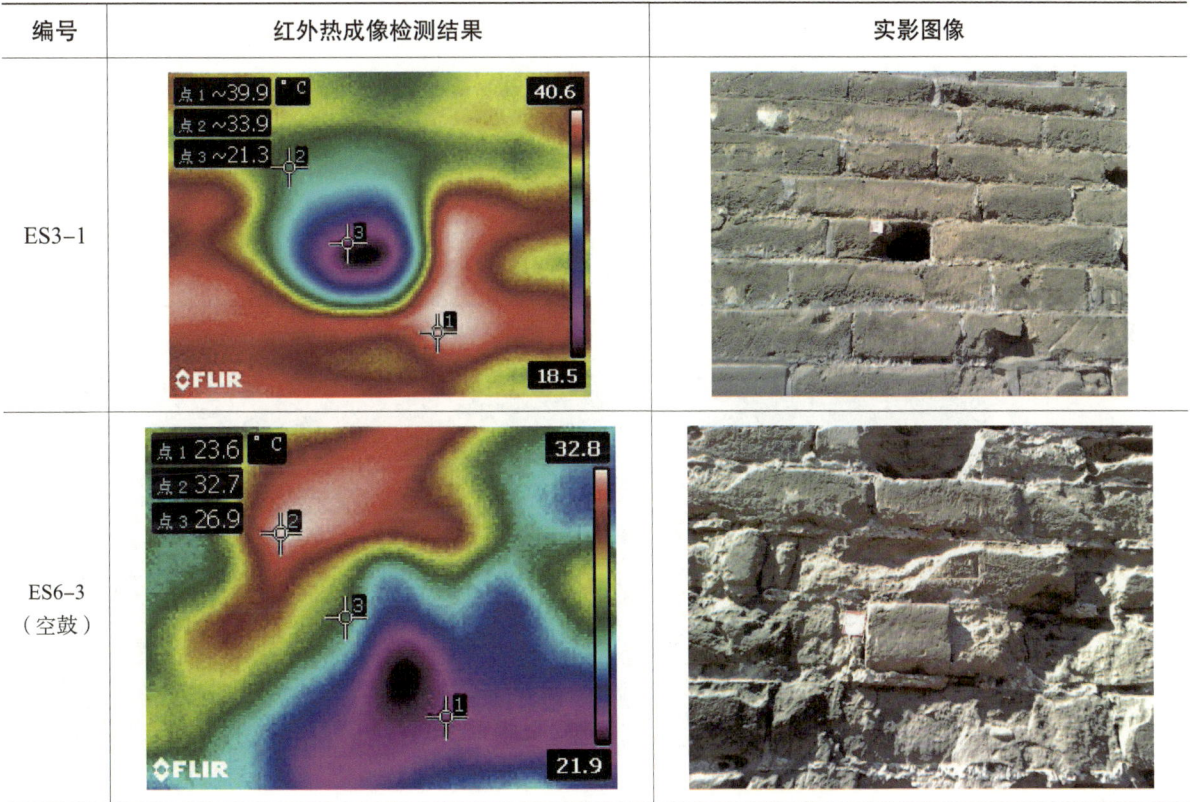

续表

编号	红外热成像检测结果	实影图像
ES7-1	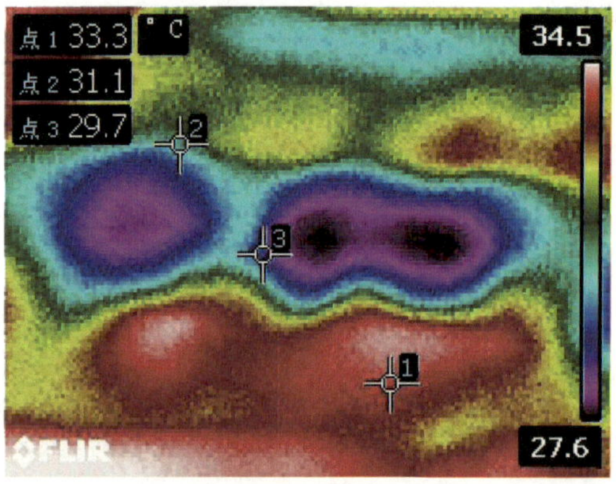 点1 33.3 ℃ 点2 31.1 点3 29.7 / 34.5 / 27.6	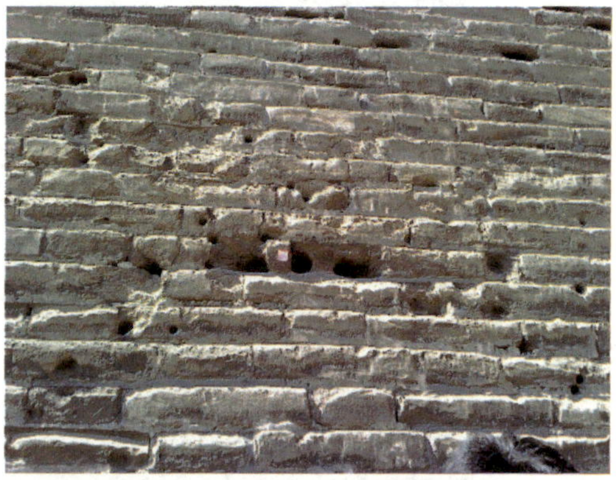
ES8-2（空鼓）	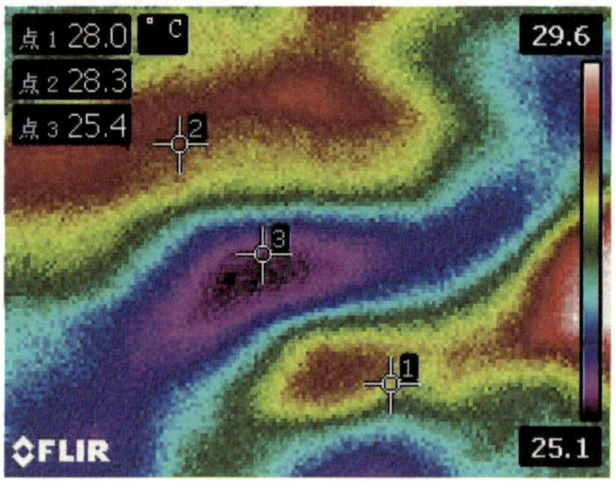 点1 28.0 ℃ 点2 28.3 点3 25.4 / 29.6 / 25.1	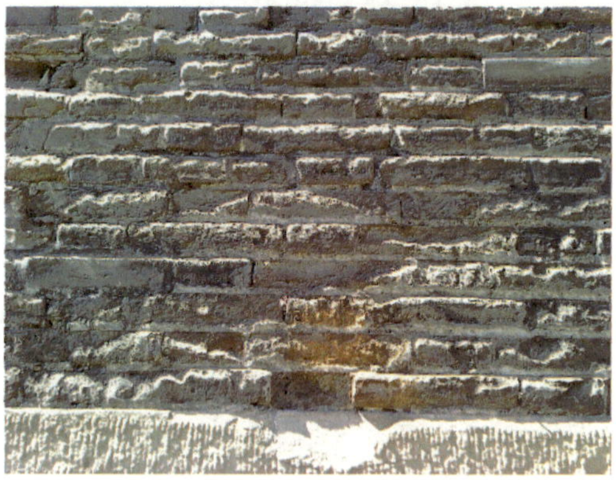

从红外热成像的图中可清晰地观察到城墙表面的温度分布变化，其中弹坑区域的温度较低，在红外热成像的图中呈蓝色分布，在温度梯度变化较大的区域较易出现酥碱等病害。

（5）内窥镜检测结果

表 2.3.1-12　内窥镜检测结果

编号	内窥镜检测结果
ES3-1	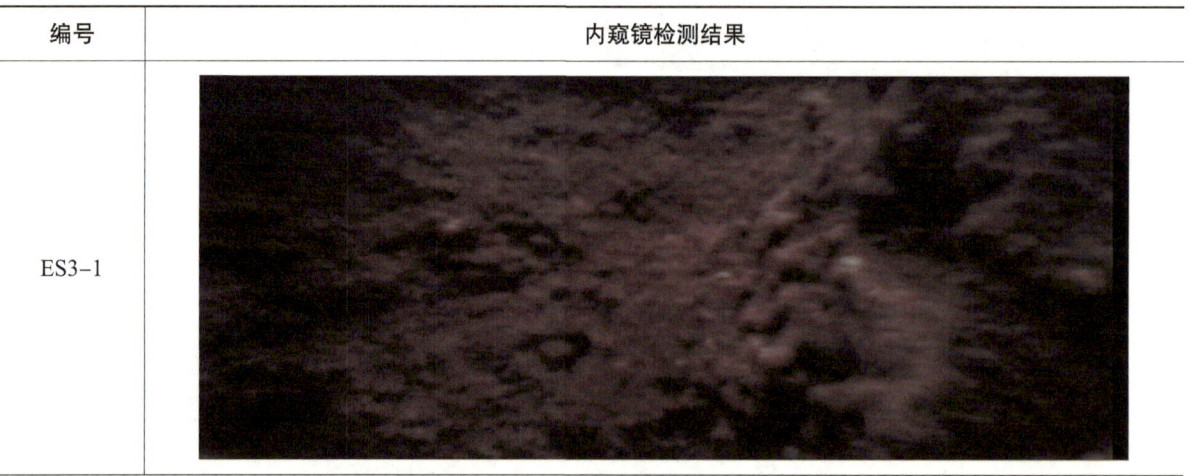

续表

编号	内窥镜检测结果
ES3-1	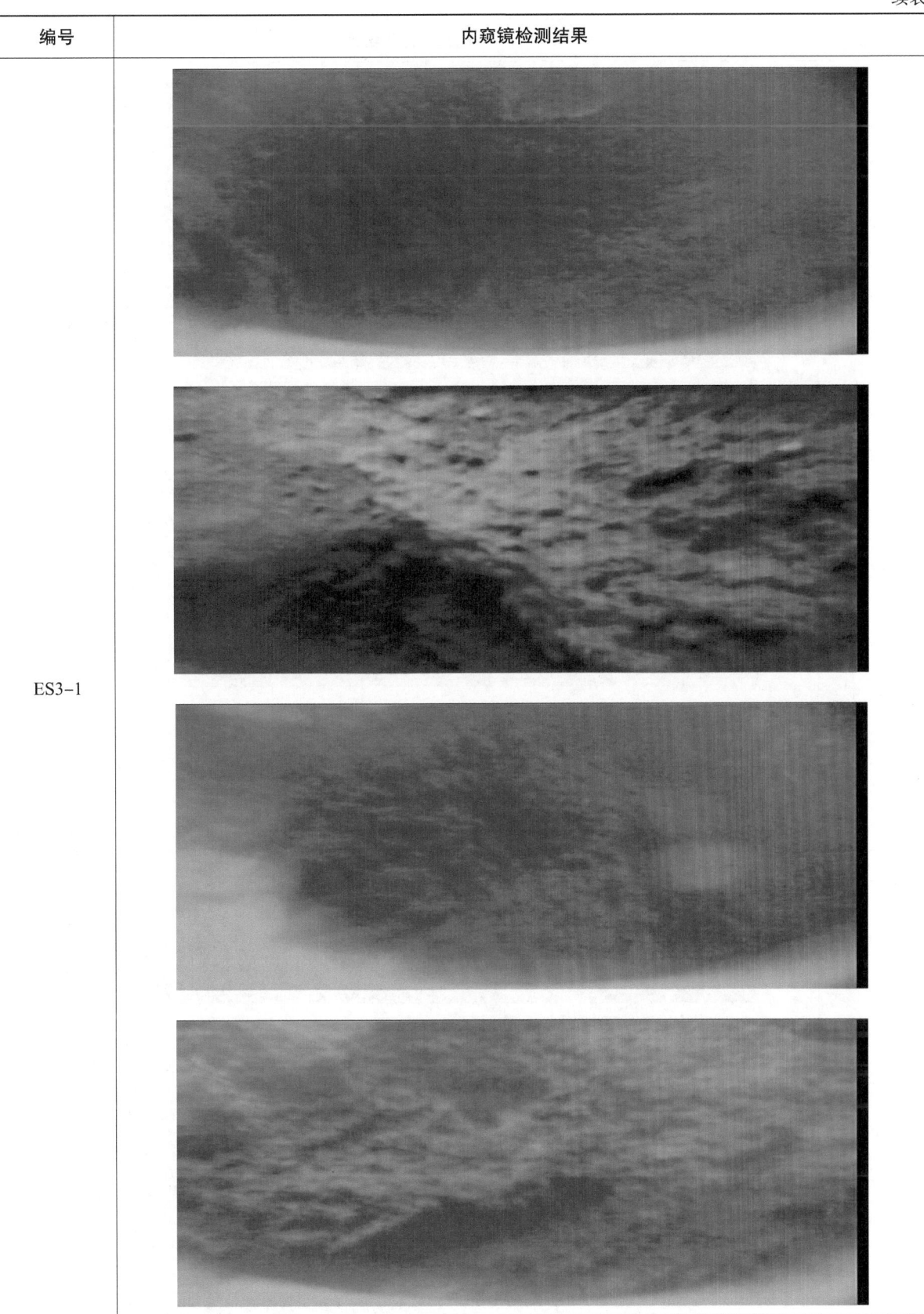

续表

编号	内窥镜检测结果
ES3-2	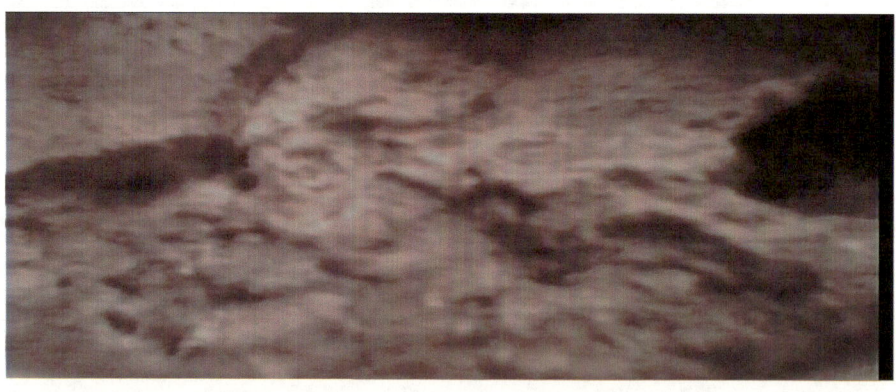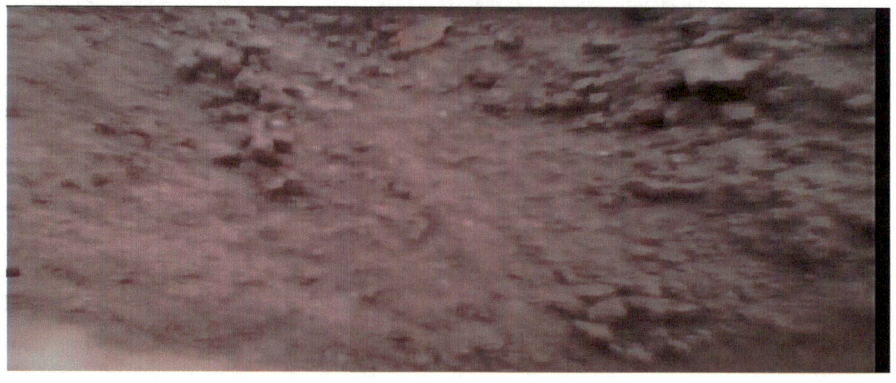

续表

编号	内窥镜检测结果
ES7-1	

续表

编号	内窥镜检测结果
ES7-1	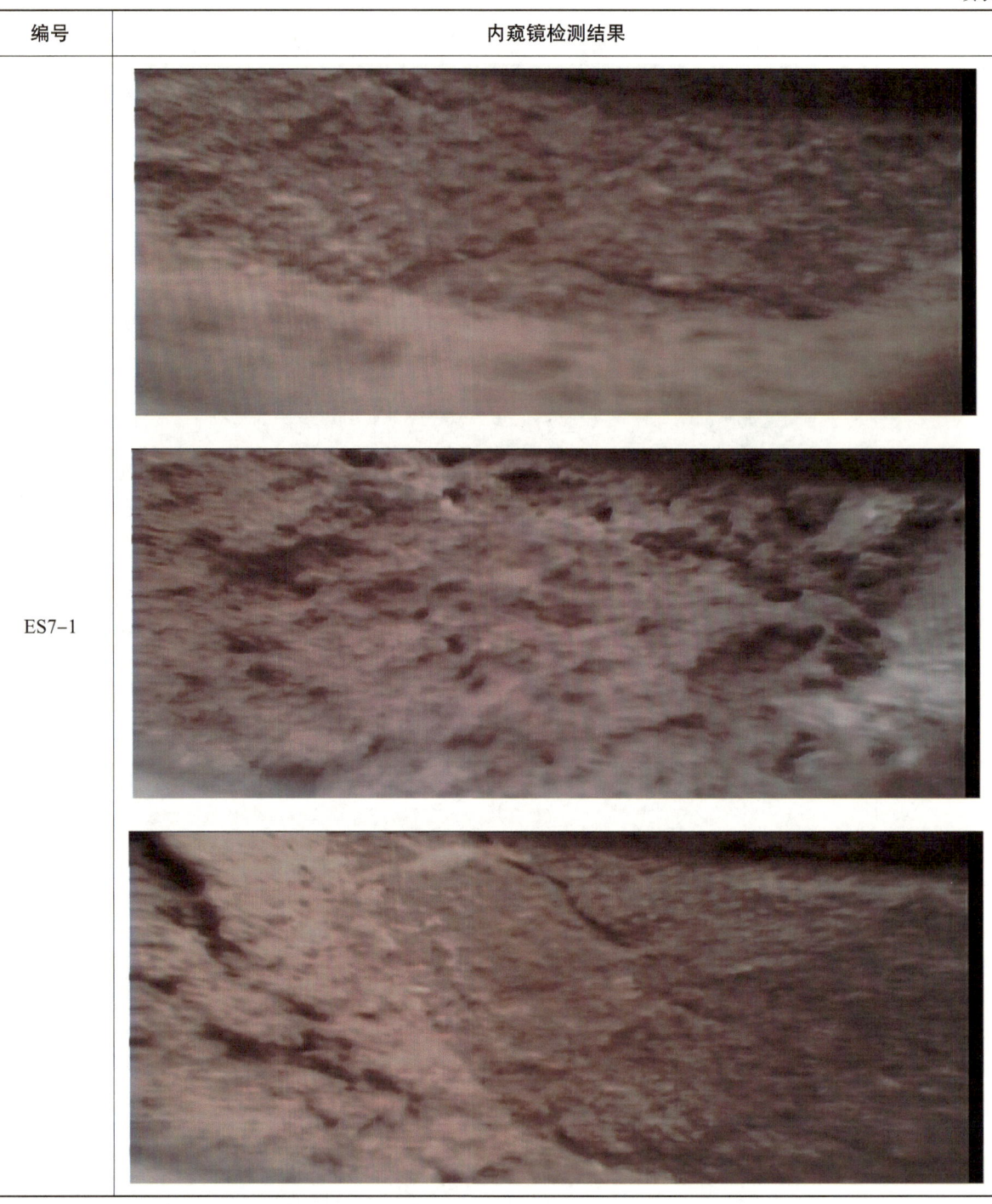

由表2.3.1-12可见，弹坑内部酥松多孔，表面呈颗粒状，风化较为严重，其中还观察到了两枚动物的蛋，说明有生物在弹坑内寄宿。

（二）东城门北东立面城墙保存状况

现场调研中将东城门北东立面城墙分为12个片区，详细信息如表2.3.2-1所示。

表 2.3.2-1　东城门北东立面城墙片区编号信息

片区编号	片区所在位置	片区名称
EN1	垛口 1 与垛口 3 之间下方城墙	东城门北东立面城墙 1 号片区
EN2	垛口 3 与垛口 5 之间下方城墙	东城门北东立面城墙 2 号片区
EN3	垛口 5 与垛口 7 之间下方城墙	东城门北东立面城墙 3 号片区
EN4	垛口 7 与垛口 10 之间下方城墙	东城门北东立面城墙 4 号片区
EN5	垛口 10 与垛口 13 之间下方城墙	东城门北东立面城墙 5 号片区
EN6	垛口 13 与垛口 16 之间下方城墙	东城门北东立面城墙 6 号片区
EN7	垛口 16 与垛口 18 之间下方城墙	东城门北东立面城墙 7 号片区
EN8	垛口 18 与垛口 20 之间下方城墙	东城门北东立面城墙 8 号片区
EN9	大豁口下方城墙	东城门北东立面城墙 9 号片区
EN10	垛口 21 与垛口 25 之间下方城墙	东城门北东立面城墙 10 号片区
ENMS	东城门北敌台南立面	东城门北敌台南立面
ENME	东城门北敌台东立面	东城门北敌台东立面

1. 东城门北东立面城墙弹坑及弹坑识别

东城门北东立面城墙照片如图 2.3.2-1 所示，EN10 片区的大型坑同时符合前文所述规则（1）（2），可判定为弹坑，EN10 片区同时还存在数量众多的密集孔，这些孔符合前文所述规则（5），因此这些孔很有可能为枪弹坑；同时在距离 EN10 最近的 ENMS 片区同样存在数量众多的密集孔，这些孔符合前文所述规则（5）（8），和 EN10 相互印证，因此可判定为枪弹坑，很可能历史上在此地区进行过激战。EN1 中的两个坑尽管口径较小，但深度较大，同时符合前文所述规则（4），由于北城墙未紧靠绿化带，城墙含水率较低，同时阳光易被周围建筑物所遮挡，受到光照作用较小，水的毛细现象较弱，因此风化作用较小，因此可判定这两个坑为弹坑。在 EN2、EN3、EN4、EN5、EN7、EN8 同时存在数量众多的密集孔，这些孔符合前文所述规则（5）（8），由于风化作用较小，其中还存在呈近圆形的孔，如图 2.3.2-2 所示，具有十分明显的弹坑特征，因此可判定城墙上这些孔为枪弹坑。EN6 城墙经过大面积修缮，未存在特征明显的坑或孔。EN9 出现的大豁口有可能为城墙被炮弹击中坍塌所致。

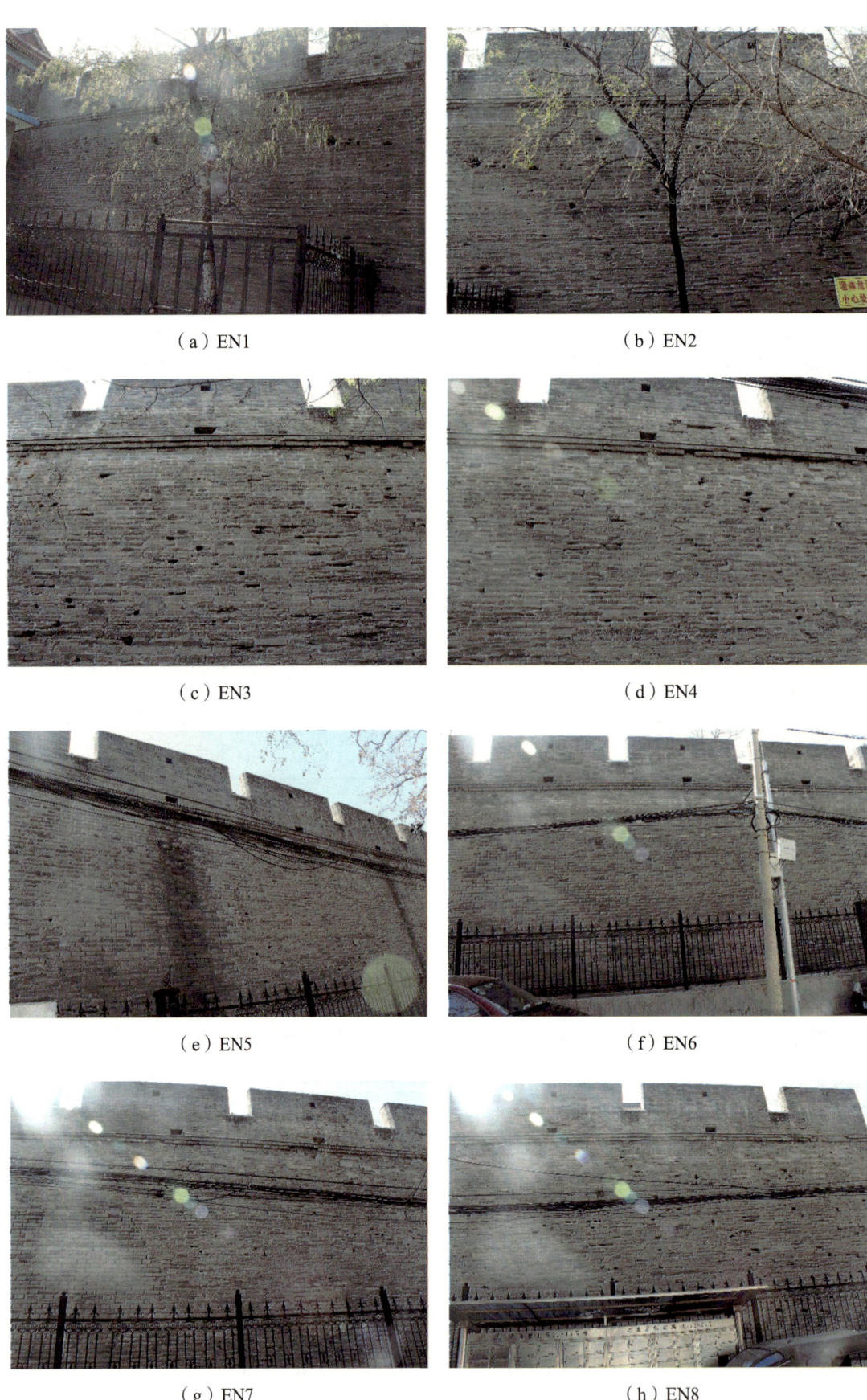

图 2.3.2-1 东城门北东立面城墙保存现状（1）

(i) EN9　　　　　　　　　　　　　(j) EN10

(k) ENMS　　　　　　　　　　　　(l) ENME

图 2.3.2-1　东城门北东立面城墙保存现状（2）

图 2.3.2-2　东城门北东立面城墙孔洞局部图

2. 东城门北东立面病害分析

根据现场检测结果，对东城门北东立面城墙进行病害图绘制，以直观地获得各病害的分布位置，绘制结果如图 2.3.2-3 所示。东城门北东立面城墙整体保存较为完整，在 7 号片区存在大面积的城墙缺损，缺损部位上方长有灌木杂草，其根系为城墙的安全性造成了一定程度的安全隐患。缺损可能为战争所致，缺损区内经重新砌筑。受自然风化影响，存在大面积表皮脱落现象，局部泛碱，主要存在于条石上方 1 米范围内。

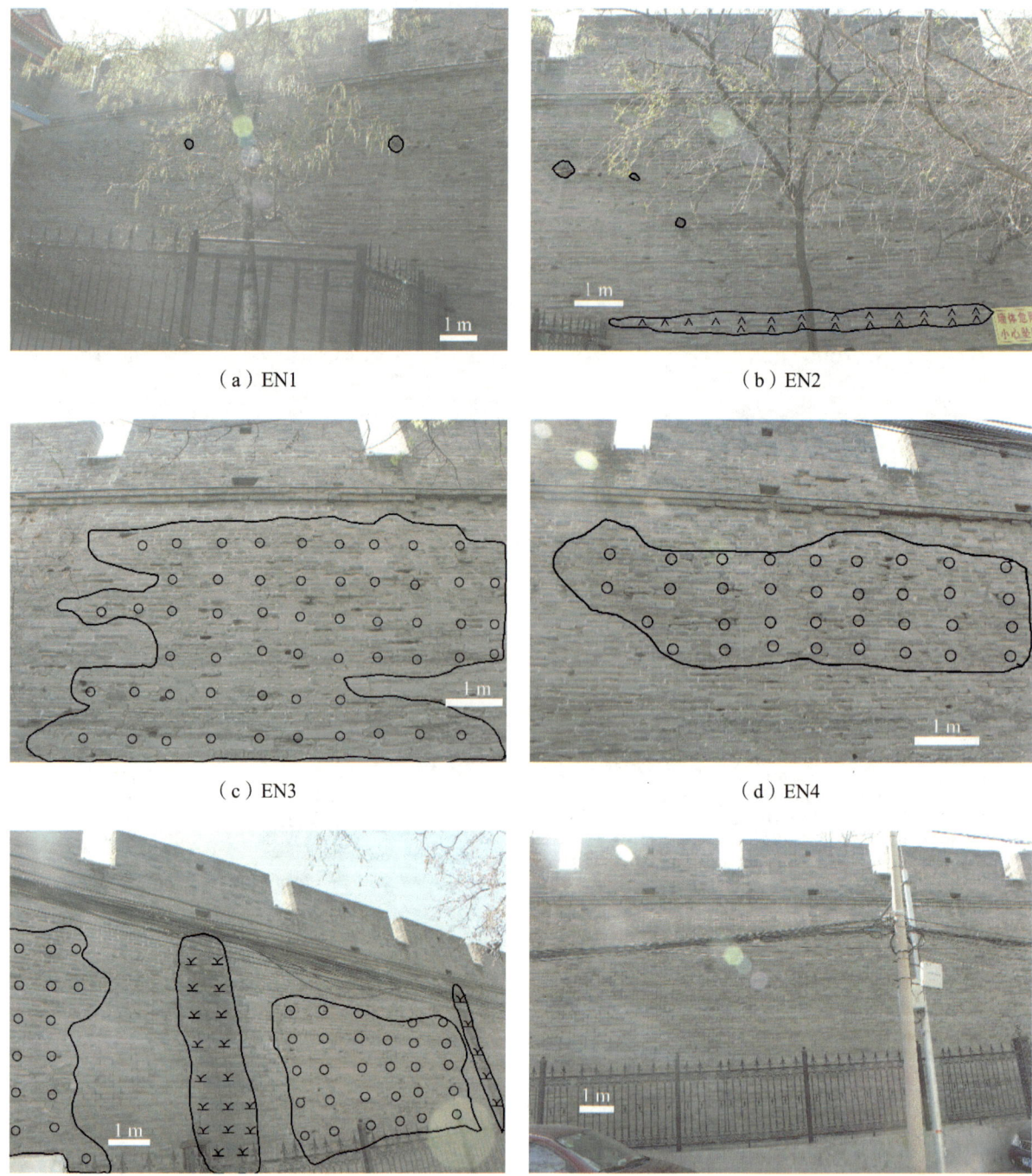

(a) EN1　　　　　　　　　　　　　　(b) EN2

(c) EN3　　　　　　　　　　　　　　(d) EN4

(e) EN5　　　　　　　　　　　　　　(f) EN6

图 2.3.2-3　东城门北东立面城墙病害图（1）

第二章　宛平城弹坑遗址保存现状及城墙各面保存现状评估

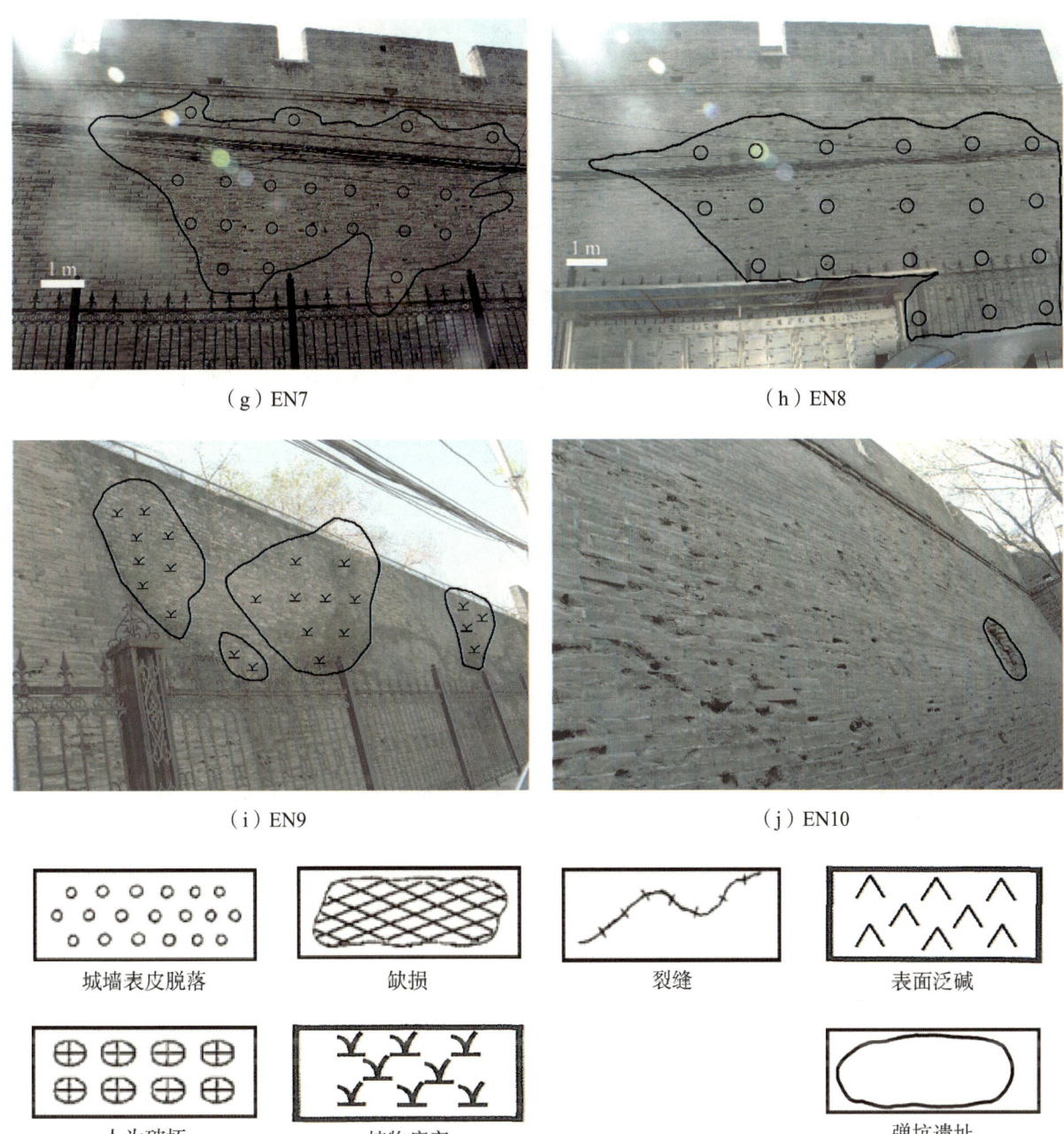

图 2.3.2-3　东城门北东立面城墙病害图（2）

3. 现场无（微）损检测结果

现场无（微）损检测性能指标主要包含里氏硬度、回弹强度、城墙表面毛细吸水系数测试。

（1）城墙表面里氏硬度、回弹强度

东城门北东立面城墙检测的表面里氏硬度、回弹强度详见表 2.3.2-2。

表 2.3.2-2　物理、力学及光学性能测试结果

片区位置	检测位置	里氏硬度平均值（HL）	回弹平均值	抗压强度推定值（MPa）
EN2	保存较好城砖	440	34	9.07
	风化较严重城砖	270	22	1.03
	修缮灰浆	248	/	/
	风化较严重灰浆	370	17	1.70
	修缮砖	497	38	13.03
	酥粉砖	178	17	/
EN3	保存较好城砖	470	38	13.03
	风化较严重灰浆	181	17	1.70
	修缮灰浆	287	12	0.49
	酥粉砖	163	13	/
	修缮砖	504	38	13.03
	风化较严重城砖	153	17	/
EN4	保存较好城砖	417	28	4.33
	风化较严重城砖	273	16	/
	修缮灰浆	317	/	/
	风化较严重灰浆	93	19	2.54
	酥粉砖	107	15	/
	修缮砖	504	37	11.98
	苔藓城砖	420	30	5.75
EN5	修缮砖	475	37	11.98
	修缮灰浆	386	/	/
	风化较严重灰浆	371	17	1.70
	风化较严重城砖	254	25	2.50
	苔藓城砖	310	33	8.18
	保存较好城砖	389	31	6.52
	酥粉砖	186	14	/

续表

片区位置	检测位置	里氏硬度平均值（HL）	回弹平均值	抗压强度推定值（MPa）
EN6	修缮砖	500	42	17.63
	修缮灰浆	277	/	/
	风化较严重灰浆	326	14	0.85
	酥粉砖	259	17	/
	风化较严重城砖	276	26	3.07
EN7	保存较好城砖	420	31	6.52
	修缮砖	431	33	8.18
	酥粉砖	119	14	/
	风化较严重城砖	234	17	/
	修缮灰浆	282	14	0.85
	风化较严重灰浆	286	14	0.85
EN8	保存较好城砖	396	33	8.18
	修缮砖	486	15	/
	风化砖	268	23	1.48
	酥粉砖	248	17	/
	风化较严重城砖	307	18	/
	修缮灰浆	329	12	0.49
EN9	修缮砖	370	38	13.03
	风化较严重城砖	255	23	1.48
	酥粉砖	198	19	/
	风化较严重灰浆	216	18	2.09
	修缮灰浆	246	11	0.36
EN10	保存较好城砖	383	31	6.52
	修缮砖	469	35	10.00
	风化较严重城砖	150	23	1.48
	酥粉砖	142	16	/
	风化较严重灰浆	235	12	0.49
	修缮灰浆	265	/	/

续表

片区位置	检测位置	里氏硬度平均值（HL）	回弹平均值	抗压强度推定值（MPa）
ENM	保存较好城砖	368	30	5.75
	修缮砖	414	35	10.00
	风化较严重城砖	191	23	1.48
	酥粉砖	161	15	/
	风化较严重灰浆	113	18	2.09
	修缮灰浆	112	/	/

注："/"表示由于材料回弹强度低于10，无法读取准确数值。

对东城门北东立面城墙的每种保存状况进行分类，然后计算每种保存状况的里氏硬度平均值、回弹强度平均值，计算结果如表2.3.2-3所示。

表2.3.2-3 每种保存状况的里氏硬度平均值、回弹强度平均值

检测位置	里氏硬度平均值（HL）	回弹平均值/MPa	抗压强度推定值（MPa）
保存较好城砖	410.4	32	7.33
风化缺损砖	239.2	21.2	0.6988
苔藓城砖	365	31.5	6.92
酥粉砖	176.1	15.7	/
修缮砖	465	34.8	9.8108
风化缺损灰浆	243.4	16.2	1.43
修缮灰浆	274.9	/	/

由表2.3.2-3可见城砖的里氏硬度由高到低为修缮砖＞保存较好城砖＞苔藓城砖＞风化缺损砖＞酥粉砖；城砖的抗压强度由高到低为修缮砖＞保存较好城砖＞苔藓城砖＞风化缺损砖＞酥粉砖。新修缮的城砖里氏硬度和抗压强度高于保存较好的城砖可能有两方面原因：一是尽管城砖保存较好，但经过长期的自然风化，力学强度有所下降；二是修缮用砖和城墙砖在材料组成和工艺上可能有所差异。风化程度较大的砖力学性能进一步下降。酥粉砖的里氏硬度和抗压强度最小，已经不具备使用性能。

（2）城墙表面超声波检测结果

东城门北东立面城墙的超声波检测结果见表2.3.2-4。东城门南东立面城墙超声波传播速度由快

到慢为完整砖＞苔藓城砖＞风化砖＞修缮砖＞空鼓砖。由于苔藓只生长在城砖表面，根系较浅，对城砖表面造成了一定程度的风化，城砖内部的结构连续性较好，因此苔藓城砖的超声波传播速度低于保存较好的砖，高于风化砖。修缮砖的超声波速低于风化砖，这与修缮砖的孔隙率较大有关。空鼓砖内部的中空结构进一步阻碍了超声波的传播，超声波传播速度最低。

表 2.3.2-4　东城门南东立面城墙超声波传播速度平均值

检测位置	完整砖	风化砖	修缮砖	空鼓砖	苔藓城砖
传播速度平均值（m/s）	1719	1261	949	888	1337

注：完整砖是指城墙保留较完整的原砖。

（3）城墙表面毛细吸水系数测试结果

结合现场实际情况及测试条件，依据标准《WW/T 0065-2015 砖石质文物表面吸水性能测定》，在现场一定位置采用卡斯特量瓶对东城门南东立面城墙的支撑体砖进行吸水性测试。测试结果如表 2.3.2-5 所示。

表 2.3.2-5　东城门北东立面城墙砖的吸水性测试结果

测试时间 t（s）	单位面积吸水量 Q（g/cm^2）			
	EN2 完整砖	EN3 风化砖	EN4 完整砖	EN5 风化砖
0	0	0	0	0
30	0.013	0.052	0.026	0.209
60	0.013	0.092	0.052	0.418
120	0.026	0.157	0.105	0.784
180	0.033	0.222	0.157	1.059
240	0.039	0.261	0.196	1.281
300	0.052	0.288	0.248	/
360	0.065	0.327	0.288	/
420	0.078	0.353	0.340	/
480	0.085	0.366	0.379	/
540	0.092	0.392	0.418	/
600	/	/	0.458	/
0	0	0	0	0
30	0.065	0.039	0.131	0.013
60	0.131	0.065	0.196	0.026

续表

测试时间 t（s）	单位面积吸水量 Q（g/cm²）			
	EN6 修缮砖	EN7 完整砖	EN8 风化砖	EN9 完整砖
120	0.235	0.118	0.327	0.039
180	0.353	0.170	0.444	0.052
240	0.471	0.209	0.549	0.078
300	0.562	0.261	0.641	0.098
360	0.680	0.314	0.732	0.118
420	0.784	0.366	0.810	0.144
480	0.889	0.405	0.889	0.170
540	0.993	0.458	0.980	0.196
600	1.085	0.510	1.046	0.222

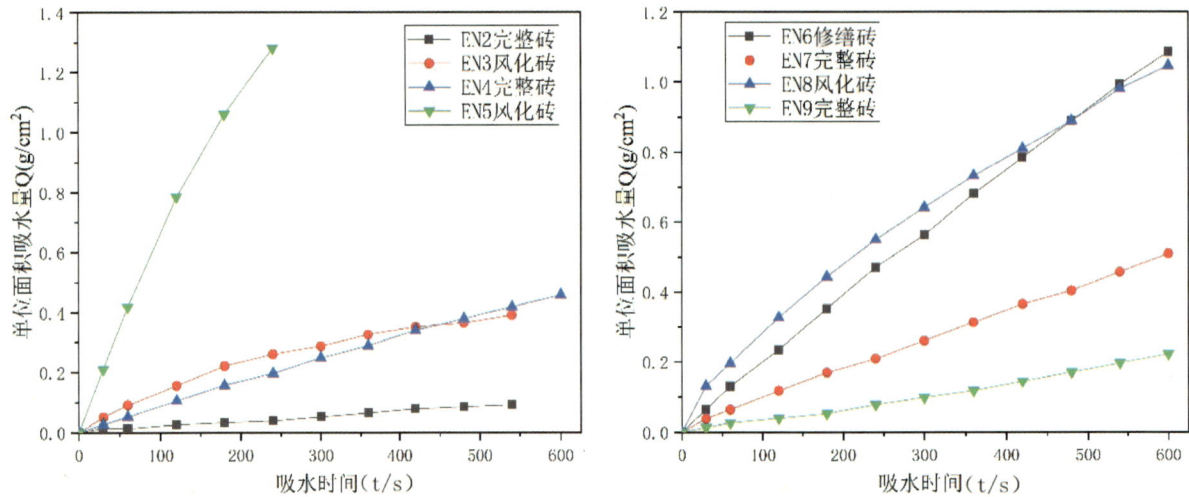

图 2.3.2-4　东城门北东立面城墙砖吸水性曲线图

表 2.3.2-6　东城门北东立面城墙砖的毛细吸水系数计算结果

编号	单位面积吸水量 Q（g/cm²）	吸水时间（t/s）	毛细吸水系数［kg/（m²·h^{0.5}）］	效果评定
EN2 完整砖	0.092	540	2.38	透水
EN3 风化砖	0.392	540	10.12	透水
EN4 完整砖	0.458	600	11.22	透水
EN5 风化砖	1.281	240	49.61	透水
EN6 修缮砖	1.085	600	26.58	透水
EN7 完整砖	0.510	600	12.49	透水

续表

编号	单位面积吸水量 Q（g/cm²）	吸水时间（t/s）	毛细吸水系数 [kg/(m²·h^{0.5})]	效果评定
EN8 风化砖	1.046	600	25.62	透水
EN9 完整砖	0.222	600	5.44	透水

表 2.3.2-7　东城门北东立面城墙砖毛细吸水系数计算结果

检测位置	完整砖	风化砖	修缮砖
毛细吸水系数 [kg/(m²·h^{0.5})]	7.88	28.45	26.58

由图 2.3.2-4 可知，单位面积吸水量与吸水时间呈正相关关系，整个吸水过程砖质墙体表面吸水速率均匀。

由毛细吸水系数的计算公式 $\omega = M/(A \cdot H^{0.5})$ 得到毛细吸水系数值如表 2.3.2-6 所示，按照德国工业标准 DIN 52617，东城门北东立面城墙砖支撑体表面毛细吸水的效果评定属于透水。

（4）红外热成像检测结果

表 2.3.2-8　红外热成像整体墙面检测结果

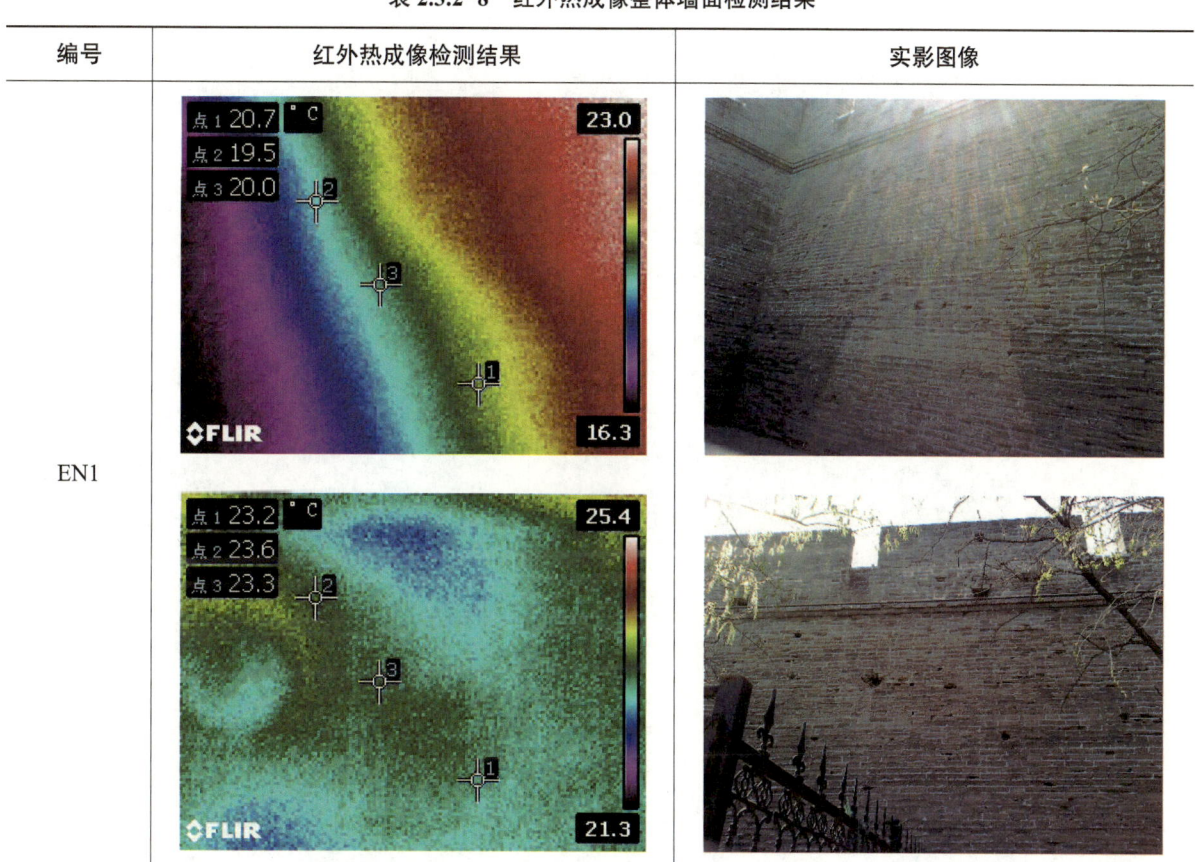

编号	红外热成像检测结果	实影图像
EN1		

续表

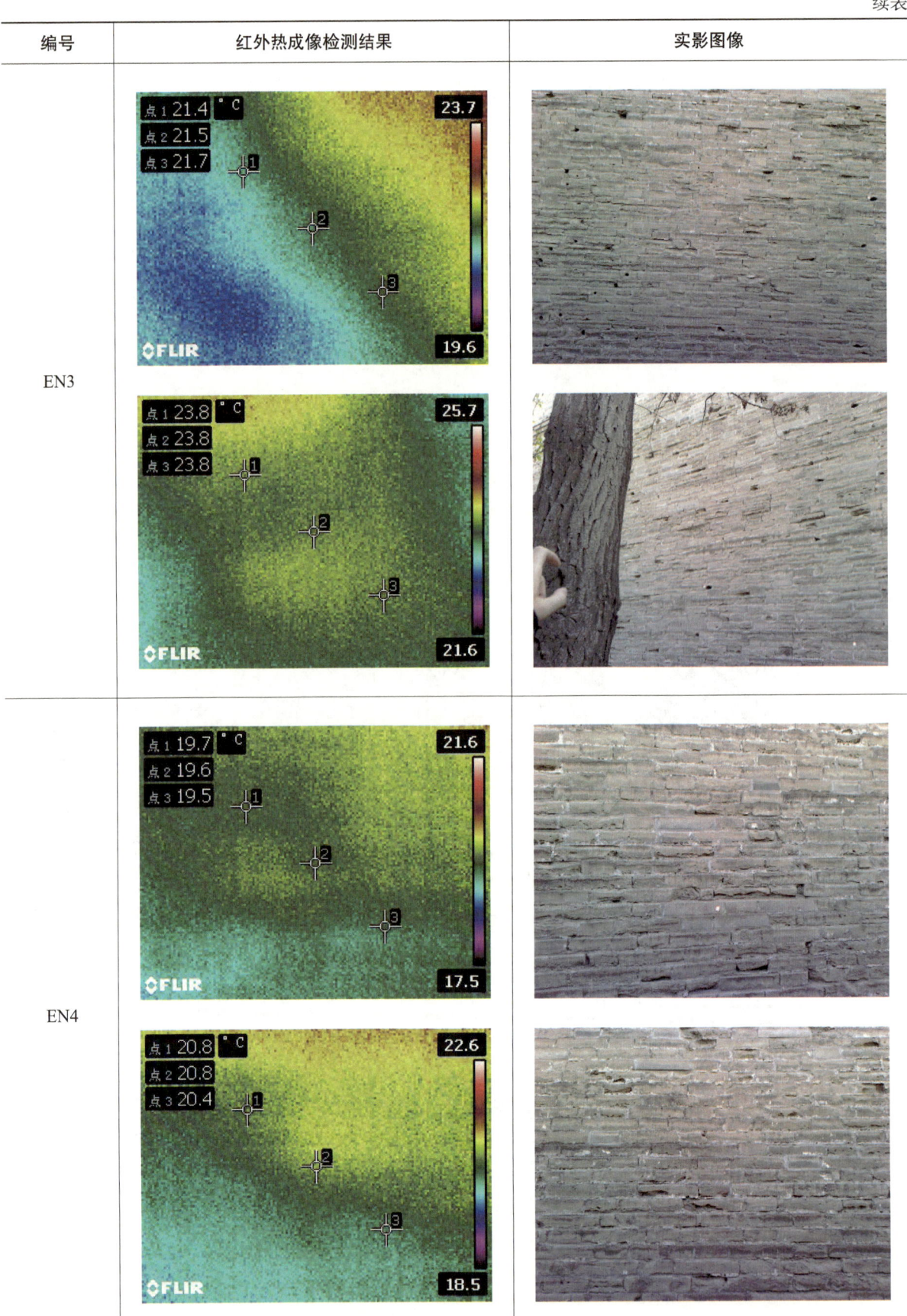

续表

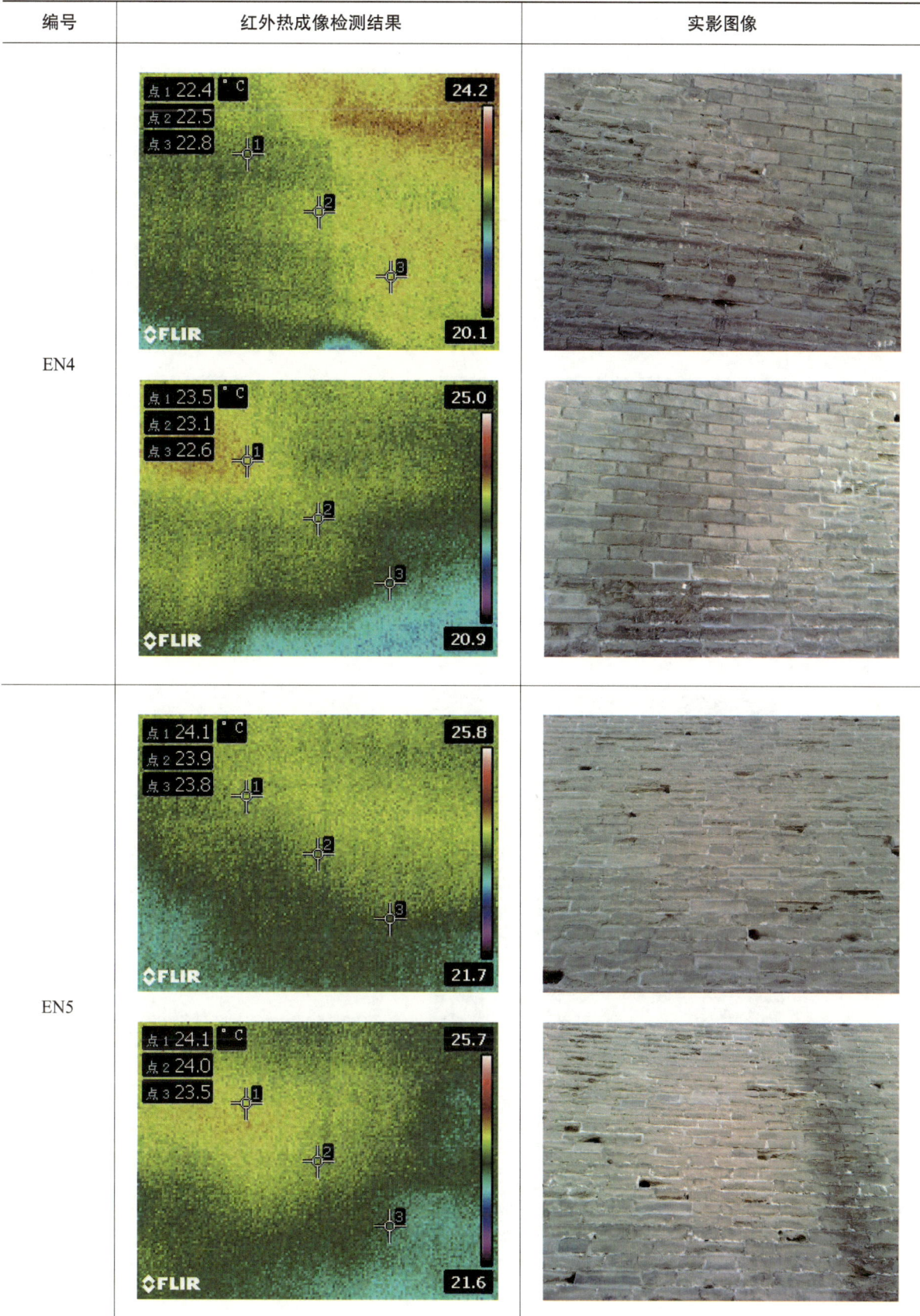

续表

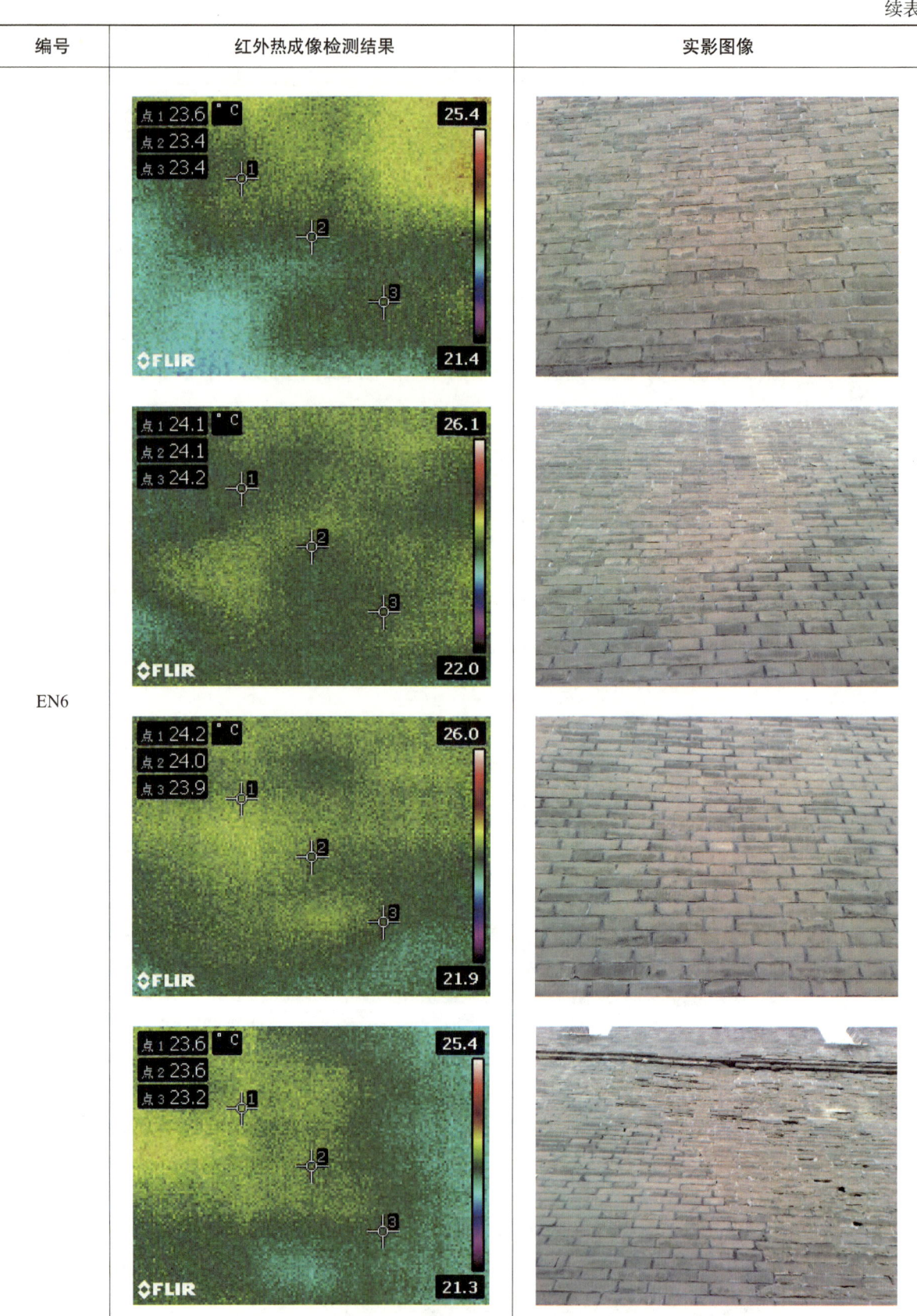

续表

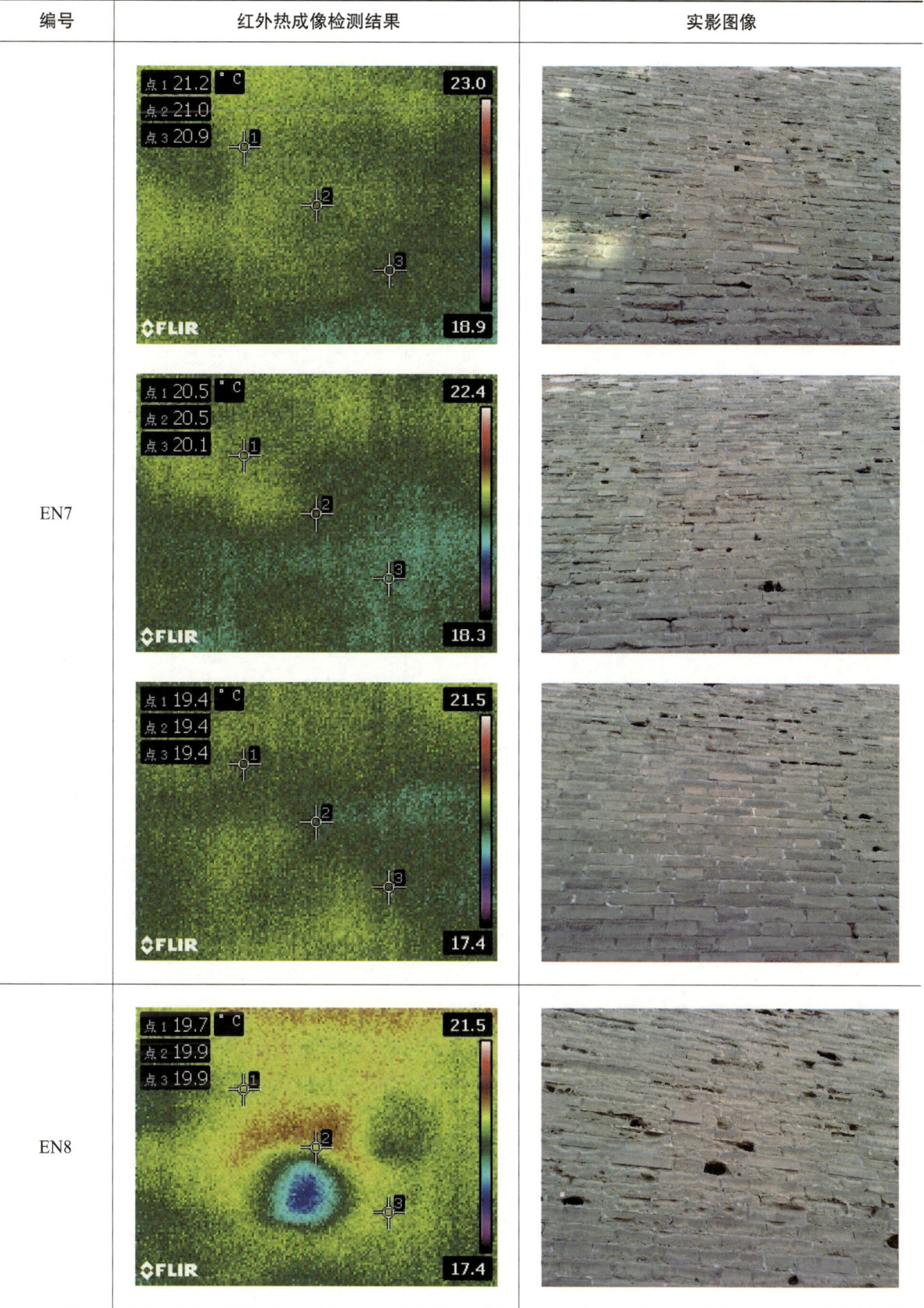

续表

编号	红外热成像检测结果	实影图像
EN8	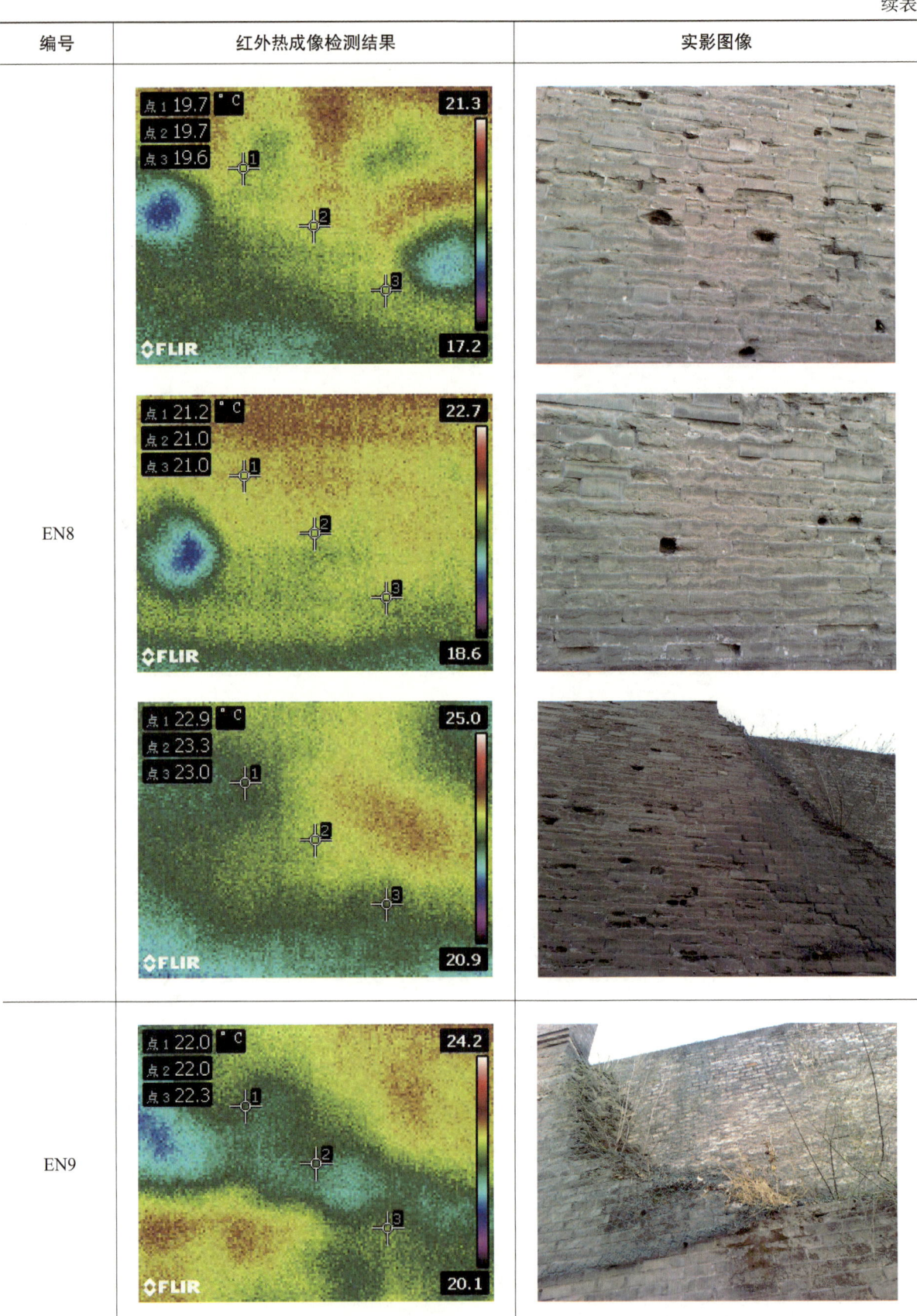	
EN9		

续表

编号	红外热成像检测结果	实影图像
EN9	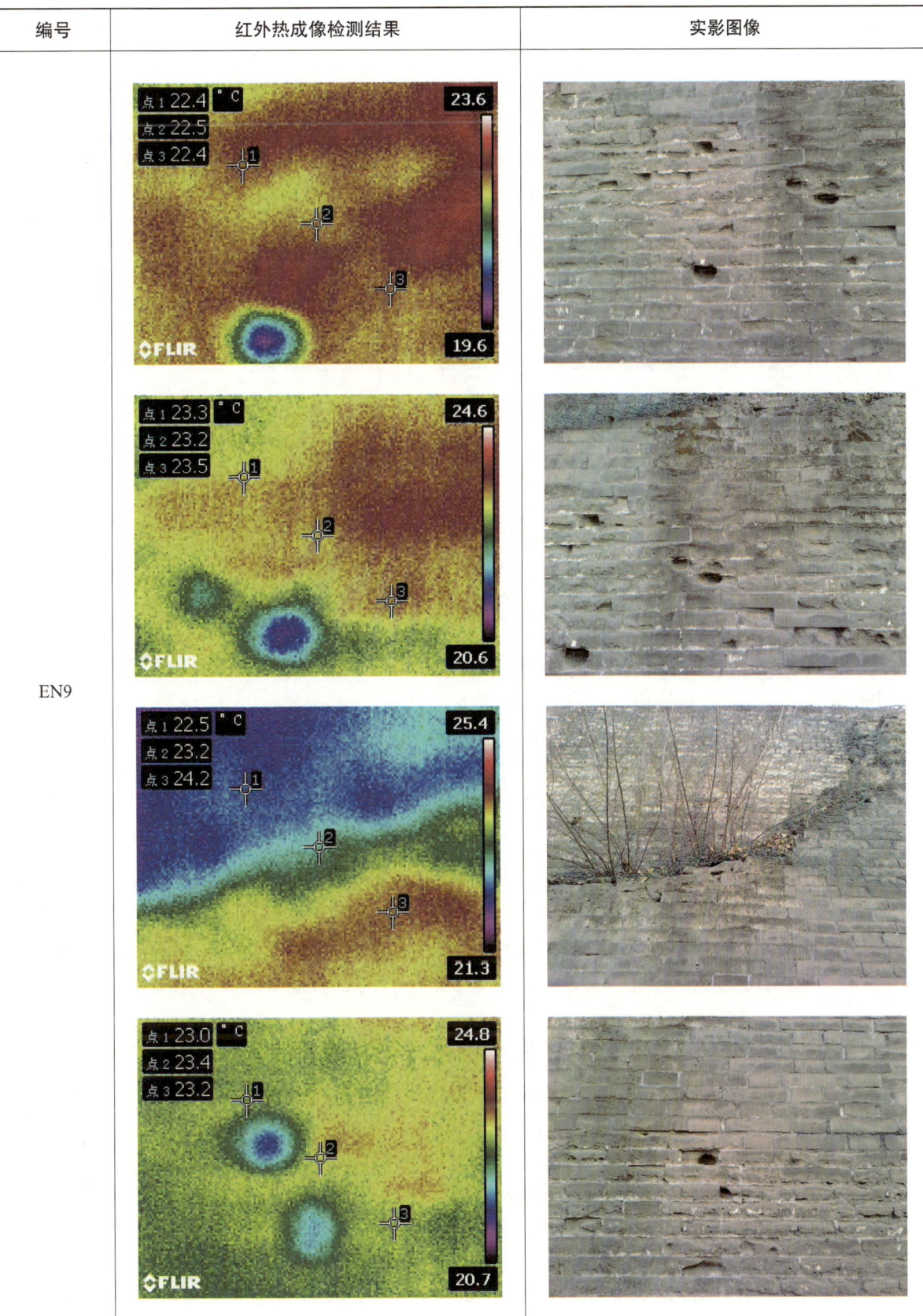	

077

续表

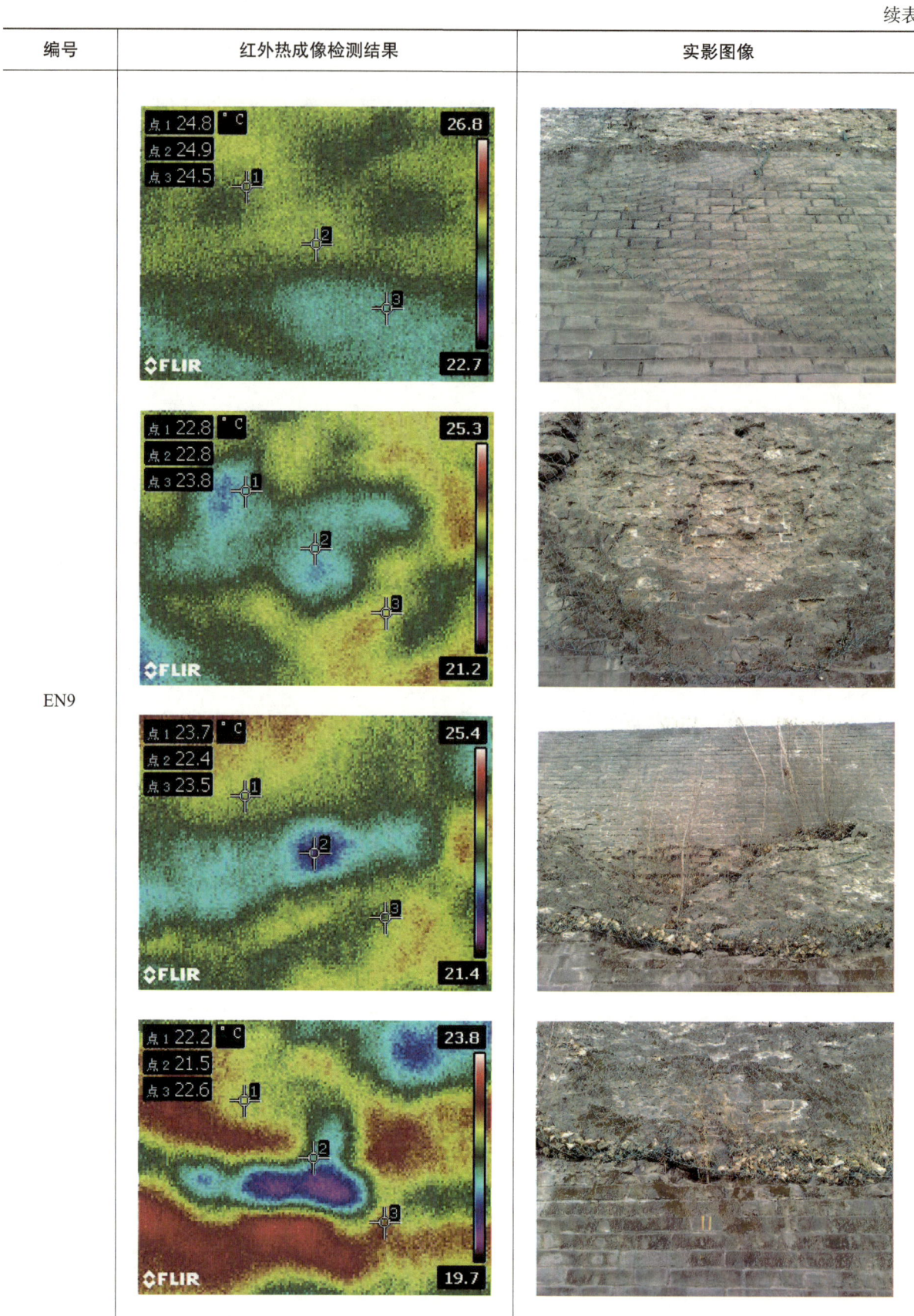

续表

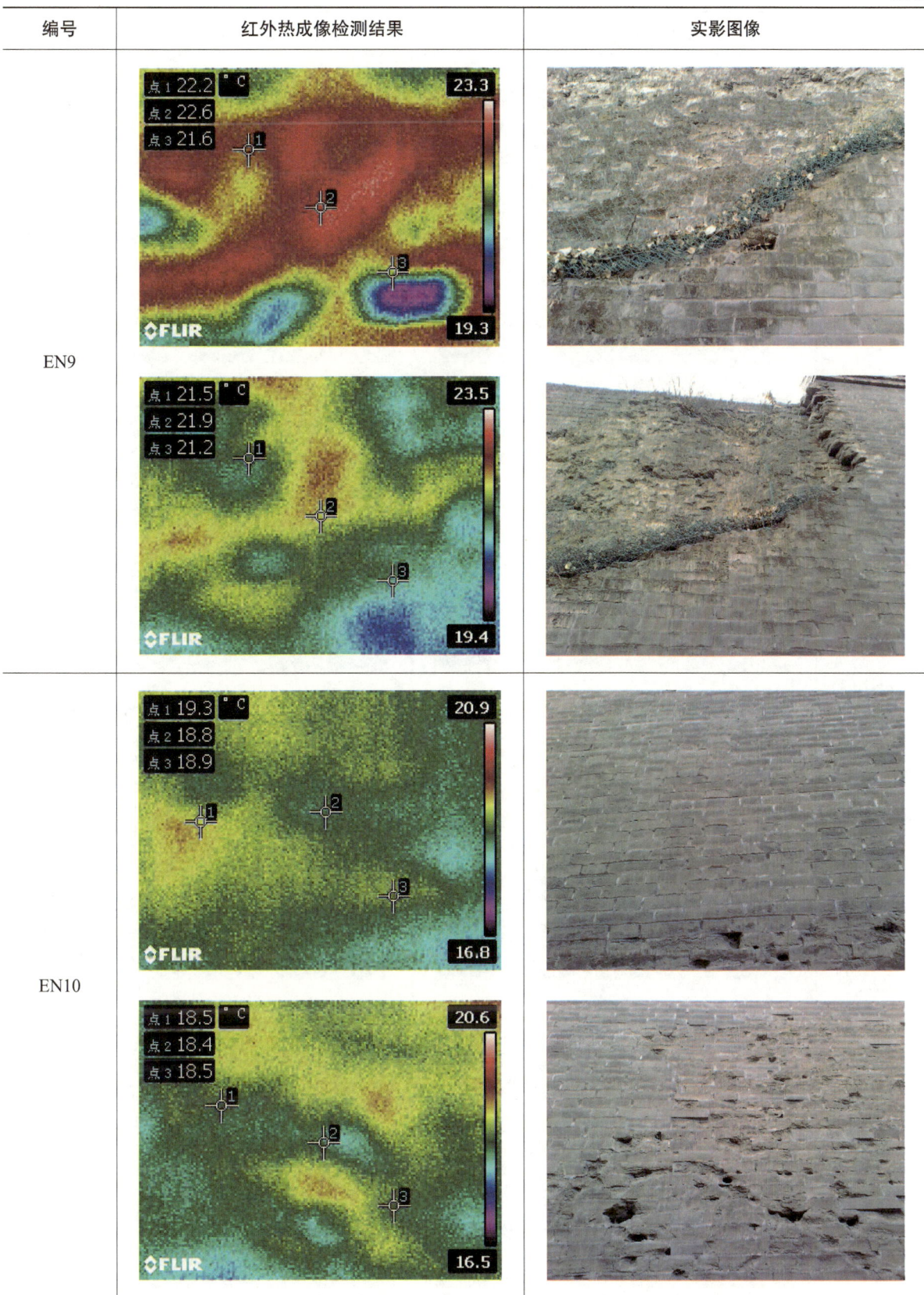

续表

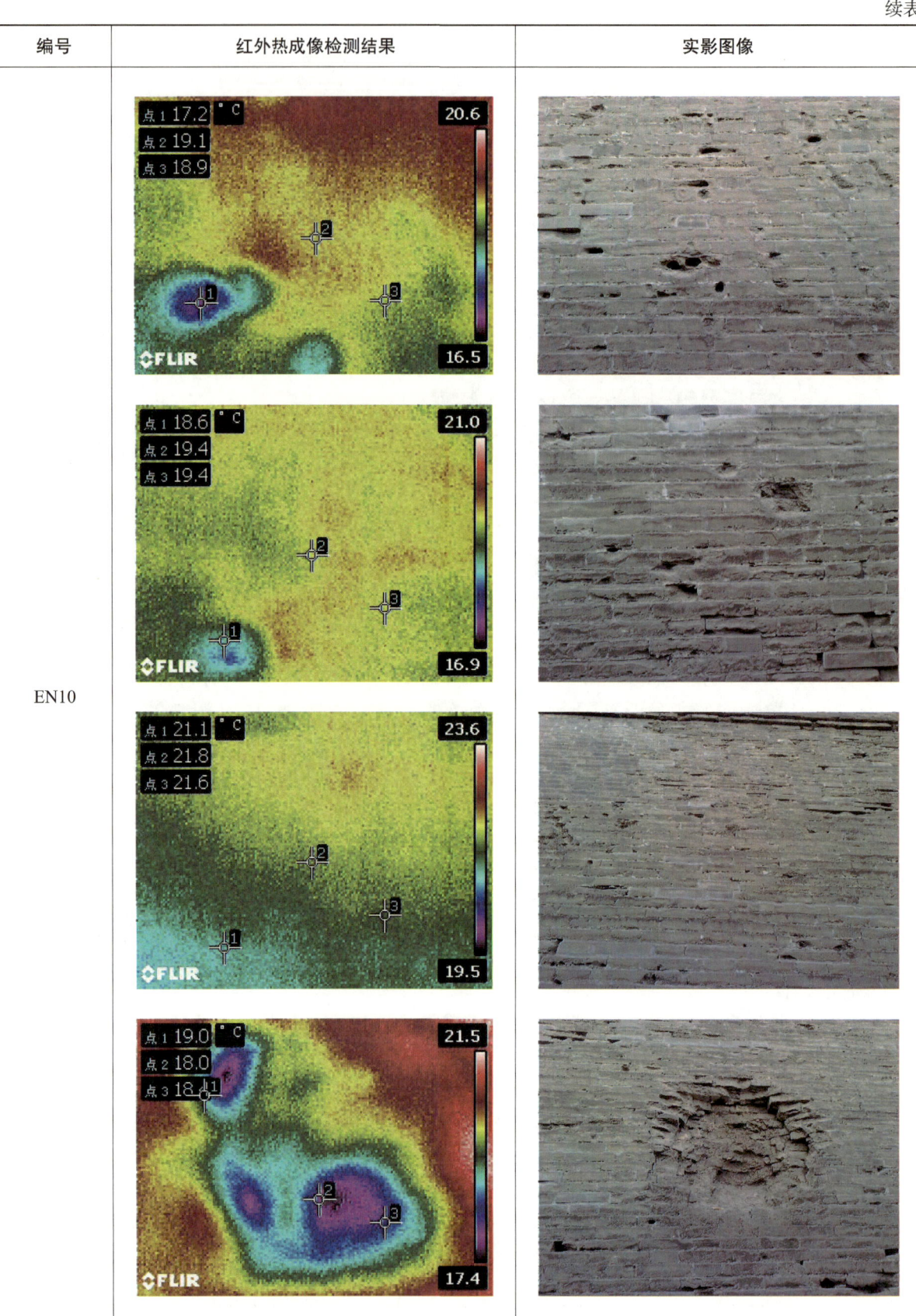

续表

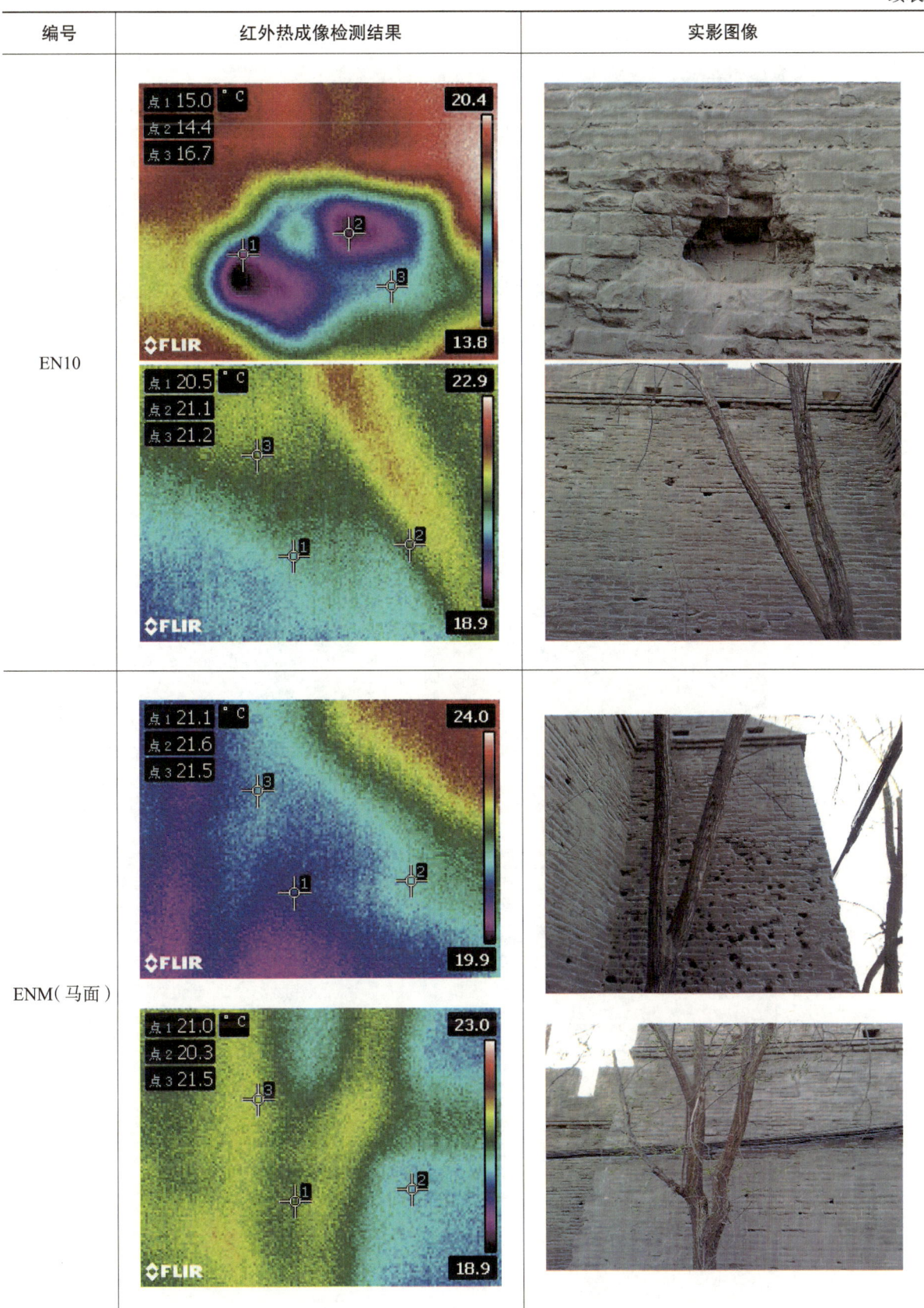

续表

编号	红外热成像检测结果	实影图像
ENM（马面）	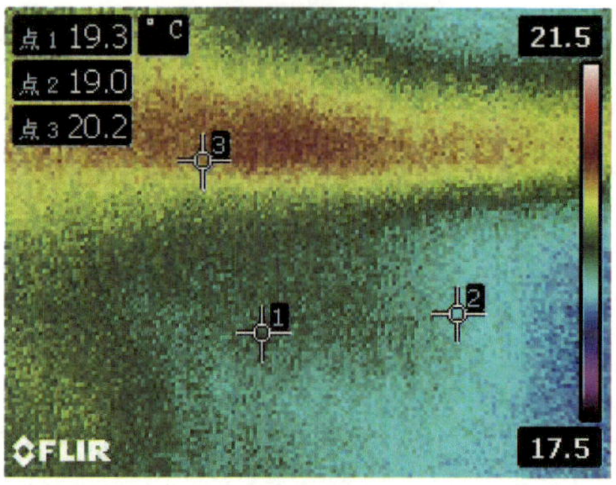	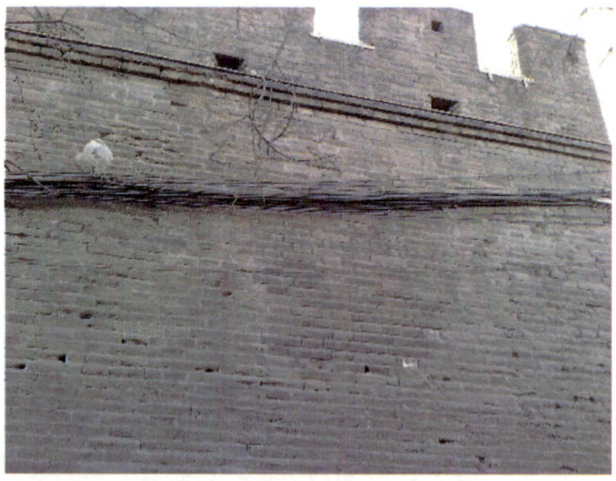

表 2.3.2-9　红外热成像弹坑局部检测结果

编号	红外热成像检测结果	实影图像
EN4-1	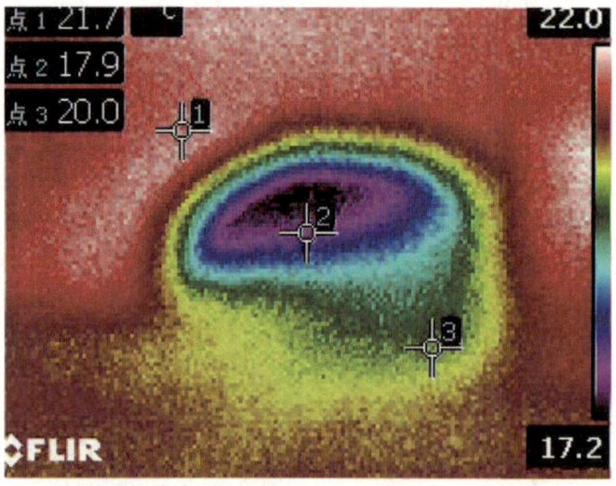	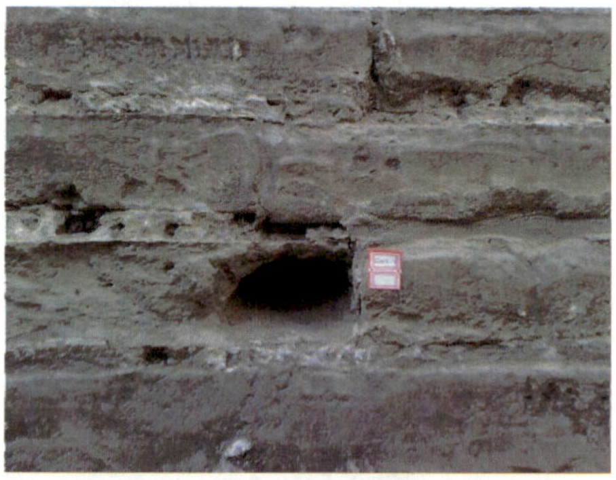
EN4-3	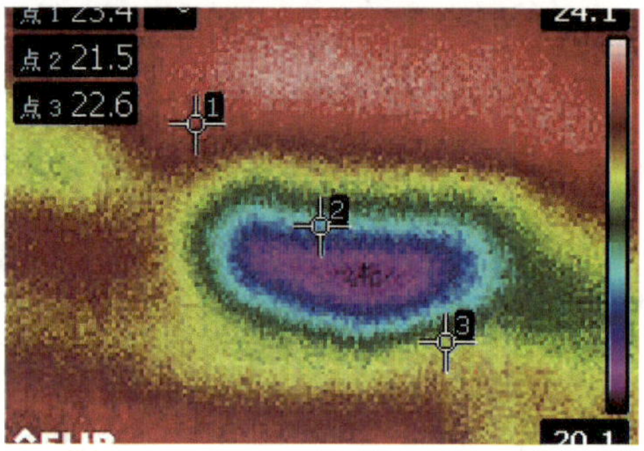	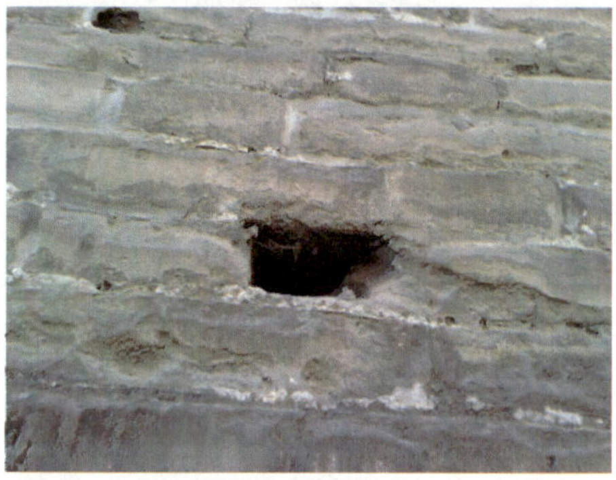
EN5-2	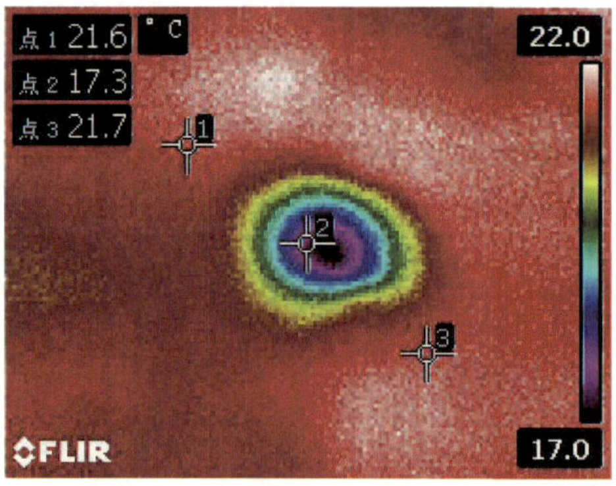	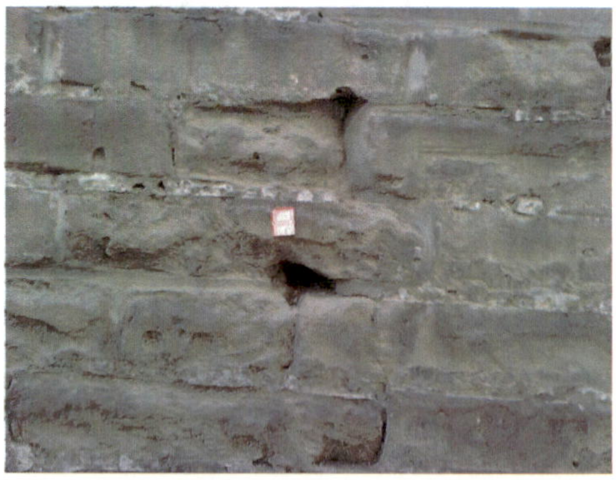

续表

编号	红外热成像检测结果	实影图像
EN7-1		
EN8（空鼓）		
EN8-2		
EN10-1		

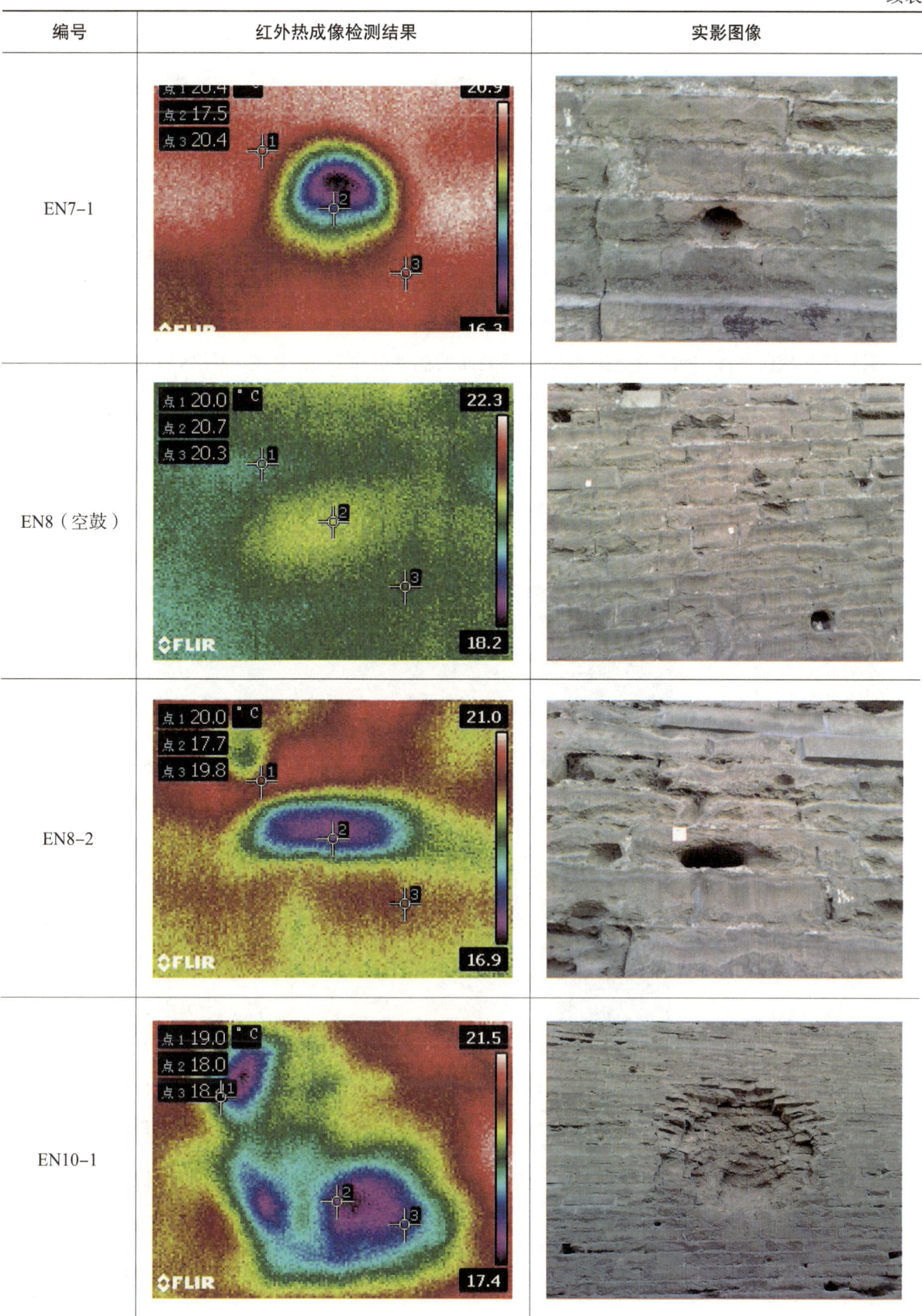

编号	红外热成像检测结果	实影图像
EN10-2	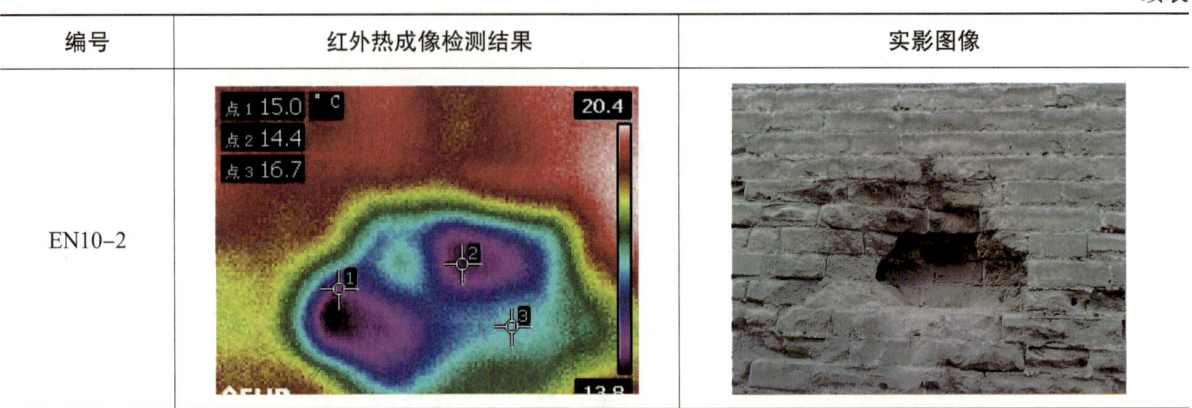	

从红外热成像的图中可清晰地观察到城墙表面的温度分布变化，其中弹坑区域的温度较低，在红外热成像的图中呈蓝色分布，在温度梯度变化较大的区域较易出现酥碱等病害。

（5）内窥镜检测结果

表 2.3.1-12　内窥镜检测结果

编号	内窥镜检测结果
EN3-1	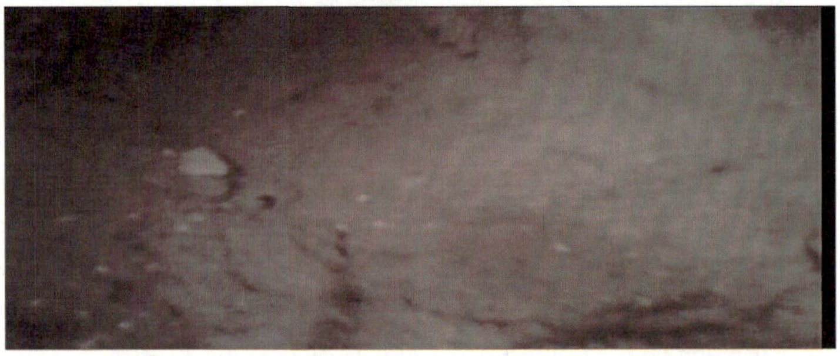  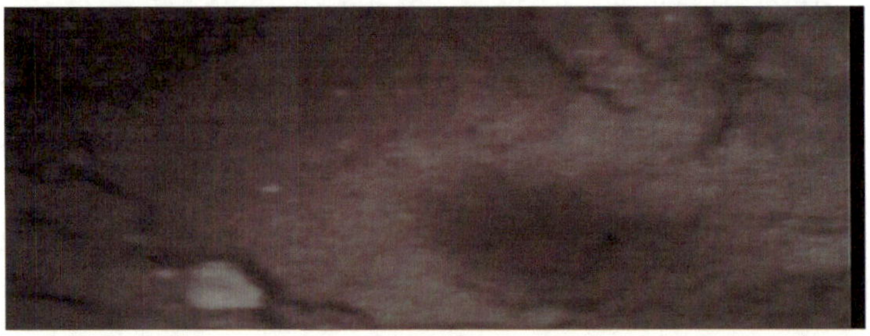

EN3-1 弹坑内部的砖泛红可能是当时在烧制时温度不够高，或者烧制的时间不够，使得砖的酥粉风化更为严重。

续表

编号	内窥镜检测结果
EN4-1	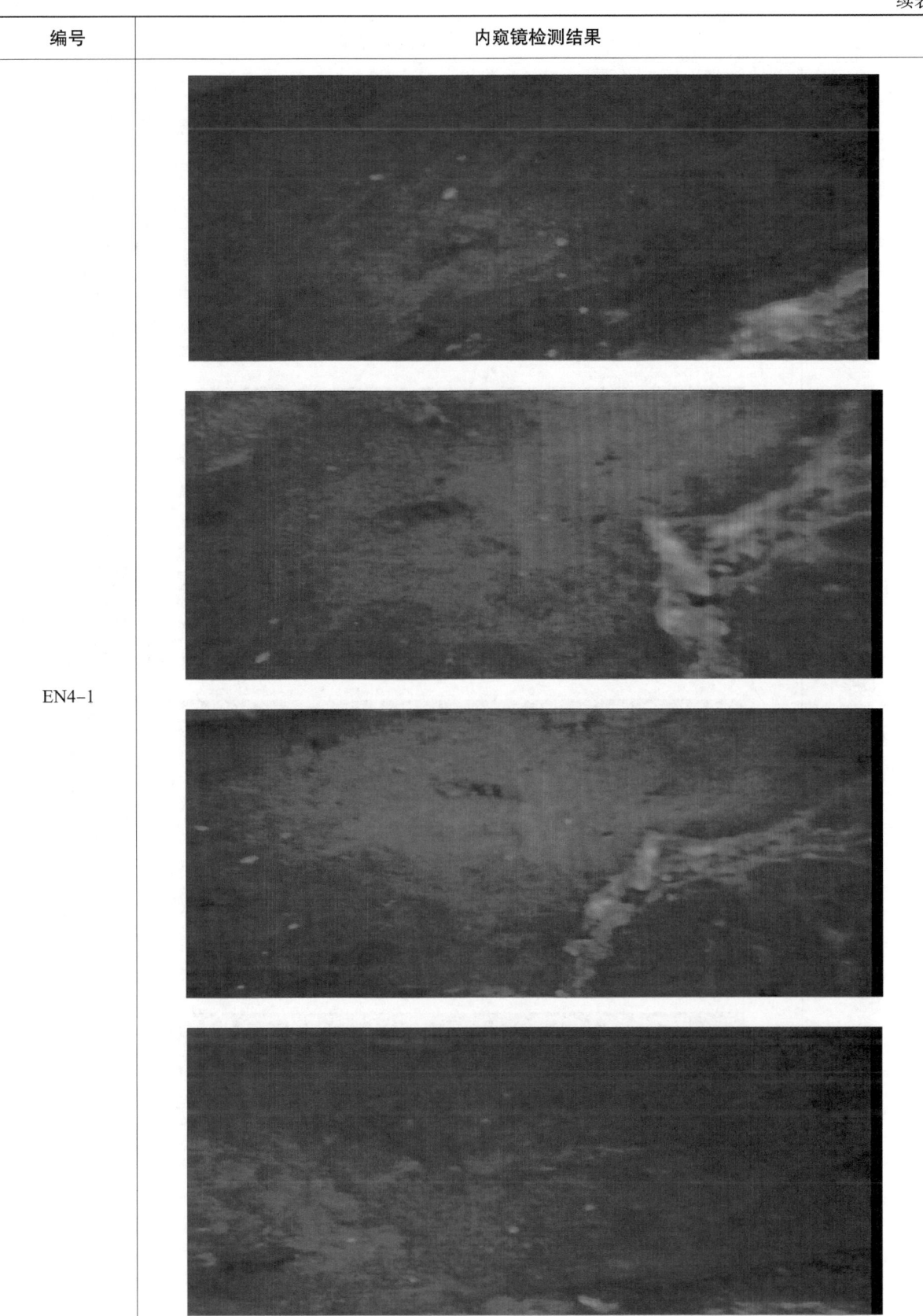

续表

编号	内窥镜检测结果
EN5-2	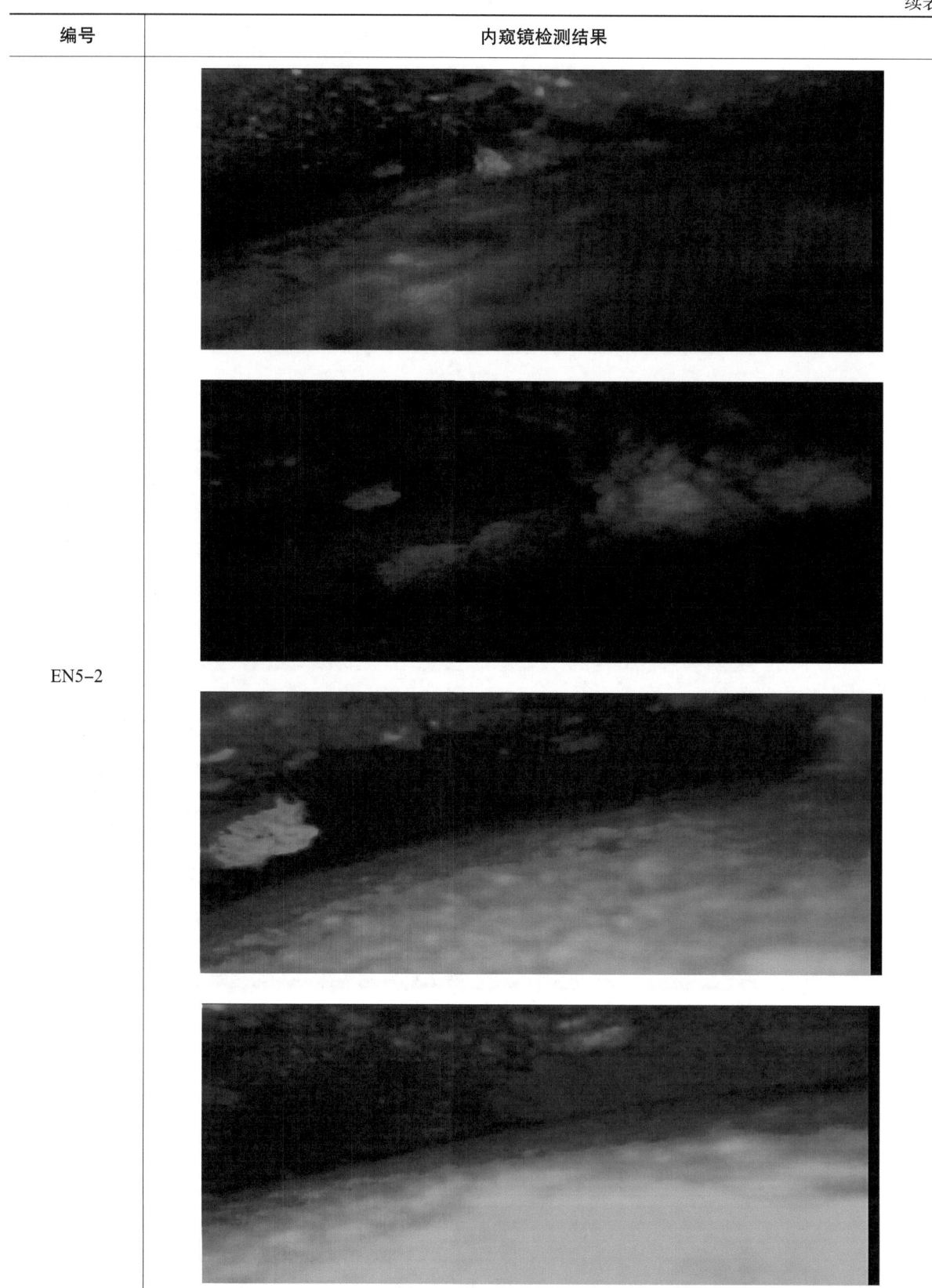

续表

编号	内窥镜检测结果
EN7-1	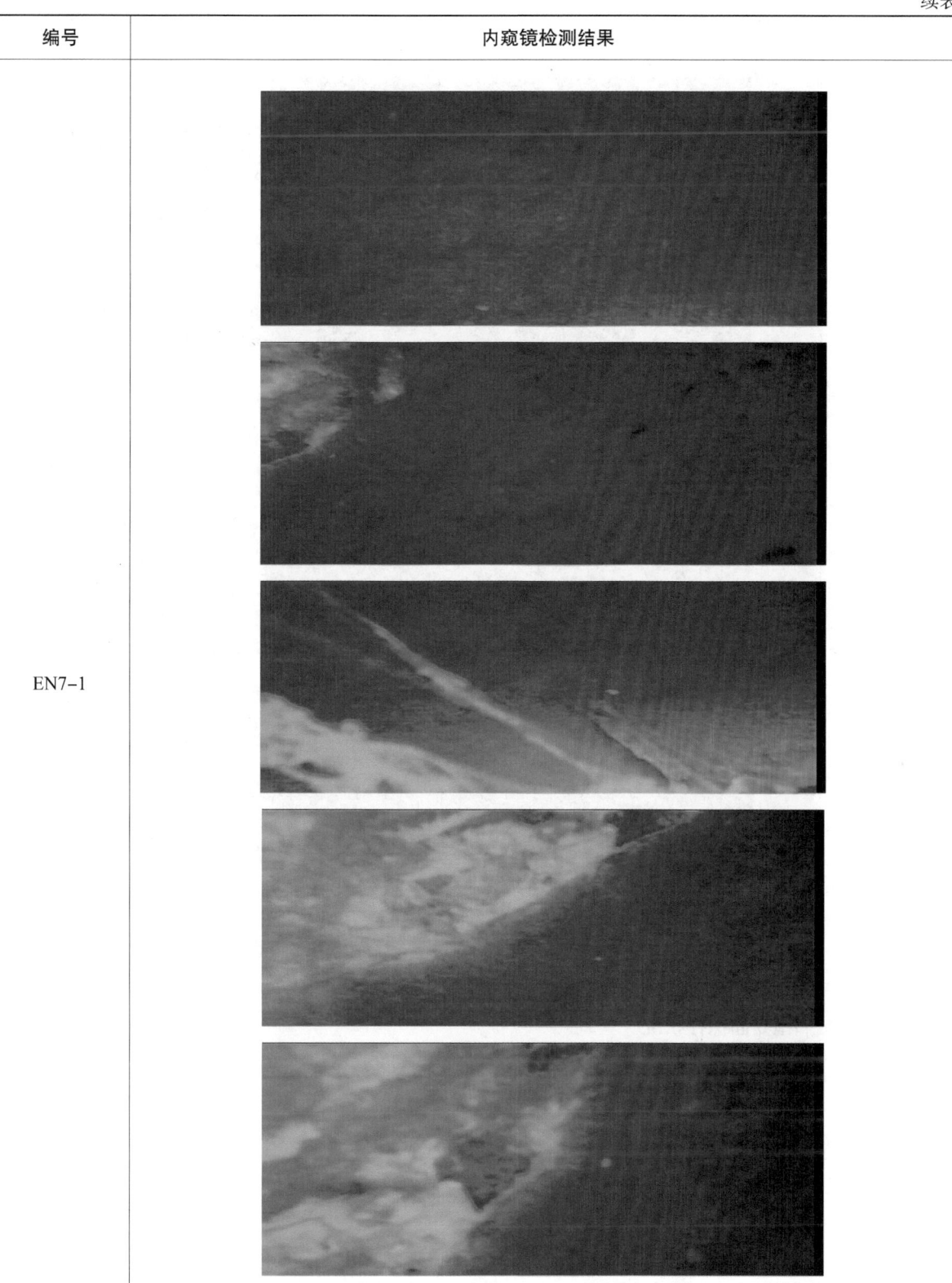

EN7-1 子弹造成的机械损伤，加上风化作用使弹坑内部形成较为光滑的内壁，内部的空间直径比弹坑外直径大很多，可能是砖内部酥粉脱落导致的。图片中弹坑中还有一些蜘蛛留下的蜘蛛网，存在一定的生物病害，说明弹坑内部的湿度较高，适合一些生物生存。

续表

编号	内窥镜检测结果
EN8-2	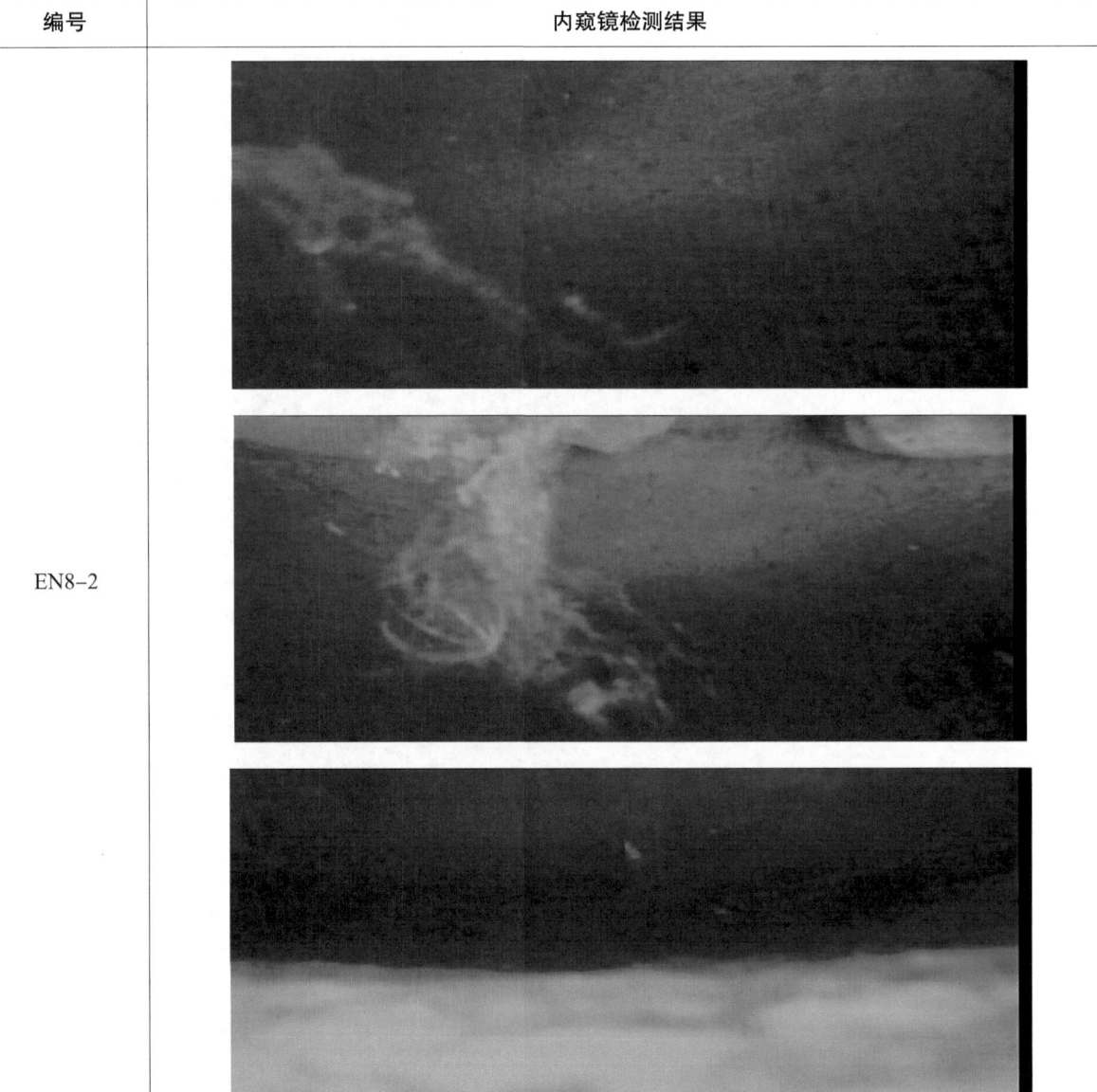

（三）南城墙南立面保存状况

现场调研中将南城墙南立面分为 45 个片区，详细信息如表 2.3.3-1 所示。

表 2.3.3-1 南城门南立面片区编号信息

片区编号	片区所在位置	片区名称
SM1	南城墙 1 号敌台	南城墙 1 号敌台
SM1W1	垛口 1 与垛口 4 之间下方城墙	1 号与 2 号敌台间 1 号片区
SM1W2	垛口 4 与垛口 7 之间下方城墙	1 号与 2 号敌台间 2 号片区
SM1W3	垛口 7 与垛口 10 之间下方城墙	1 号与 2 号敌台间 3 号片区
SM1W4	垛口 10 与垛口 13 之间下方城墙	1 号与 2 号敌台间 4 号片区

续表

片区编号	片区所在位置	片区名称
SM1W5	垛口 13 与垛口 16 之间下方城墙	1 号与 2 号敌台间 5 号片区
SM1W6	垛口 16 与垛口 19 之间下方城墙	1 号与 2 号敌台间 6 号片区
SM1W7	垛口 19 与垛口 22 之间下方城墙	1 号与 2 号敌台间 7 号片区
SM1W8	垛口 22 与垛口 25 之间下方城墙	1 号与 2 号敌台间 8 号片区
SM1W9	垛口 25 与垛口 28 之间下方城墙	1 号与 2 号敌台间 9 号片区
SM1W10	垛口 28 与垛口 31 之间下方城墙	1 号与 2 号敌台间 10 号片区
SM2	南城墙 2 号敌台	南城墙 2 号敌台
SM2W1	垛口 1 与垛口 4 之间下方城墙	2 号与 3 号敌台间 1 号片区
SM2W2	垛口 4 与垛口 7 之间下方城墙	2 号与 3 号敌台间 2 号片区
SM2W3	垛口 7 与垛口 10 之间下方城墙	2 号与 3 号敌台间 3 号片区
SM2W4	垛口 10 与垛口 13 之间下方城墙	2 号与 3 号敌台间 4 号片区
SM2W5	垛口 13 与垛口 16 之间下方城墙	2 号与 3 号敌台间 5 号片区
SM2W6	垛口 16 与垛口 19 之间下方城墙	2 号与 3 号敌台间 6 号片区
SM2W7	垛口 19 与垛口 22 之间下方城墙	2 号与 3 号敌台间 7 号片区
SM2W8	垛口 22 与垛口 25 之间下方城墙	2 号与 3 号敌台间 8 号片区
SM2W9	垛口 25 与垛口 28 之间下方城墙	2 号与 3 号敌台间 9 号片区
SM2W10	垛口 28 与垛口 31 之间下方城墙	2 号与 3 号敌台间 10 号片区
SM3	南城墙 3 号敌台	南城墙 3 号敌台
SM3W1	垛口 1 与垛口 4 之间下方城墙	3 号与 4 号敌台间 1 号片区
SM3W2	垛口 4 与垛口 7 之间下方城墙	3 号与 4 号敌台间 2 号片区
SM3W3	垛口 7 与垛口 10 之间下方城墙	3 号与 4 号敌台间 3 号片区
SM3W4	垛口 10 与垛口 13 之间下方城墙	3 号与 4 号敌台间 4 号片区
SM3W5	垛口 13 与垛口 16 之间下方城墙	3 号与 4 号敌台间 5 号片区
SM3W6	垛口 16 与垛口 19 之间下方城墙	3 号与 4 号敌台间 6 号片区
SM3W7	垛口 19 与垛口 22 之间下方城墙	3 号与 4 号敌台间 7 号片区
SM3W8	垛口 22 与垛口 25 之间下方城墙	3 号与 4 号敌台间 8 号片区
SM3W9	垛口 25 与垛口 28 之间下方城墙	3 号与 4 号敌台间 9 号片区
SM3W10	垛口 28 与垛口 31 之间下方城墙	3 号与 4 号敌台间 10 号片区
SM4	南城墙 4 号敌台	南城墙 4 号敌台
SM4W1	垛口 1 与垛口 4 之间下方城墙	4 号与 5 号敌台间 1 号片区
SM4W2	垛口 4 与垛口 7 之间下方城墙	4 号与 5 号敌台间 2 号片区
SM4W3	垛口 7 与垛口 10 之间下方城墙	4 号与 5 号敌台间 3 号片区
SM4W4	垛口 10 与垛口 13 之间下方城墙	4 号与 5 号敌台间 4 号片区

续表

片区编号	片区所在位置	片区名称
SM4W5	垛口 13 与垛口 16 之间下方城墙	4 号与 5 号敌台间 5 号片区
SM4W6	垛口 16 与垛口 19 之间下方城墙	4 号与 5 号敌台间 6 号片区
SM4W7	垛口 19 与垛口 22 之间下方城墙	4 号与 5 号敌台间 7 号片区
SM4W8	垛口 22 与垛口 25 之间下方城墙	4 号与 5 号敌台间 8 号片区
SM4W9	垛口 25 与垛口 28 之间下方城墙	4 号与 5 号敌台间 9 号片区
SM4W10	垛口 28 与垛口 30 之间下方城墙	4 号与 5 号敌台间 10 号片区
SM5	南城墙 5 号敌台	南城墙 5 号敌台

1. 南城墙南立面弹坑及弹坑识别

南城墙南立面 1 号敌台与 2 号敌台间保存状况如图 2.3.3-1 所示，SM1 城墙上的孔洞符合前文所述规则（5），可能为枪械弹坑；SM1W2、SM1W3 和 SM1W5 片区上的坑和孔呈密集分布，同时符合前文所述规则（1）（2）（3）（4）（5）（8），可判定为"七七事变"弹坑遗址；其余城墙基本无符合弹坑和弹坑特征的坑和孔。

（a）SM1

（b）SM1W1

（c）SM1W2

（d）SM1W3

图 2.3.3-1　南城墙南立面 1 号敌台与 2 号敌台间保存现状（1）

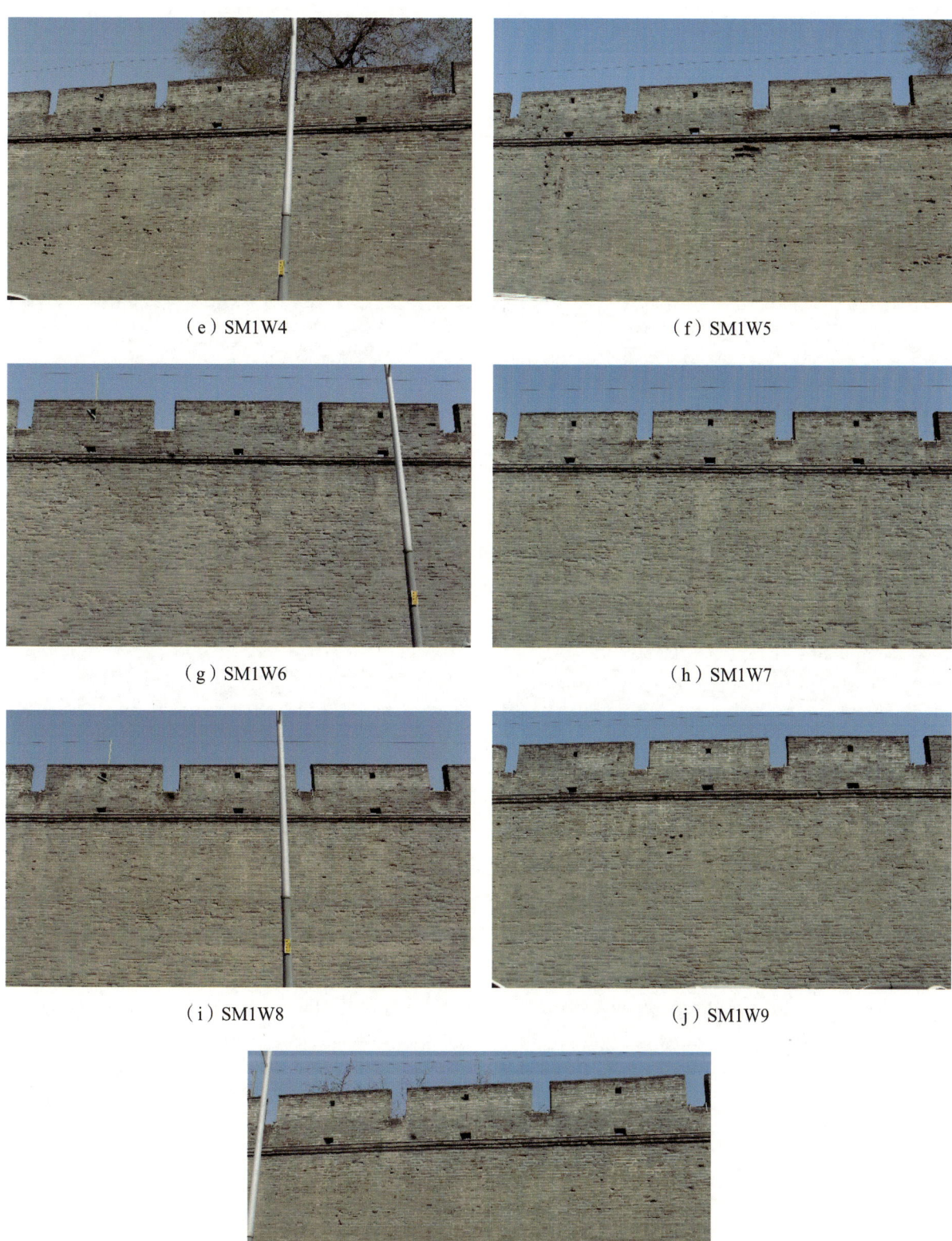

（e）SM1W4　　　　　　　　　　　　（f）SM1W5

（g）SM1W6　　　　　　　　　　　　（h）SM1W7

（i）SM1W8　　　　　　　　　　　　（j）SM1W9

（k）SM1W10

图 2.3.3-1　南城墙南立面 1 号敌台与 2 号敌台间保存现状（2）

南城墙南立面 2 号敌台与 3 号敌台间保存状况如图 2.3.3-2 所示。SM2W4、SM2W6 和 SM2W7 片区上的坑符合前文所述规则（1）（3）（4）（8），可判定为"七七事变"弹坑遗址；其余城墙基本无符合弹坑和弹坑特征的坑和孔。

（a）SM2

（b）SM2W1

（c）SM2W2

（d）SM2W3

（e）SM2W4

（f）SM2W5

图 2.3.3-2　南城墙南立面 2 号敌台与 3 号敌台间保存现状（1）

（g）SM2W6

（h）SM2W7

（i）SM2W8

（j）SM2W9

（k）SM2W10

图 2.3.3-2　南城墙南立面 2 号敌台与 3 号敌台间保存现状（2）

南城墙南立面 3 号敌台与 4 号敌台间保存状况如图 2.3.3-3 所示。整体保存状况良好，城墙基本无符合弹坑和弹坑特征的坑和孔。

（a）SM3

（b）SM3W1

（c）SM3W2

（d）SM3W3

（e）SM3W4

（f）SM3W5

图 2.3.3-3　南城墙南立面 3 号敌台与 4 号敌台间保存现状（1）

(g) SM3W6

(h) SM3W7

(i) SM3W8

(j) SM3W9

(k) SM3W10

图 2.3.3-3　南城墙南立面 3 号敌台与 4 号敌台间保存现状（2）

南城墙南立面4号敌台与5号敌台间保存状况如图2.3.3-4所示。整体保存状况良好，城墙基本无符合弹坑和弹坑特征的坑和孔。

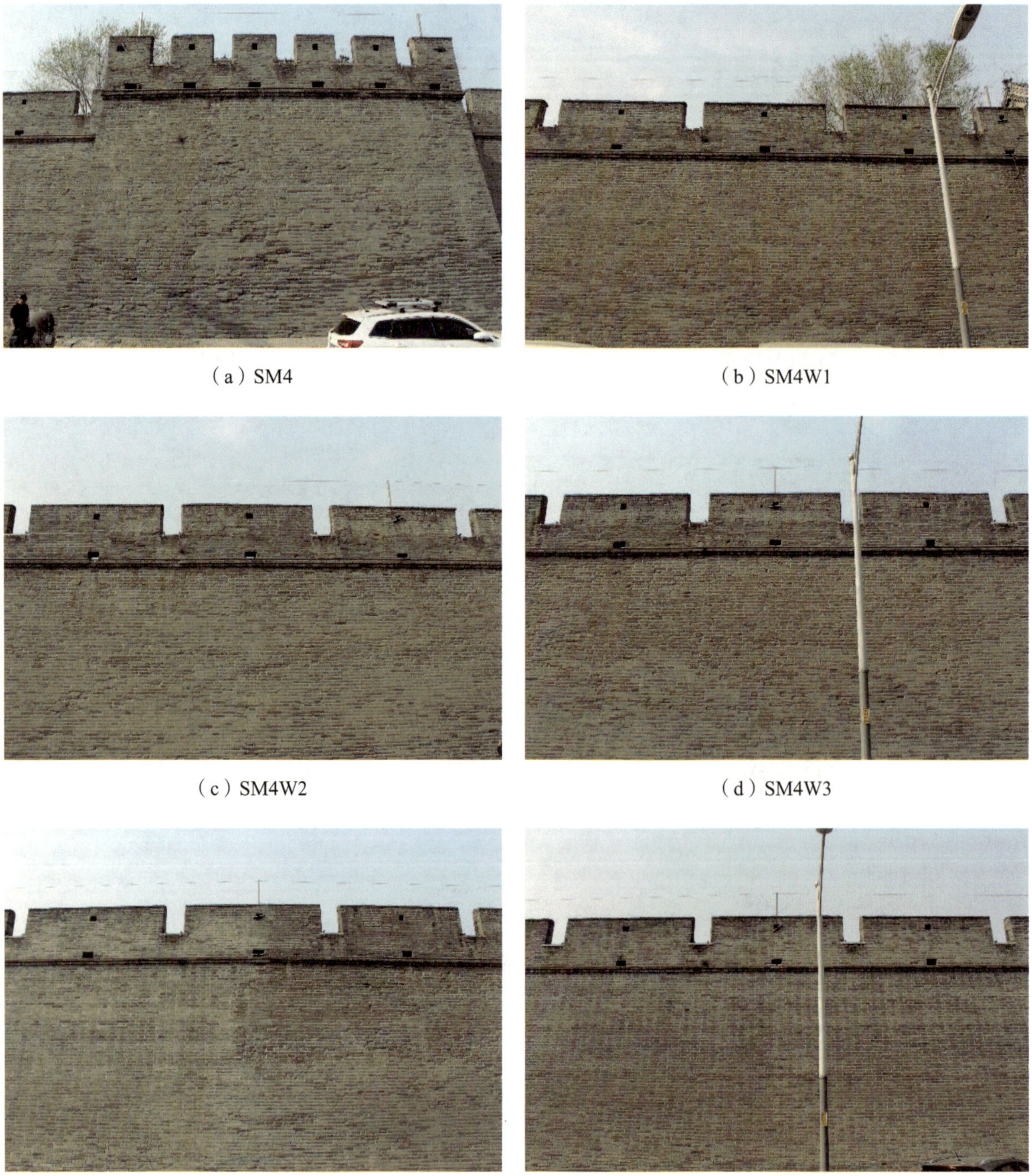

（a）SM4

（b）SM4W1

（c）SM4W2

（d）SM4W3

（e）SM4W4

（f）SM4W5

图2.3.3-4　南城墙南立面4号敌台与5号敌台间保存现状（1）

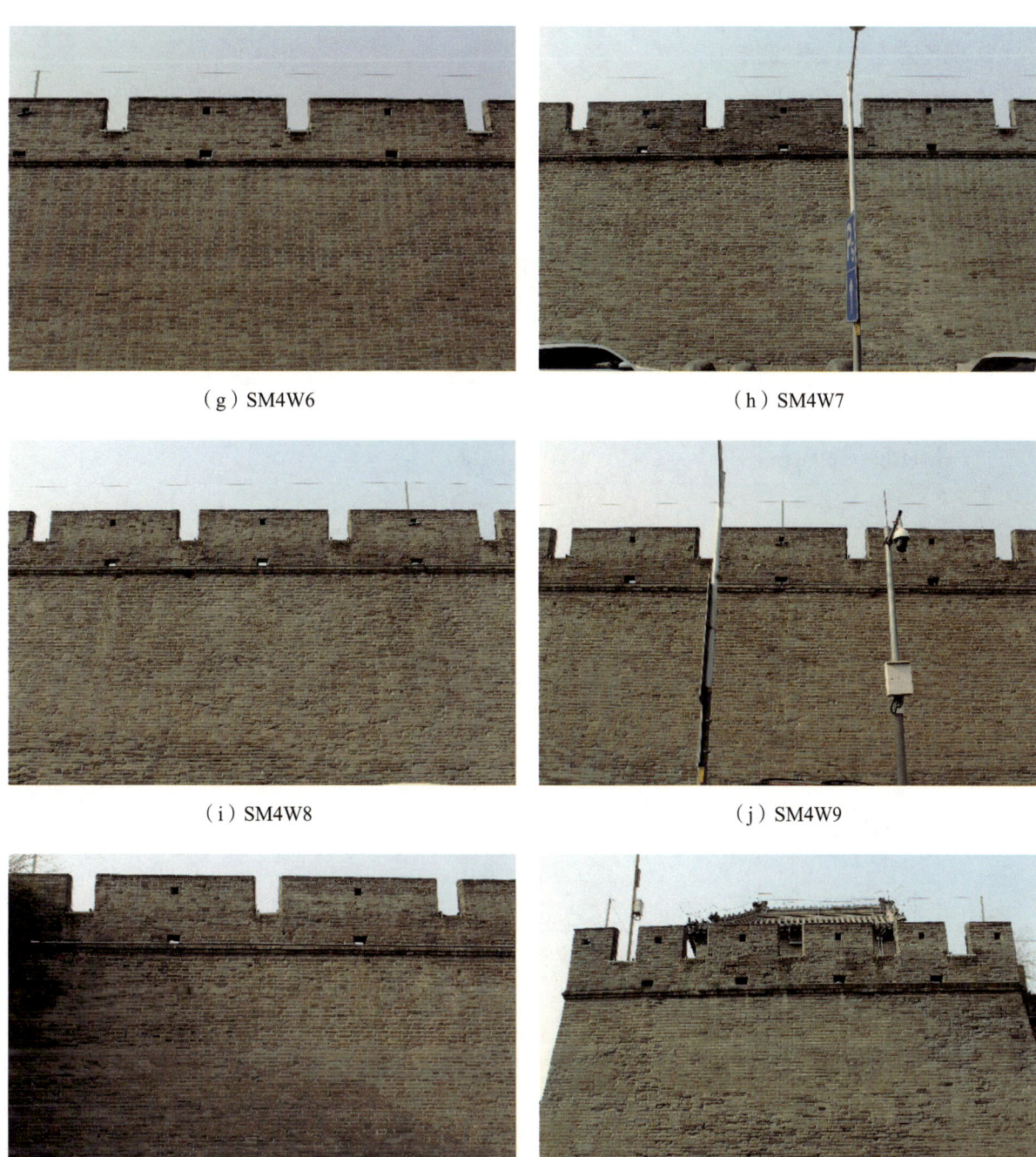

(g) SM4W6　　　　　　　　　　　　（h）SM4W7

(i) SM4W8　　　　　　　　　　　　（j）SM4W9

(k) SM4W10　　　　　　　　　　　（l）SM5

图 2.3.3-4　南城墙南立面 4 号敌台与 5 号敌台间保存现状（2）

2. 南城墙南立面病害分析

根据现场检测结果，南城墙整体保存状况良好，除表面有轻微风化、局部小面积酥粉外，未发现严重缺损、泛碱等病害。

3. 现场无（微）损检测结果

现场无（微）损检测性能指标主要包含里氏硬度、回弹强度、城墙表面毛细吸水系数测试。

（1）城墙表面里氏硬度、回弹强度、pH值测试结果

南城墙检测的表面里氏硬度、回弹强度、pH值平均值测试结果详见表2.3.3-2。

表2.3.3-2　物理、力学及光学性能测试结果

片区位置	检测位置	里氏硬度平均值（HL）	回弹平均值	抗压强度推定值（MPa）	城墙表面pH值
SM1	保存较好城砖	393	35	10	5.1
	修缮砖	364	30	5.75	5.4
	风化较严重城砖	274	28	4.33	5.4
	酥粉砖	174	20	0.25	5.4
	修缮灰浆	329	11	0.36	4.4
	风化较严重灰浆	146	12	0.49	4.8
SM1W1	保存较好城砖	432	32	7.33	5.4
	修缮砖	462	35	10	5.4
	风化较严重城砖	342	26	3.07	5.1
	酥粉砖	245	17	/	4.8
	修缮灰浆	328	12	0.49	5.4
	风化较严重灰浆	306	21	3.65	5.1
SM1W2	黑色砖	537	46	22.87	5.4
	风化较严重城砖	388	27	3.68	5.4
	酥粉砖	222	23	1.48	4.8
	修缮灰浆	322	/	/	4.8
	风化较严重灰浆	303	18	2.09	5.1
SM1W3	保存较好城砖	409	30	5.75	5.4
	风化较严重城砖	305	25	2.5	5.1
	修缮灰浆	360	11	0.36	5.4
	风化较严重灰浆	364	19	2.54	4.8

续表

片区位置	检测位置	里氏硬度平均值（HL）	回弹平均值	抗压强度推定值（MPa）	城墙表面 pH 值
SM1W4	保存较好城砖	405	33	8.18	5.4
	风化较严重城砖	235	30	5.75	5.4
	修缮灰浆	263	12	0.49	5.1
	风化较严重灰浆	262	/	/	4.8
	酥粉砖	232	24	1.97	4.8
SM1W5	保存较好城砖	381	29	5.02	5.1
	风化较严重城砖	374	29	5.02	4.8
	酥粉砖	172	24	1.97	5.1
	修缮灰浆	276	/	/	5.4
	风化较严重灰浆	257	18	/	5.1
SM1W6	酥粉砖	278	17	/	5.1
	修缮灰浆	270	/	/	4.6
	修缮砖	477	33	8.18	4.8
SM1W7	保存较好城砖	337	24	1.97	5.4
	风化较严重灰浆	229	/	/	5.4
SM1W8	风化较严重城砖	394	20	0.25	5.1
	酥粉砖	228	14	/	5.4
	修缮灰浆	279	/	/	4.8
SM1W9	风化较严重城砖	328	28	4.33	5.4
	酥粉砖	235	14	/	5.1
SM2	酥粉砖	232	18	/	4.1
	风化较严重城砖	294	22	1.03	5.4
SM2W1	保存较好城砖	396	32	7.33	5.1
	风化较严重城砖	193	20	0.25	4.8
SM2W2	修缮灰浆	332	12	0.49	5.4
	风化较严重灰浆	342	15	1.09	5.1
SM2W-3、4	保存较好城砖	440	30	5.75	5.4
	风化较严重灰浆	209	17	1.70	4.6
	修缮灰浆	310	15	1.09	4.8

续表

片区位置	检测位置	里氏硬度平均值（HL）	回弹平均值	抗压强度推定值（MPa）	城墙表面 pH 值
SM2W-5、6	风化较严重城砖	211	20	0.25	5.4
	风化较严重灰浆	302	16	1.37	5.1
	酥粉砖	151	15	/	5.1
	修缮灰浆	295	/	/	4.8
SM2W-7	风化较严重城砖	269	24	1.97	5.4
	酥粉砖	233	16	/	5.4
	修缮灰浆	272	/	/	5.1
SM3	酥粉砖	170	19	/	4.8
	风化较严重城砖	338	24	1.97	5.1
	苔藓城砖	393	29	5.02	4.8
	空鼓砖	366	23	1.48	5.4
	风化较严重灰浆	202	/	/	5.4
	修缮灰浆	245	11	0.36	5.1
SM3W-1、2	修缮灰浆	305	16	1.37	5.1
	酥粉砖	244	18	/	5.1
	风化较严重城砖	401	25	2.5	4.8
SM3W-3、4、5	保存较好城砖	419	35	10	5.1
	风化较严重灰浆	267	11	0.36	4.8
	风化较严重城砖	417	33	8.18	5.1
	酥粉砖	216	17	/	5.4
SM3W-6	修缮砖	433	27	3.68	4.8
	修缮灰浆	196	11	0.36	5.4
	空鼓砖	358	19	/	5.1
SM4	苔藓城砖	307	30	5.75	4.8
	酥粉砖	297	19	/	5.1
SM4W-1	修缮砖	282	32	7.33	5.4
	酥粉砖	274	23	1.48	5.1
SM4W-2	风化较严重城砖	422	31	6.52	5.1
	修缮灰浆	274	18	2.09	5.4
SM4W-3、4	风化较严重灰浆	271	/	/	4.8
	保存较好城砖	461	31	6.52	5.1

续表

片区位置	检测位置	里氏硬度平均值（HL）	回弹平均值	抗压强度推定值（MPa）	城墙表面 pH 值
SM4W-5、6、7	保存较好城砖	416	34	9.07	5.1
	酥粉砖	278	21	0.62	5.1
	风化较严重城砖	380	29	5.02	5.1
	修缮灰浆	230	/	/	5.4
SM4W-8	酥粉砖	174	14	/	5.1
SM4W-9	风化较严重灰浆	277	17	17	5.1

注："/" 表示由于材料特性不需要检测或由于现场环境无法检测的数据。

对南城门南立面城墙的每种保存状况进行分类，然后计算每种保存状况的里氏硬度平均值、回弹强度平均值，计算结果如表 2.3.3-3 所示。

表 2.3.3-3　每种保存状况的里氏硬度平均值、回弹强度平均值

检测位置	里氏硬度平均值（HL）	回弹平均值	抗压强度推定值（MPa）	城墙平均 pH 值
保存较好城砖	408.1	31.4	6.84	5.2
风化缺损砖	327.4	25.9	3.01	5.2
苔藓城砖	350.0	29.5	5.38	4.8
酥粉砖	225.3	18.5	/	5.0
修缮砖	403.6	31.4	6.84	5.2
过烧城砖	537	46	22.87	5.4
空鼓砖	362.0	21.0	0.62	5.3
风化缺损灰浆	266.9	/	/	5.0
修缮灰浆	287.4	/	/	5.1

由表 2.3.3-3 可见，城砖的里氏硬度由高到低为过烧城砖＞保存较好城砖＞修缮砖＞空鼓砖＞苔藓城砖＞风化缺损砖＞酥粉砖；抗压强度的推定值由高到低为过烧城砖＞保存较好城砖＝修缮砖＞苔藓城砖＞风化缺损砖＞空鼓砖＞酥粉砖。其中过烧城砖在城墙中罕见，颜色呈黑灰色，风化程度较轻，表面质地坚硬，抗压强度远远高于其他类型的城砖。形成原因可能为砖在烧制过程中温度过高，黏土中的二氧化硅成分溶解冷却后形成玻璃相，增加了砖的抗压强度。城墙各部分的 pH 值相接近，都在 5.0～5.5，说明城砖在自然条件下受酸雨影响，逐渐呈弱酸性，苔藓城砖的 pH 值只有 4.8，验证了苔藓根系会分泌的酸性物质，进一步加快城砖的风化。

（2）城墙表面超声波检测结果

南城墙的超声波检测结果见表 2.3.3-4 和表 2.3.3-5。南城墙南立面超声波传播速度由快到慢为

未烧透砖＞完整砖＞风化砖＞酥粉砖。未烧透砖的超声波传播速度之所以高于完整砖，可能有两方面原因：一是砖在烧制过程中由于碳酸盐类物质分解，产生的二氧化碳气体逸出，不可避免会在砖内形成气孔，而未烧透的砖由于分解温度较低，碳酸盐类物质分解较少，因此砖的孔隙率较低，超声波在孔隙率较低的砖内传播速度较快；二是城墙中未烧透的砖数量少，检测数据存在一定的偶然性。风化程度较大的砖超声波传播速度低于保存较好的砖，说明城砖经风化后内部结构的酥松度增加，超声波在酥粉砖内的传播速度最小，风化砖进一步风化后形成酥粉砖，酥粉砖内部的酥松多孔进一步阻碍了超声波的传播。

表 2.3.3-4　南城墙南立面超声波检测结果

片区位置	检测位置	两测试点间距离（cm）	传播时间（μs）	传播速度（m/s）
SM1	完整砖	9.5	96	990
	风化砖	9.5	135	704
SM3W4	完整砖	13	161.2	806
	风化砖	12	280	429
SM3W6	完整砖	12	116.4	1031
	风化砖	13	178	730
SM4	完整砖	12	97.2	1235
	风化砖	11	160.4	686
SM4W-1	完整砖	11	106.4	1034
	风化砖	11.5	157.2	732
SM4W-2	未烧透砖	10	86.8	1152
	完整砖	13	103.6	1255
	风化砖	12	248.4	483
SM4W-9	完整砖	11	216.8	507
	修缮砖	10.5	135.4	775
	风化砖	12	100.8	1190
	完整砖	12.5	120	1042
SM4W-10	完整砖	13	128.4	1012
	风化砖	11	130.4	844
	酥粉砖	10	188	532

续表

片区位置	检测位置	两测试点间距离（cm）	传播时间（μs）	传播速度（m/s）
SM5	完整砖	10	64.8	1543
	风化砖	10.5	109.6	958

表 2.3.3-5　东城门南东立面城墙超声波传播速度平均值

检测位置	完整砖	风化砖	修缮砖	酥粉砖	未烧透砖
传播速度平均值（m/s）	1046.5	750.7	775	532	1152

注：完整砖是指城墙保留较完整的原砖。

（3）城墙表面毛细吸水系数测试结果

结合现场实际情况及测试条件，依据标准《WW/T 0065-2015 砖石质文物表面吸水性能测定》，在现场一定位置采用卡斯特量瓶对南城墙南立面的城砖进行吸水性测试。测试结果如表 2.3.3-6 所示。

表 2.3.3-6　南城墙砖的吸水性测试结果

测试时间 t（s）	单位面积吸水量 Q（g/cm^2）			
	SM1 完整砖	SM1 风化砖	SM1W1 完整砖	SM1W2 过烧砖
0	0	0	0	0
30	0.065	0.209	0.039	0.000
60	0.105	0.327	0.078	0.000
120	0.209	0.549	0.131	0.000
180	0.301	0.758	0.196	0.000
240	0.379	0.967	0.248	0.000
300	0.471	1.137	0.301	0.000
360	0.549	1.307	0.353	/
420	0.641	/	0.405	/
480	0.719	/	0.458	/
540	0.797	/	0.510	/
600	0.876	/	0.549	/

续表

测试时间 t（s）	单位面积吸水量 Q（g/cm²）			
	SM1W3 风化砖	SM1W5 风化砖	SM1W6 修缮砖	SM2 风化砖
0	0	0	0	0
30	0.039	0.026	0.078	0.118
60	0.065	0.039	0.131	0.209
120	0.118	0.065	0.248	0.379
180	0.157	0.078	0.353	0.536
240	0.209	0.105	0.458	0.693
300	0.235	0.118	0.549	0.837
360	0.275	0.131	0.641	0.980
420	0.314	0.144	0.732	1.098
480	0.353	0.170	0.810	1.242
540	0.392	0.196	0.902	/
600	0.431	0.209	/	/

测试时间 t（s）	单位面积吸水量 Q（g/cm²）			
	SM2W2 完整砖	SM2W6 风化砖	SM2W7 过烧砖	SM3 苔藓城砖
0	0	0	0	0
30	0.026	0.013	0.013	0.105
60	0.052	0.026	0.026	0.222
120	0.092	0.065	0.039	0.288
180	0.144	0.105	0.065	0.366
240	0.183	0.144	0.092	0.444
300	0.235	0.170	0.105	0.523
360	0.275	0.209	0.131	0.601
420	0.314	0.235	0.157	0.667
480	0.353	0.275	0.183	0.719
540	0.405	0.314	0.196	0.784
600	0.444	/	/	/

续表

测试时间 t（s）	单位面积吸水量 Q（g/cm²）			
	SM3 完整砖	SM3W5 风化砖	SM4 风化砖	SM5 风化砖
0	0	0	0	0
30	0.026	0.013	0.092	0.222
60	0.052	0.039	0.144	0.405
120	0.105	0.078	0.261	0.745
180	0.170	0.118	0.379	1.085
240	0.222	0.157	0.471	1.307
300	0.275	0.196	0.575	/
360	0.314	0.222	0.680	/
420	0.366	0.261	0.784	/
480	0.418	0.301	0.876	/
540	0.471	0.340	0.967	/

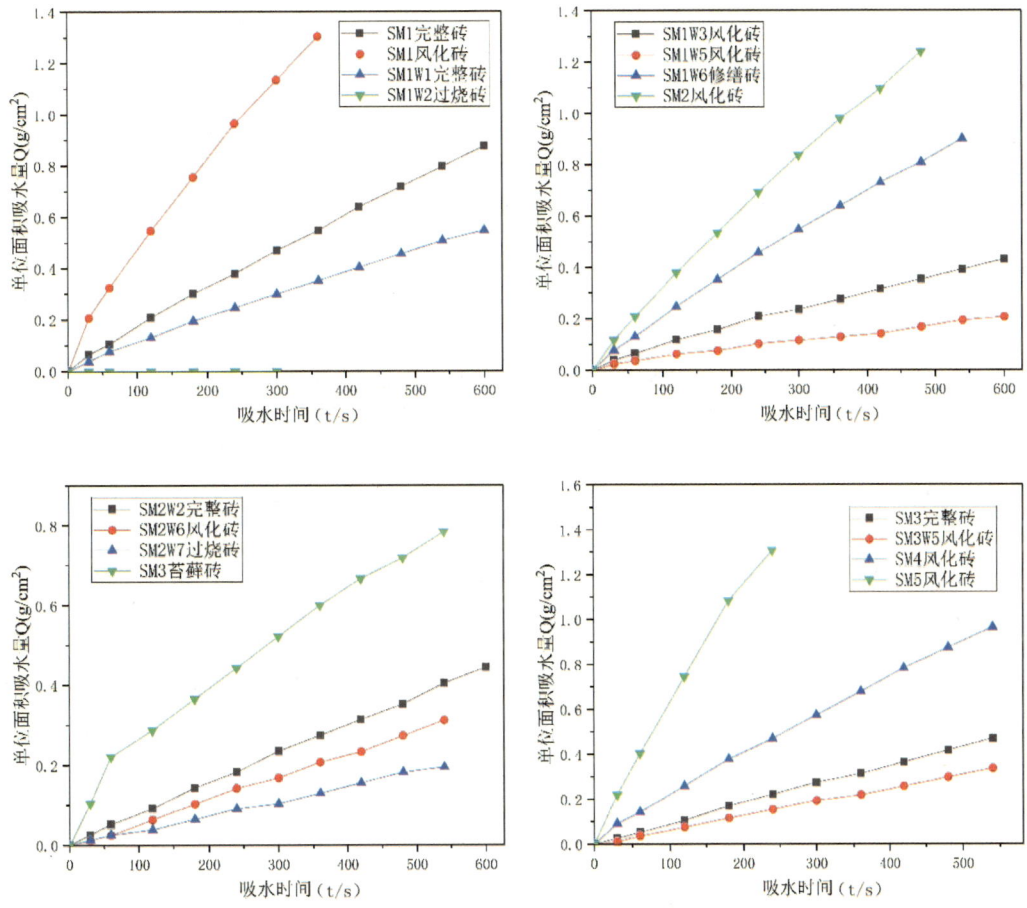

图 2.3.3-5　南城墙南立面城墙砖吸水性曲线图

表 2.3.3-7　南城墙南立面砖的毛细吸水系数计算结果

编号	单位面积吸水量 Q（g/cm²）	吸水时间（t/s）	毛细吸水系数 [kg/（m²·h^{0.5}）]	效果评定
SM1 完整砖	0.876	600	21.46	透水
SM1 风化砖	1.307	360	41.33	透水
SM1W1 完整砖	0.549	600	13.45	透水
SM1W2 过烧砖	0	300	0.00	不透水
SM1W3 风化砖	0.431	600	10.56	透水
SM1W5 风化砖	0.209	600	5.12	透水
SM1W6 修缮砖	0.902	540	23.29	透水
SM2 风化砖	1.242	480	34.01	透水
SM2W2 完整砖	0.444	600	10.88	透水
SM2W6 风化砖	0.314	540	8.11	透水
SM2W7 过烧砖	0.196	540	5.06	透水
SM3 苔藓城砖	0.784	540	20.24	透水
SM3 完整砖	0.471	540	12.16	透水
SM3W5 风化砖	0.340	540	8.78	透水
SM4 风化砖	0.967	540	24.97	透水
SM5 风化砖	1.307	240	50.62	透水

表 2.3.3-8　南城墙南立面城墙砖毛细吸水系数计算结果

检测位置	完整砖	风化砖	修缮砖	苔藓城砖
毛细吸水系数 [kg/（m²·h^{0.5}）]	14.5	22.9	23.29	20.24

由图 2.3.3-5 可见，南城墙南立面砖单位面积吸水量与吸水时间呈正相关关系，整个吸水过程城墙表面吸水速率均匀。各检测位置的吸水速率由小到大为：完整砖＜苔藓城砖＜风化砖＜修缮砖，说明风化会造成城砖内部空隙的增多。修缮砖的毛细吸水系数远远高于完整砖和风化砖，说明修缮砖的内部空隙率较大，吸水速率较快。而空鼓砖内部中空，孔隙率最大，因此也具有最高的吸水系数。

（4）红外热成像检测结果

表 2.3.3-9　红外热成像检测结果

<table>
<tr><th>编号</th><th>红外热成像检测结果</th><th>实影图像</th></tr>
<tr><td>SM1</td><td>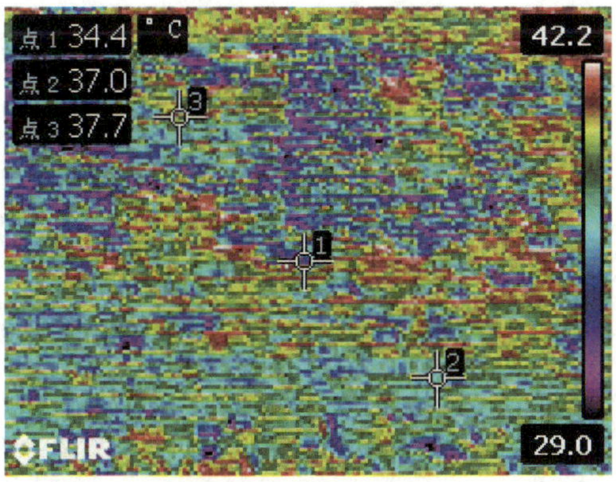点1 34.4
°C
点2 37.0
点3 37.7
42.2
29.0
FLIR</td><td>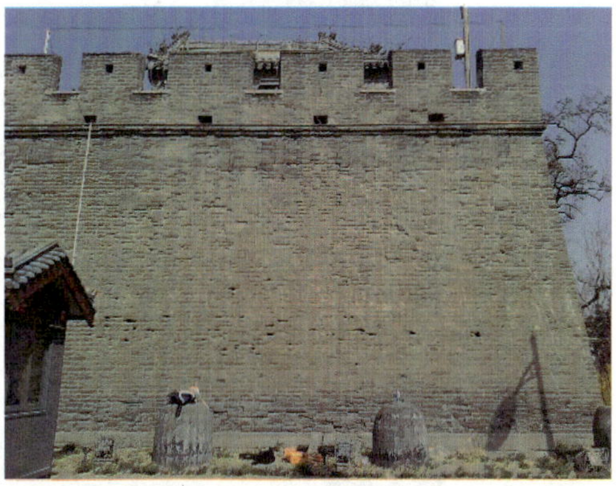</td></tr>
<tr><td rowspan="2">S1</td><td>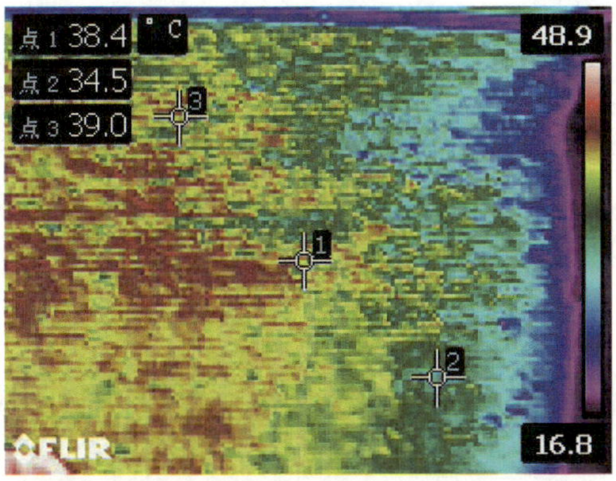点1 38.4
°C
点2 34.5
点3 39.0
48.9
16.8
FLIR</td><td>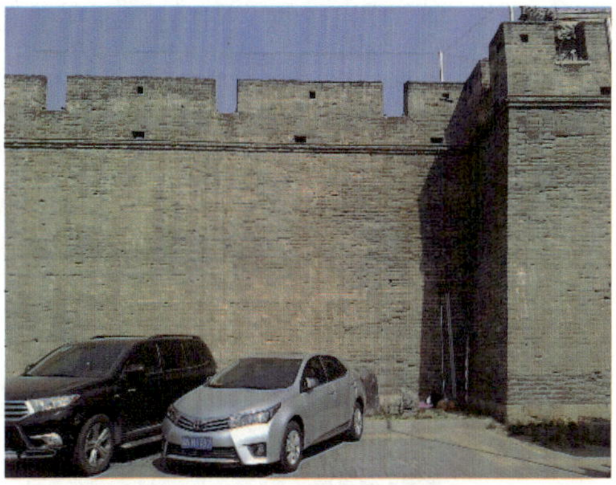</td></tr>
<tr><td>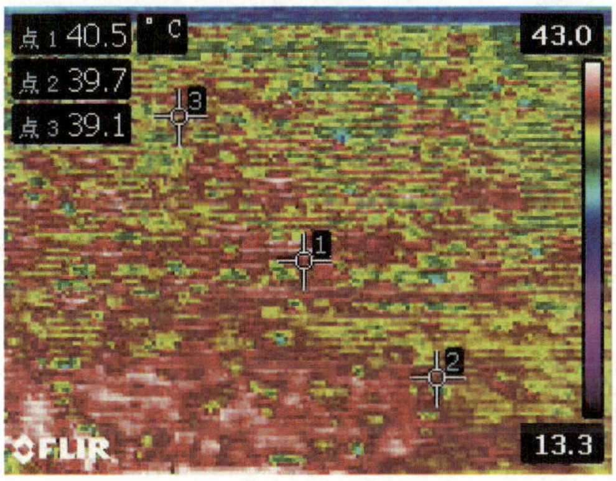点1 40.5
°C
点2 39.7
点3 39.1
43.0
13.3
FLIR</td><td>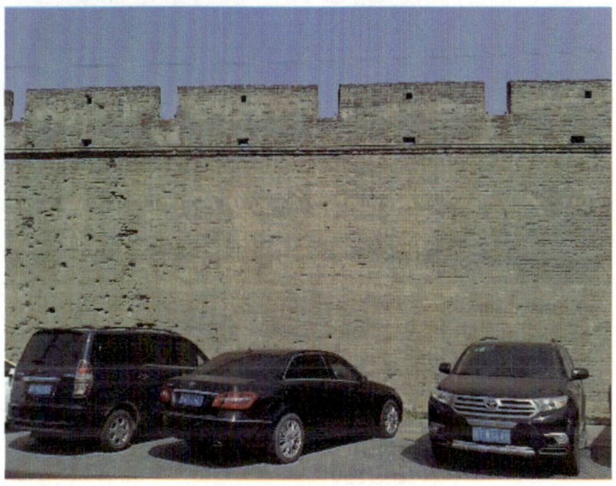</td></tr>
</table>

续表

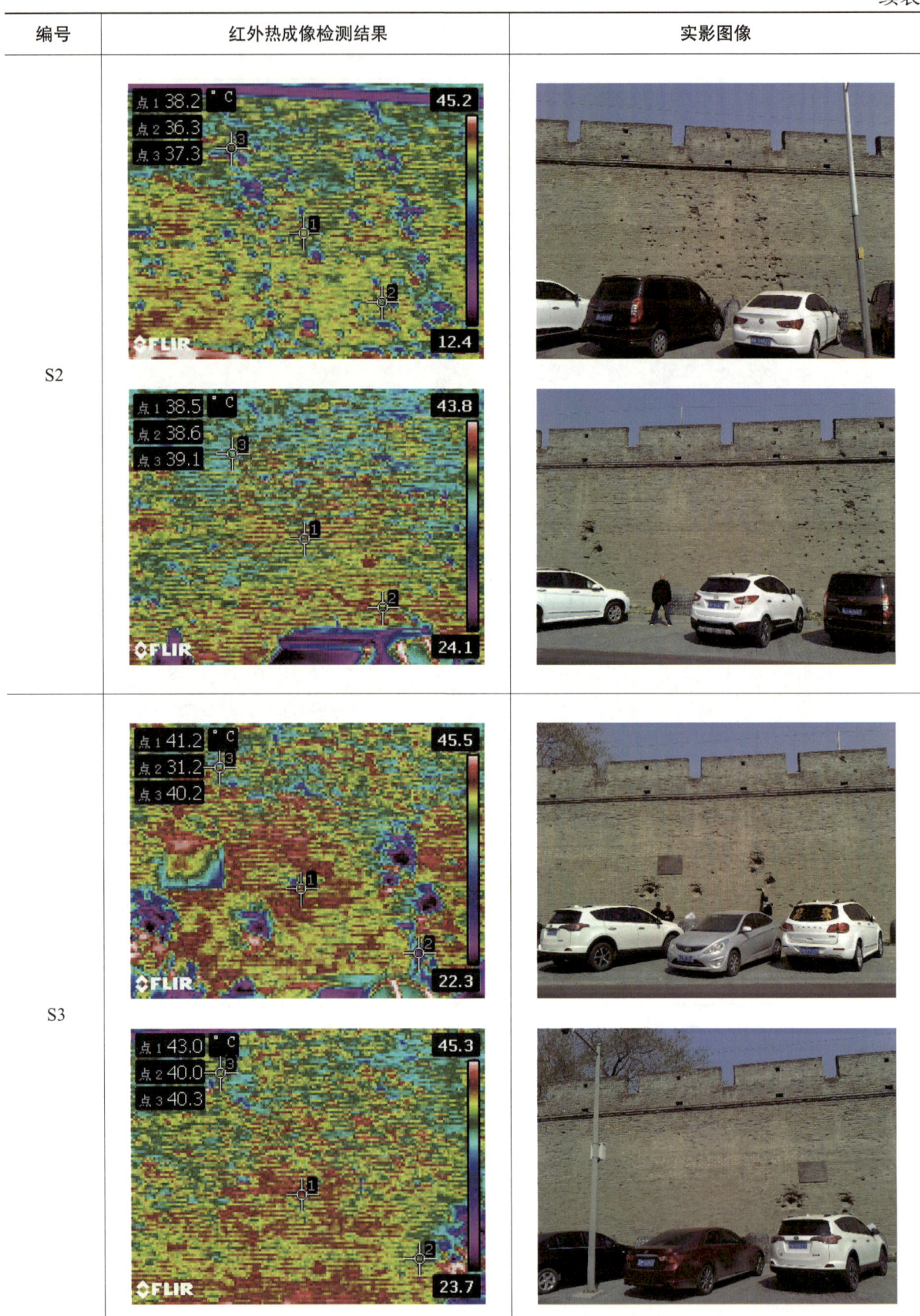

第二章 宛平城弹坑遗址保存现状及城墙各面保存现状评估

续表

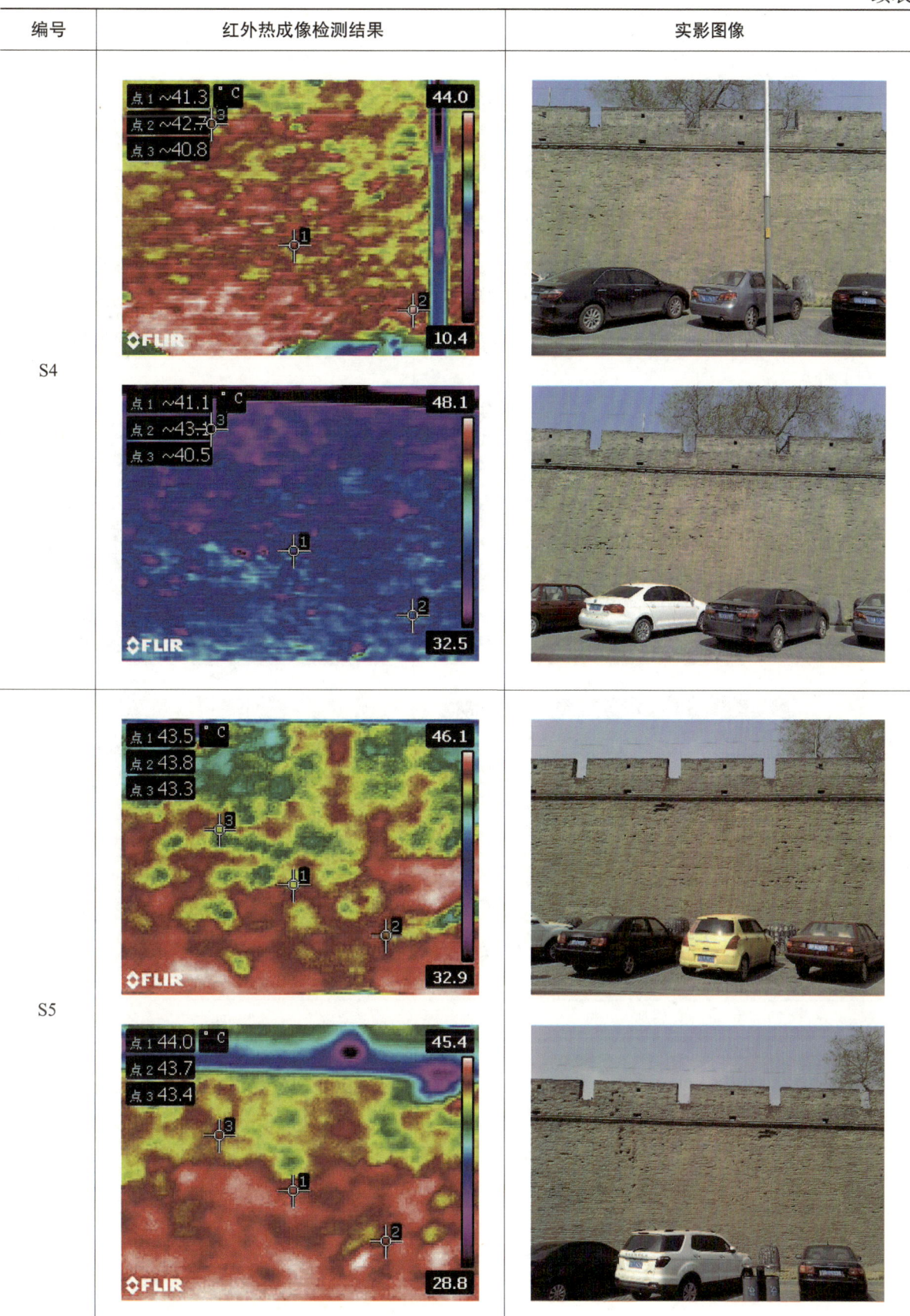

续表

编号	红外热成像检测结果	实影图像
S6	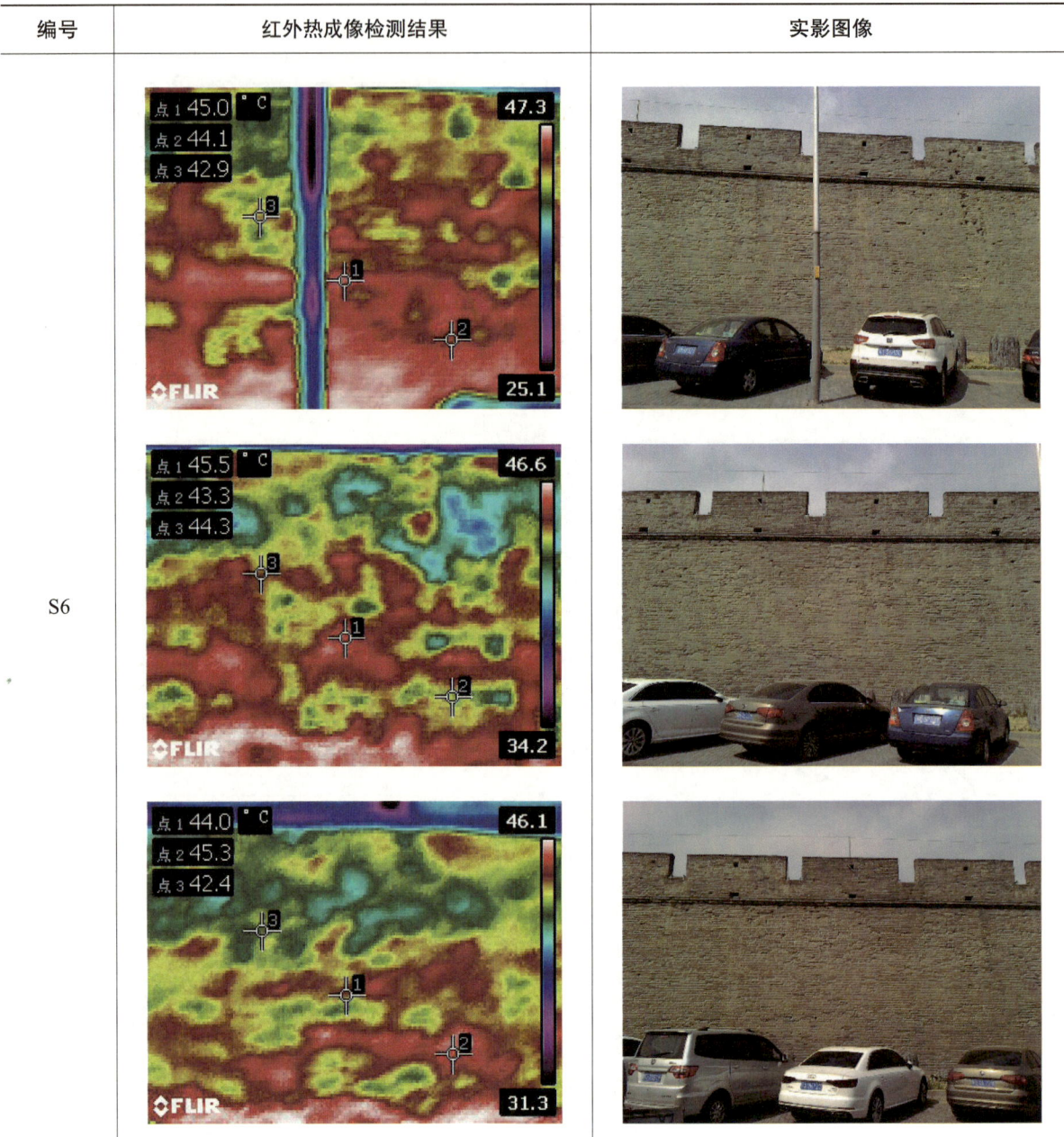	

续表

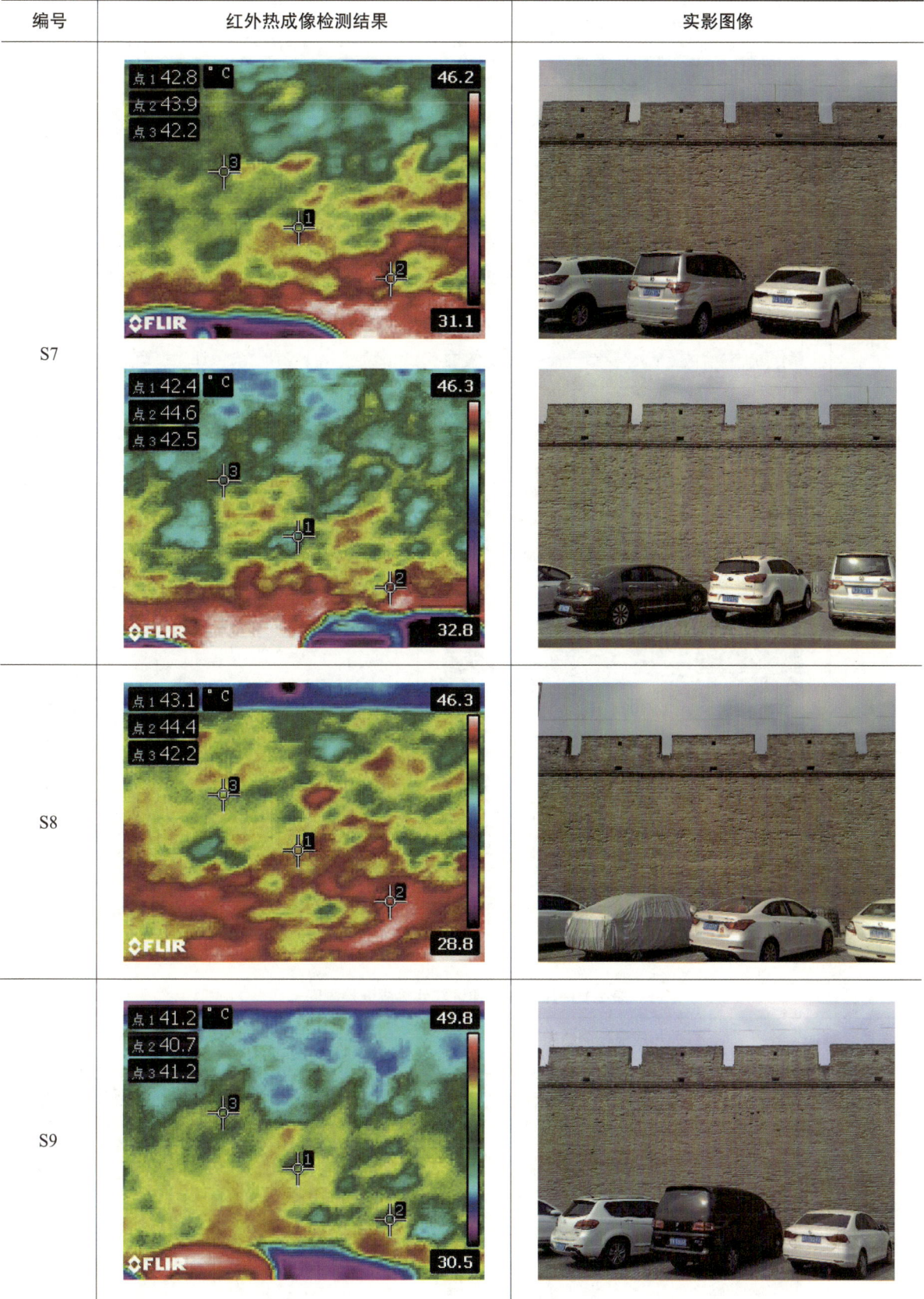

续表

编号	红外热成像检测结果	实影图像
S10	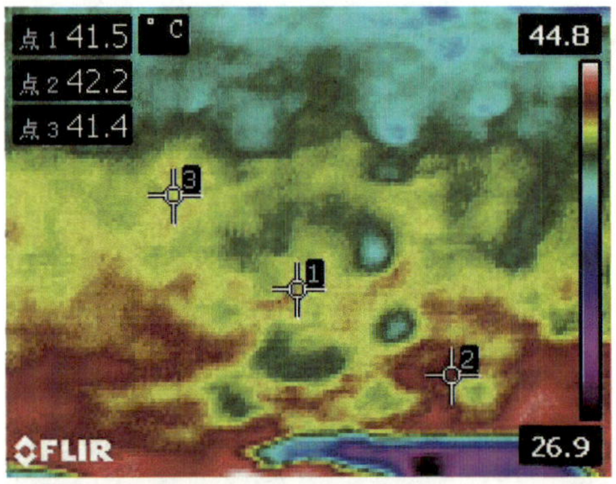 点1 41.5 点2 42.2 点3 41.4 44.8 / 26.9 点1 41.0 点2 41.7 点3 40.3 43.1 / 24.9	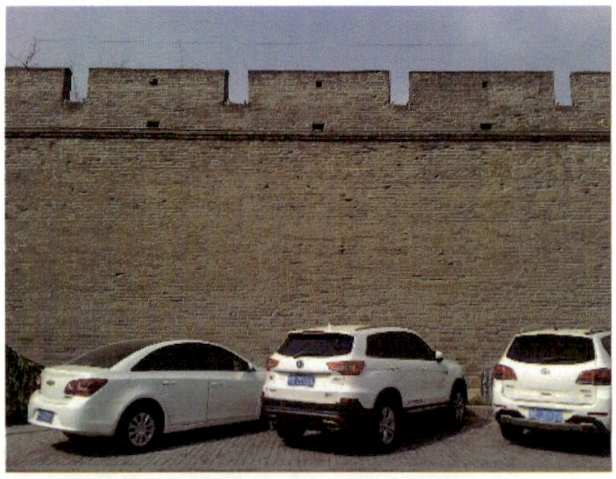
SM2	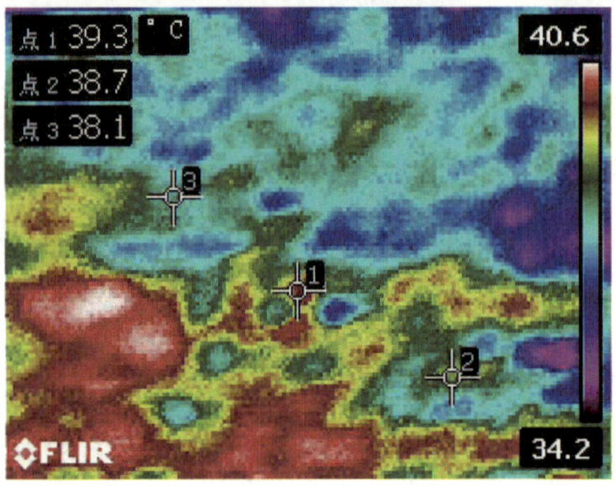 点1 39.3 点2 38.7 点3 38.1 40.6 / 34.2	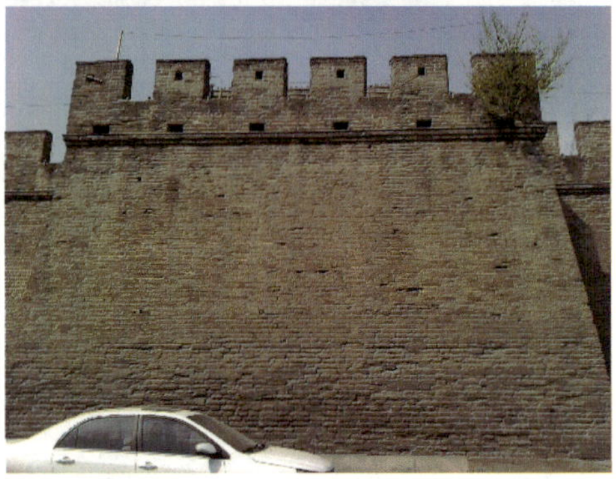

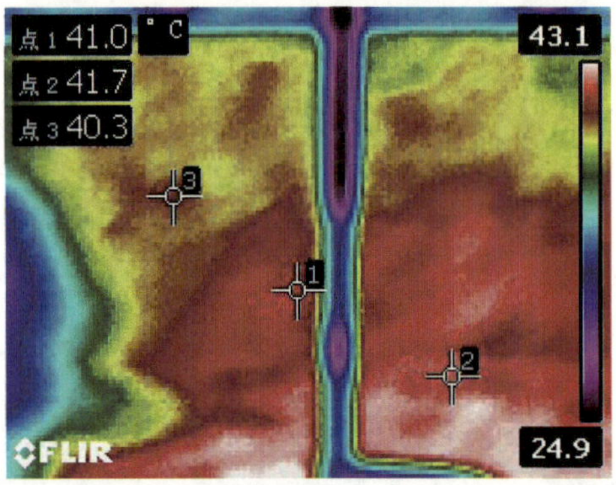

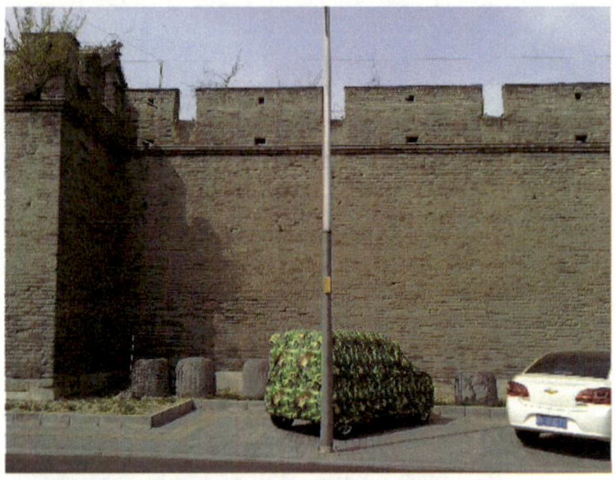

表 2.3.3-10　局部弹坑红外热成像检测图

编号	红外热成像检测结果	实影图像
SM1-1	点1 24.8 点2 35.1 点3 39.4 42.5 / 23.4	

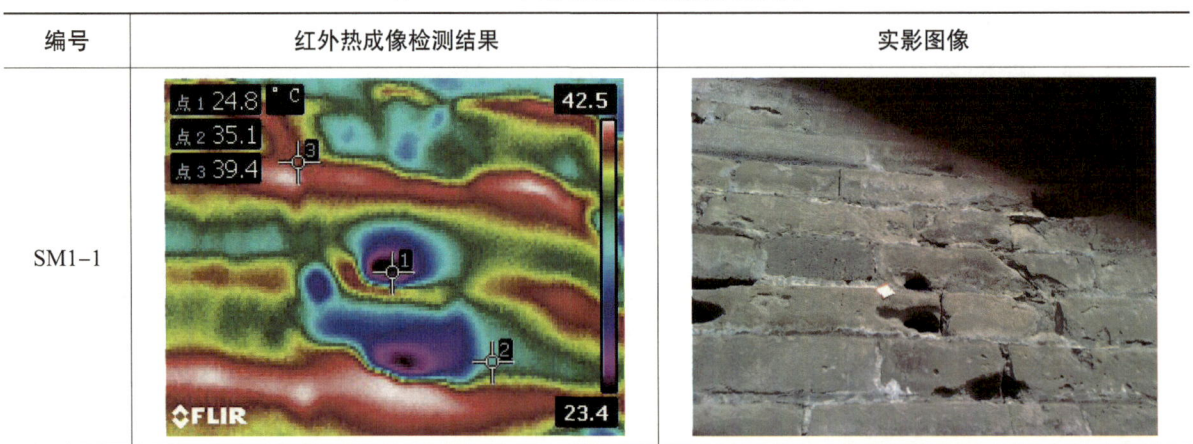

续表

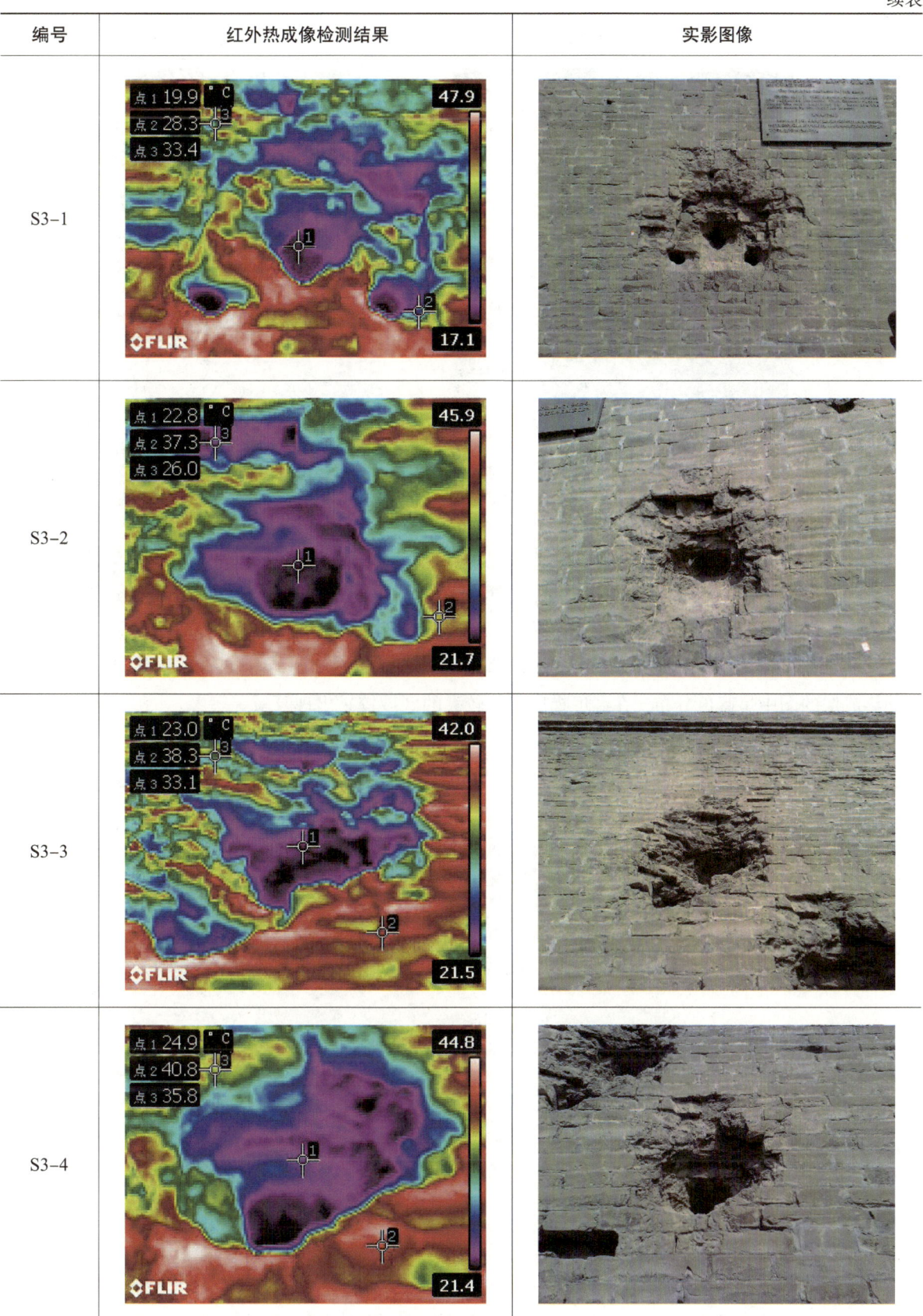

续表

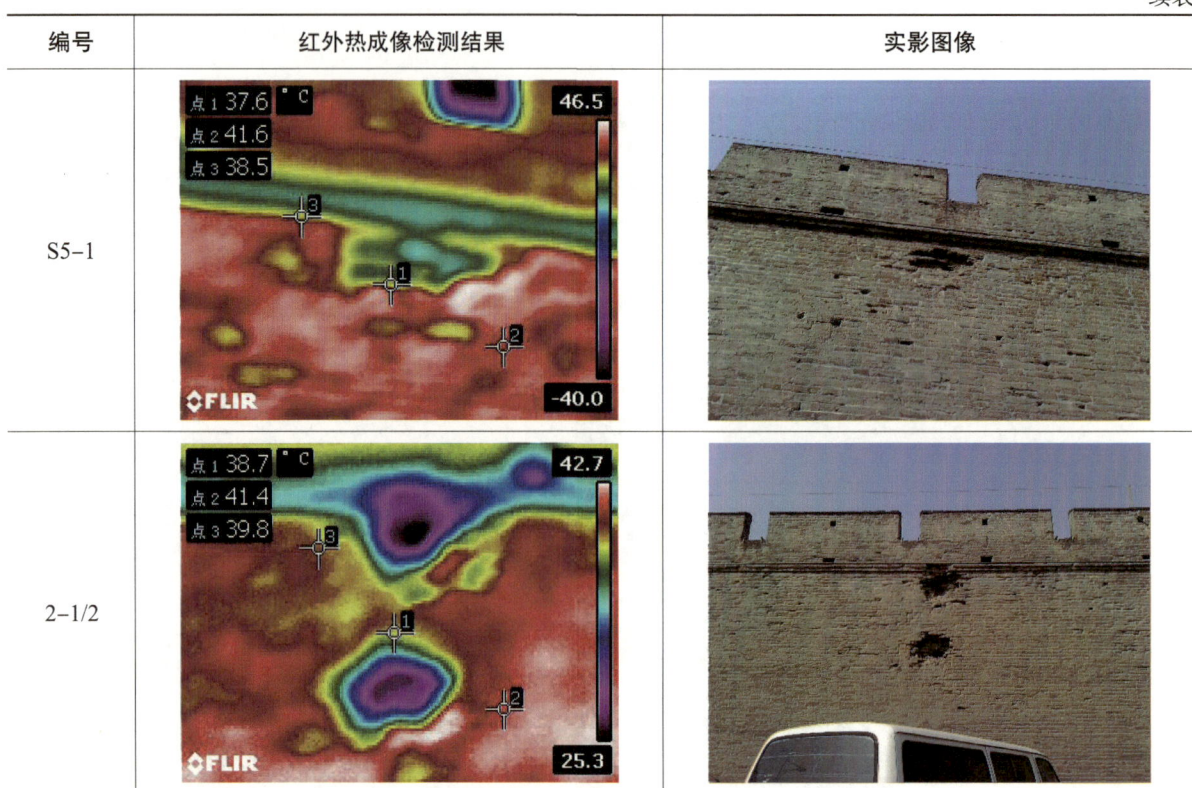

从红外热成像的图中可清晰地观察到城墙表面的温度分布变化,其中弹坑区域的温度较低,在红外热成像的图中呈蓝色分布,在温度梯度变化较大的区域较易出现酥碱等病害。

(5)内窥镜检测结果

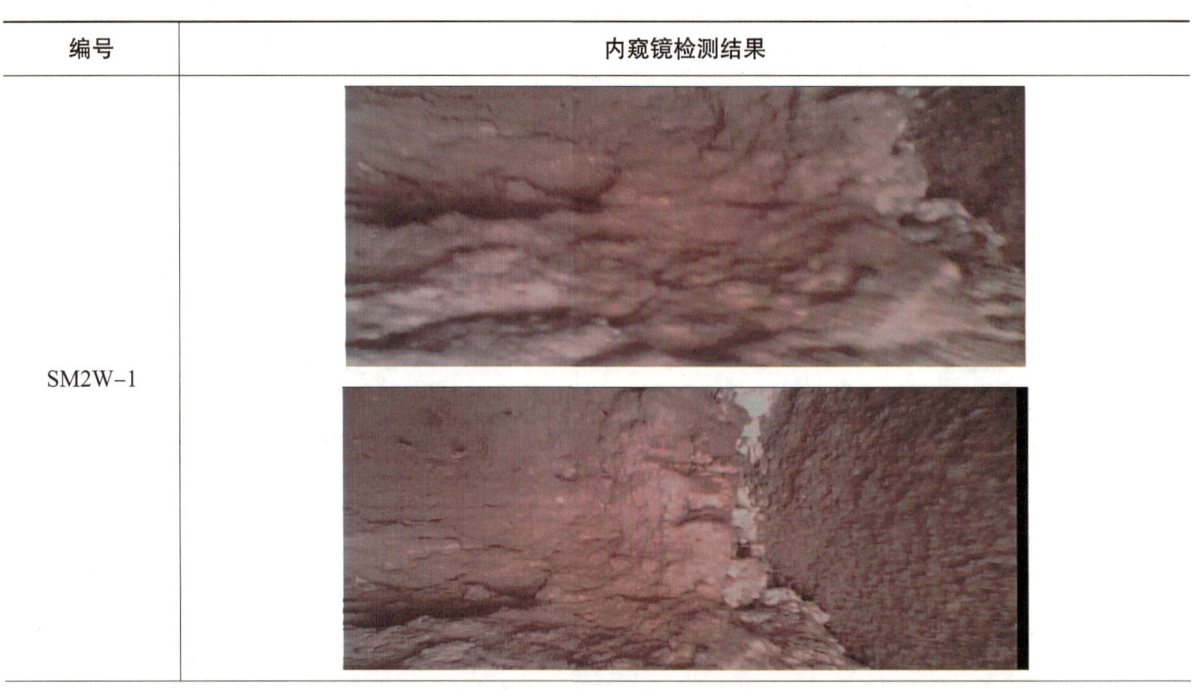

SM2W-1 左边的砖和灰浆风化缺失严重,而右边的砖保存完整,说明砖的表面完整能有效阻止风化作用。

续表

编号	内窥镜检测结果
SM2W-2	
SM1	

续表

编号	内窥镜检测结果
SM1	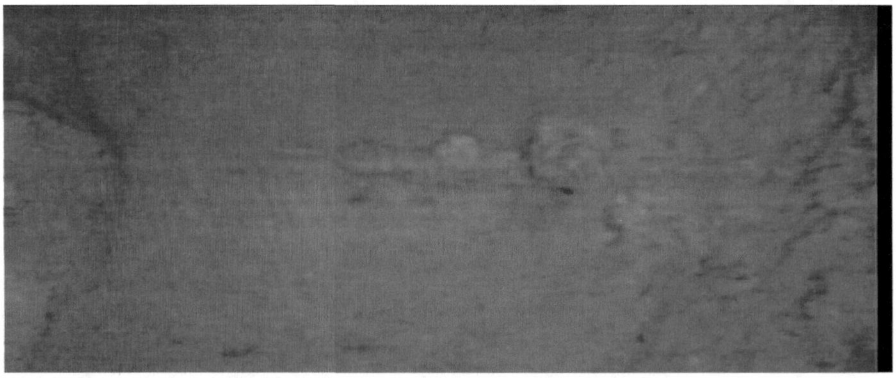 

续表

编号	内窥镜检测结果
S3-1（左）	

续表

编号	内窥镜检测结果
S3-2（右）	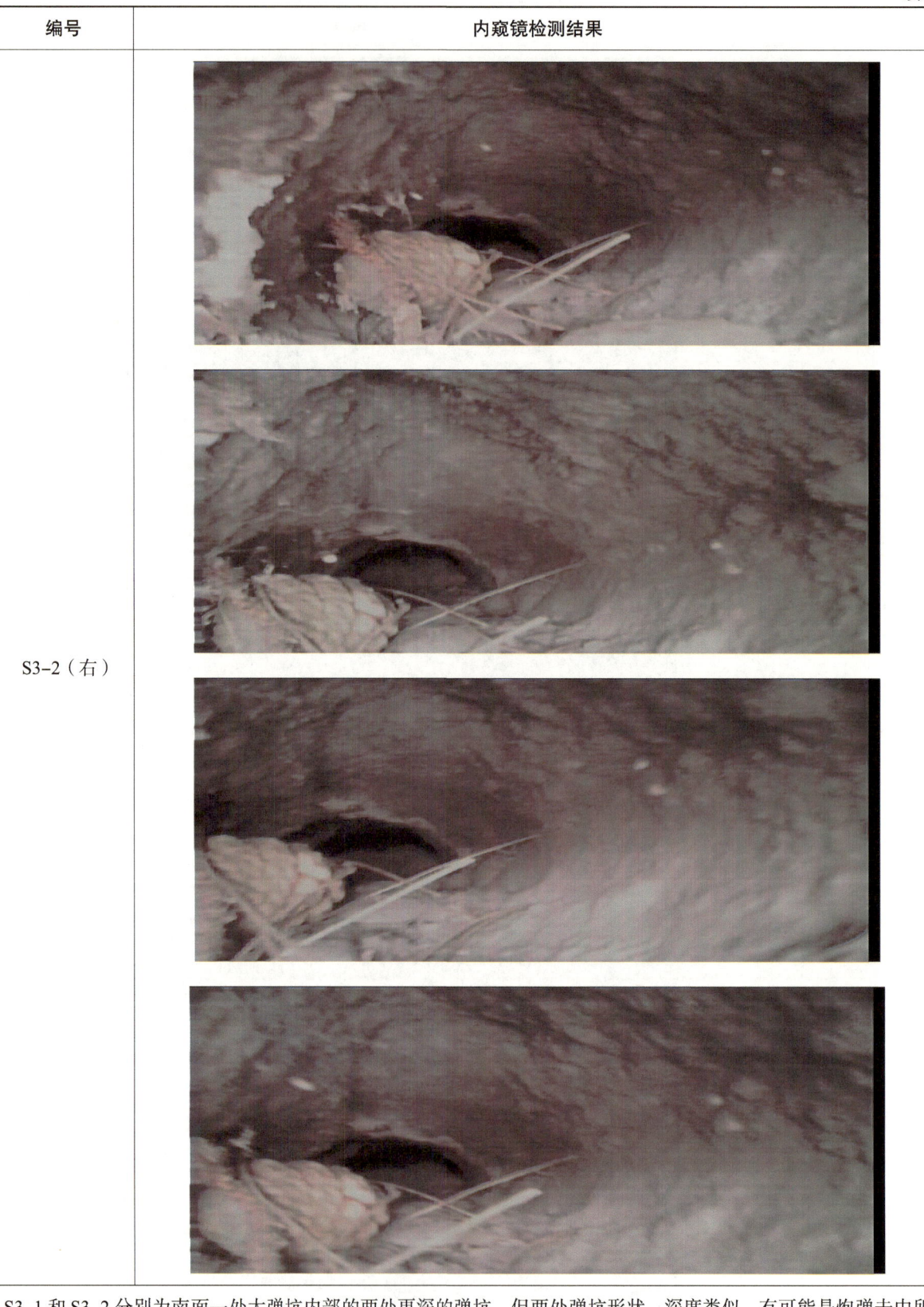

S3-1 和 S3-2 分别为南面一处大弹坑内部的两处更深的弹坑，但两处弹坑形状、深度类似，有可能是炮弹击中所致，也有人为的可能性。

弹坑内部的照片可以看出弹坑内部的空洞空间比表面留下的孔洞看起来更大。可能是由于砖的表面能起到一定阻止风化的作用，砖内部的侵蚀更严重。砖内部的湿度更大，温度更低，更容易出现泛碱，一定程度加剧了侵蚀。

（四）西城墙保存状况

由于城墙跨度较大，现场调研中将西城墙分为 21 个片区，详细信息见表 2.3.4-1。

表 2.3.4-1　西城墙片区编号信息

片区编号	片区所在位置	片区名称
WSM	西城门南敌台西立面	西城门南敌台西立面
WS1	垛口 1 与垛口 3 之间下方城墙	西城门南西立面城墙 1 号片区
WS2	垛口 4 与垛口 6 之间下方城墙	西城门南西立面城墙 2 号片区
WS3	垛口 7 与垛口 9 之间下方城墙	西城门南西立面城墙 3 号片区
WS4	垛口 10 与垛口 12 之间下方城墙	西城门南西立面城墙 4 号片区
WS5	垛口 13 与垛口 15 之间下方城墙	西城门南西立面城墙 5 号片区
WS6	垛口 16 与垛口 18 之间下方城墙	西城门南西立面城墙 6 号片区
WS7	垛口 19 与垛口 21 之间下方城墙	西城门南西立面城墙 7 号片区
WS8	垛口 22 与垛口 24 之间下方城墙	西城门南西立面城墙 8 号片区
WN1	垛口 1 与垛口 3 之间下方城墙	西城门北西立面城墙 1 号片区
WN2	垛口 4 与垛口 6 之间下方城墙	西城门北西立面城墙 2 号片区
WN3	垛口 7 与垛口 9 之间下方城墙	西城门北西立面城墙 3 号片区
WN4	垛口 10 与垛口 12 之间下方城墙	西城门北西立面城墙 4 号片区
WN5	垛口 13 与垛口 15 之间下方城墙	西城门北西立面城墙 5 号片区
WN6	垛口 16 与垛口 18 之间下方城墙	西城门北西立面城墙 6 号片区
WN7	垛口 19 与垛口 21 之间下方城墙	西城门北西立面城墙 7 号片区
WN8	垛口 22 与垛口 24 之间下方城墙	西城门北西立面城墙 8 号片区
WN9	垛口 25 与垛口 27 之间下方城墙	西城门北西立面城墙 9 号片区
WN10	垛口 28 与垛口 30 之间下方城墙	西城门北西立面城墙 10 号片区
WN11	垛口 31 与垛口 33 之间下方城墙	西城门北西立面城墙 11 号片区
WNM	西城门北敌台西立面	西城门北敌台西立面

1. 西城墙弹坑及弹坑识别

西城墙保存状况如图 2.3.4-1 和图 2.3.4-2 所示，未发现符合弹坑和弹坑特征的坑和孔。

（a）WSM 　　　　　　　　　　　　　　（b）WS1

（c）WS2 　　　　　　　　　　　　　　（d）WS3

（e）WS4 　　　　　　　　　　　　　　（f）WS5

图 2.3.4-1　西城门南西立面城墙保存现状（1）

(g) WS6

(h) WS7

(i) WS8

图 2.3.4-1 西城门南西立面城墙保存现状（2）

(a) WN1　　(b) WN2
(c) WN3　　(d) WN4
(e) WN5　　(f) WN6

图 2.3.4-2　西城门北西立面城墙保存现状（1）

（g）WN7　　　　　　　　　　　　　（h）WN8

（i）WN9　　　　　　　　　　　　　（g）WN10

（k）WN11　　　　　　　　　　　　（l）WNM

图 2.3.4-2　西城门北西立面城墙保存现状（2）

2. 西城墙病害分析

西城墙整体保存完整，城墙未存在明显的缺损、坍塌现象，无战争留下的弹坑痕迹。受自然风化影响，西城墙相对东城墙和南城墙表皮脱落现象更为严重，WS6、WS8、WN3、WN8、WN9城墙表面局部长有苔藓，苔藓根系成长以及分泌的酸性物质对城墙造成进一步破坏。产生这种情况的原因主要是西城墙紧靠公园，公园植被的灌溉为城墙内可溶盐的迁移、苔藓生长提供了源源不断的水分，同时水的冻融循环作用进一步造成城砖表面的风化。西城墙局部风化严重区域已经得到修缮。

3. 现场无（微）损检测结果

现场无（微）损检测性能指标主要包含里氏硬度、回弹强度、城墙表面pH值、城墙表面毛细吸水系数测试。

（1）城墙表面里氏硬度、回弹强度测试结果

对西城墙的每种保存状况进行分类，然后计算每种保存状况的里氏硬度平均值、回弹强度平均值，计算结果如表2.3.4-2所示。

表 2.3.4-2　每种保存状况的里氏硬度平均值、回弹强度平均值

检测位置	里氏硬度平均值（HL）	回弹强度测量平均值	抗压强度推定值（MPa）
保存较好城砖	420.3	35.2	10.19
风化缺损砖	254.2	24.2	2.07
酥粉砖	165.9	21.8	0.94
空鼓砖	391.0	31.8	7.16
修缮城砖	426.5	31.7	7.08

由表2.3.4-2可见城砖的里氏硬度由高到低为修缮砖>保存较好城砖>空鼓砖>风化缺损砖>酥粉砖；城砖的抗压强度由高到低为保存较好城砖>空鼓城砖>修缮城砖>风化缺损砖>酥粉砖。新修缮的城砖里氏硬度和保存较好的城砖很接近，但抗压强度却低于保存较好的城砖。出现这种情况的原因可能有二：一是部分修缮砖采用旧城砖砌筑，有一定程度的力学性能下降；二是修缮用砖和城墙砖在材料组成和工艺上可能有所差异，保存较好的城砖制作工艺优良，经受300多年的自然风化依然保存状况良好，因此抗压强度高于新修缮砖。风化程度较大的砖力学性能进一步下降。酥粉砖的里氏硬度和抗压强度均最小，已经不具备使用性能。

（2）城墙表面超声波检测结果

西城墙的超声波检测结果见表2.3.4-3和表2.3.4-4。由此可见，西城墙超声波传播速度由快到慢为修缮砖>保存较好的城砖>风化砖>酥粉砖。说明保存较好的城砖经过自然风化内部结构出现一定程度的破坏，而风化程度较大的砖超声波传播速度低于修缮砖，说明城砖经风化后内部结构的酥松度增加，酥粉砖的传播速度约为风化砖的三分之二，说明风化砖进一步风化后内部更加酥松，

形成酥粉砖，酥粉砖内部的酥松多孔进一步阻碍了超声波的传播。

表 2.3.4-3　西城墙超声波检测结果

片区位置	检测位置	两测试点间距离（cm）	传播时间（μs）	传播速度（m/s）
WSM	完整砖	9.5	90	1056
WSM	风化砖	9	126	714
WSM	酥粉砖	8	268	299
WS	修缮砖	9	73.2	1230
WS	风化砖	8	74	1081
WS	酥粉砖	8	216.4	370
WN	修缮砖	14.5	144.4	1004
WN	修缮砖	10	94	1064
WN	风化砖	9	97.2	926
WN	酥粉砖	10	124	806
WN	完整砖	10	78	1282
WNM	修缮砖	10	62.4	1603
WNM	风化砖	10	84.4	1185
WNM	酥粉砖	8.5	88.4	962
WNM	完整砖	10	127.2	786
WNM	修缮砖	10	92.8	1078

表 2.3.4-4　西城墙超声波传播速度平均值

检测位置	完整砖	风化砖	修缮砖	酥粉砖
传播速度平均值（m/s）	1041.3	976.5	1195.8	609.3

注：完整砖是指城墙保留较完整的原砖。

（3）城墙表面毛细吸水系数测试结果

结合现场实际情况及测试条件，依据标准《WW/T 0065-2015 砖石质文物表面吸水性能测定》，在现场一定位置采用卡斯特量瓶对西城墙的支撑体砖进行吸水性测试。测试结果如表 2.3.4-3 所示。

表 2.3.4-5　西城墙砖的吸水性测试结果

测试时间 t（s）	单位面积吸水量 Q（g/cm²）				
	WS 修缮砖	WS 风化砖	WS 完整砖	WN 修缮砖	WN 完整砖
0	0	0	0	0	0
30	0.275	0.111	0.183	0.157	0.065
60	0.425	0.209	0.333	0.281	0.131
120	0.706	0.366	0.614	0.484	0.261
180	0.967	0.516	0.882	0.693	0.392
240	1.216	0.667	1.144	0.889	0.601
300	/	0.804	/	1.092	0.797
360	/	0.948	/	1.288	0.967
420	/	1.085	/	/	/
480	/	1.222	/	/	/

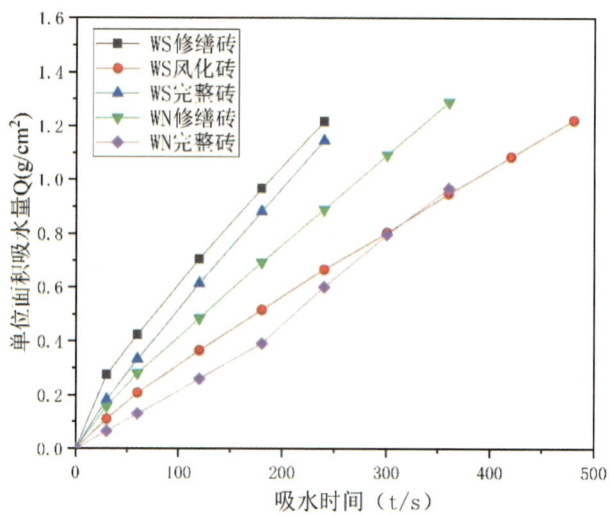

图 2.3.4-3　西城墙砖吸水性曲线图

按照德国工业标准 DIN 52617，由毛细吸水系数的计算公式 $\omega = M/(A \cdot H^{0.5})$ 得到毛细吸水系数值如表 2.3.4-6 所示，西城墙砖支撑体表面毛细吸水的效果评定属于透水。

表 2.3.4-6　西城墙砖的毛细吸水系数计算结果

编号	单位面积吸水量 Q（g/cm²）	吸水时间（t/s）	毛细吸水系数 [kg/（m²·h$^{0.5}$）]	效果评定
WS 修缮砖	1.22	240	47.08	透水
WS 风化砖	1.22	480	33.47	透水
WS 完整砖	1.14	240	44.30	透水
WN 修缮砖	1.29	360	40.72	透水
WN 完整砖	0.97	360	30.59	透水

表 2.3.4-7　西城墙砖毛细吸水系数计算结果

检测位置	完整砖	风化砖	修缮砖
毛细吸水系数 [kg/（m²·h$^{0.5}$）]	37.45	33.47	43.9

由图 2.3.4-3 可见，西城墙砖单位面积吸水量与吸水时间呈正相关关系，整个吸水过程城墙表面吸水速率均匀。各检测位置的吸水速率由小到大为：风化砖＜完整砖＜修缮砖，一般情况下保存较好的城砖吸水速率要低于风化程度较大的城砖，但是当风化程度进一步加大时，城砖内部产生一定程度的塌缩，迁移的可溶盐在一定程度上也会堵塞内部空隙，因此可能会造成吸水速率一定程度的下降。修缮砖的毛细吸水系数远远高于完整砖和风化砖，说明修缮砖的内部空隙率较大，吸水速率较快。

（五）北城墙保存状况

由于城墙跨度较大，现场调研中将北城墙分为 18 个片区，详细信息见表 2.3.5-1。

表 2.3.5-1　北城墙片区编号信息

片区编号	片区所在位置	片区名称
NEM	北城墙东侧马面	北城墙东侧马面
NEMW1	垛口 4 与垛口 6 之间下方城墙	北城墙东侧马面西 1 号片区
NEMW2	垛口 7 与垛口 9 之间下方城墙	北城墙东侧马面西 2 号片区
NEMW3	垛口 10 与垛口 12 之间下方城墙	北城墙东侧马面西 3 号片区
NEMW4	垛口 5 与垛口 8 之间下方城墙	北城墙东侧马面西 4 号片区
NEMW5	垛口 13 与垛口 15 之间下方城墙	北城墙东侧马面西 5 号片区
NEMW6	垛口 16 与垛口 18 之间下方城墙	北城墙东侧马面西 6 号片区

续表

片区编号	片区所在位置	片区名称
NWM	北城墙西侧马面	北城墙西侧马面
NWME1	垛口 1 与垛口 2 之间下方城墙	北城墙西侧马面东 1 号片区
NWME2	垛口 3 与垛口 4 之间下方城墙	北城墙西侧马面东 2 号片区
NWME3	垛口 5 与垛口 6 之间下方城墙	北城墙西侧马面东 3 号片区
NWME4	垛口 7 与垛口 8 之间下方城墙	北城墙西侧马面东 4 号片区
NWME5	垛口 9 与垛口 10 之间下方城墙	北城墙西侧马面东 5 号片区
NWME6	垛口 11 与垛口 12 之间下方城墙	北城墙西侧马面东 6 号片区
NWME7	垛口 13 与垛口 14 之间下方城墙	北城墙西侧马面东 7 号片区
NWME8	垛口 15 与垛口 16 之间下方城墙	北城墙西侧马面东 8 号片区
NWME9	垛口 17 与垛口 18 之间下方城墙	北城墙西侧马面东 9 号片区
NWME10	垛口 19 与垛口 20 之间下方城墙	北城墙西侧马面东 10 号片区

1. 北城墙弹坑及弹坑识别

北城墙的保存照片如图 2.3.5-1 和图 2.3.5-2 所示。NEMW3 中的坑距城墙顶部高度约 1.70 米，长约 1.15 米，高约 0.5 米，深约 0.5 米，NEMW4 中的坑位于城墙上部，距城墙顶部高度约 1.00 米，长约 1.50 米，高约 1.20 米，深约 0.45 米，孔洞贯穿垛子；这两个坑同时符合前文所述规则（1）（4）（8），为弹坑的可能性较大，这两个弹坑周围历史上进行过修缮，可能周围原本存在的小型坑洞在修缮过程中被覆盖。NWME3 中的坑符合前文所述规则（1），为弹坑的可能性较大。

（a）NEM　　　　　　　　　　　　　（b）NEMW1

图 2.3.5-1　北城墙保存现状（1）

（c）NEMW2

（d）NEMW3

（e）NEMW4

（f）NEMW5

（g）NEMW6

图 2.3.5-1　北城墙保存现状（2）

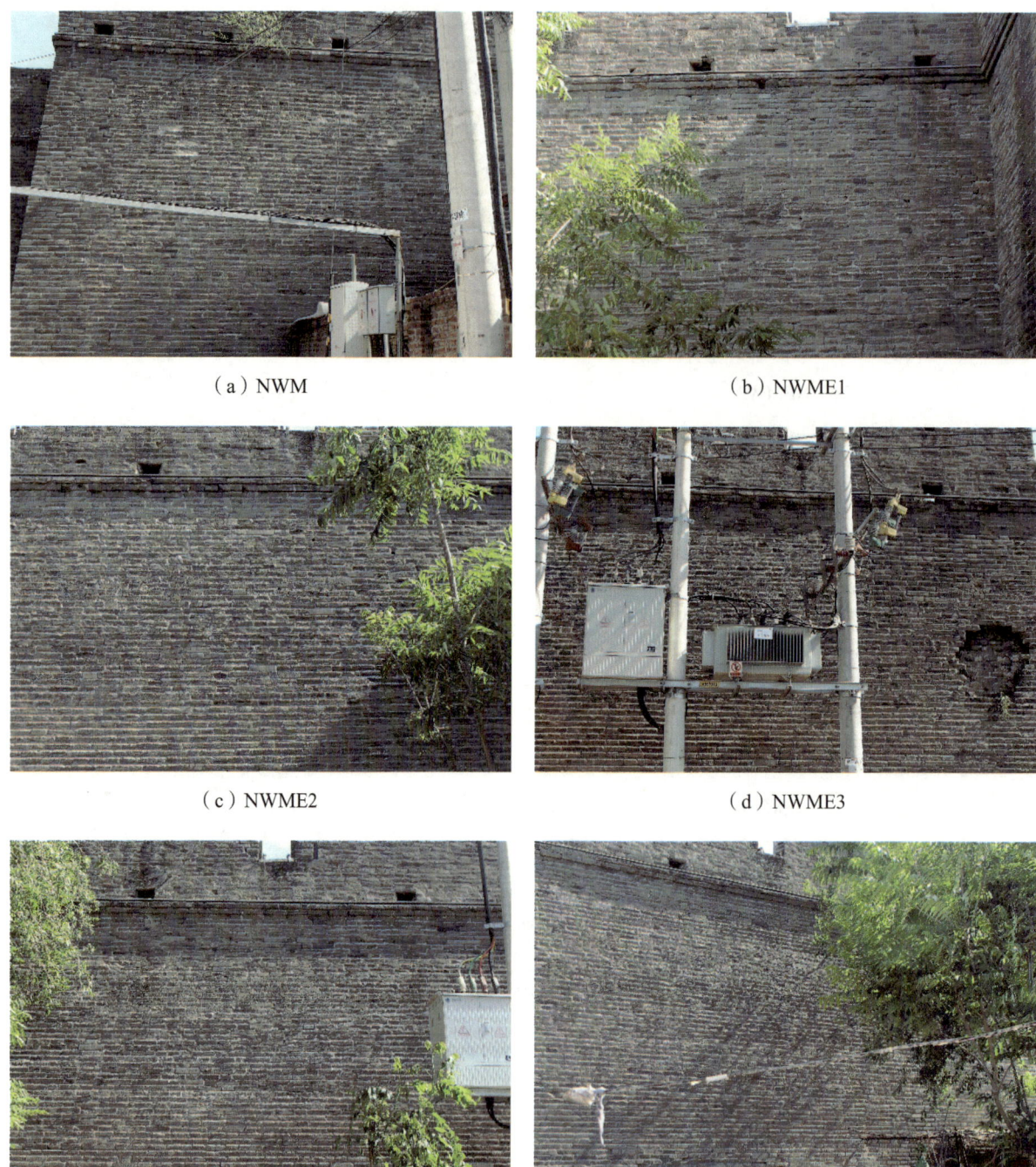

(a) NWM　　(b) NWME1　　(c) NWME2　　(d) NWME3　　(e) NWME4　　(f) NWME5

图 2.3.5-2　北城墙保存现状（1）

图 2.3.5-2 北城墙保存现状（2）

2. 北城墙病害分析

北城墙整体保存完整，由于北城墙周围未紧靠公园，受水的毛细迁移作用较小，因此表面风化程度较轻，但也存在一定程度的表面脱落现象。其中NEMW4右半部分和NEMW5大面积区域经过重新修缮，但新修缮区域表面泛白严重，可能为修缮时所使用的灰浆溢出所致。

3. 现场无（微）损检测结果

现场无（微）损检测性能指标主要包含里氏硬度、回弹强度、城墙表面pH值、城墙表面毛细吸水系数测试。

（1）城墙表面里氏硬度、回弹强度

对北城墙的每种保存状况进行分类，然后计算每种保存状况的里氏硬度平均值、回弹强度平均值，计算结果如表2.3.5-2所示。

表2.3.5-2　每种保存状况的里氏硬度平均值、回弹强度平均值

检测位置	里氏硬度平均值（HL）	回弹强度测量平均值	抗压强度推定值（MPa）
保存较好城砖	426.4	28.1	4.40
风化缺损砖	324.1	27.0	3.68
酥粉砖	217.1	19.7	0.15
修缮砖	431.2	33.3	8.44

由表2.3.5-2可见城砖的里氏硬度由高到低为修缮砖＞保存较好城砖＞风化缺损砖＞酥粉砖；城砖的抗压强度由高到低为修缮砖＞保存较好城砖＞风化缺损砖＞酥粉砖。新修缮的城砖里氏硬度和抗压强度高于保存较好的城砖可能有两方面原因：一是尽管城砖保存较好，但也经过了三百多年的自然风化，力学强度有所下降；二是修缮砖和城墙砖在材料组成和工艺上可能有所差异。风化程度较大的砖力学性能进一步下降。酥粉砖的里氏硬度和抗压强度最小，已经不具备使用性能。

（2）城墙表面超声波检测结果

北城墙的超声波检测结果见表2.3.5-3和表2.3.5-4。北城墙的超声波传播速度完整砖、修缮砖、风化砖、酥粉砖都较为接近，而且传播速度远远高于东、南、西城墙，说明北城墙的风化程度较轻。而空鼓砖的传播速度最低，这是因为空鼓造成了砖基体的内部不连续，阻碍了超声波的传播。

表2.3.5-3　北城墙超声波检测结果

片区位置	检测位置	两测试点间距离（cm）	传播时间（μs）	传播速度（m/s）
NM1	修缮砖	8	62.4	1282
	完整砖	9	44.3	2032
	风化砖	10	50.8	1969
	酥粉砖	8.5	47.6	1786

续表

片区位置	检测位置	两测试点间距离（cm）	传播时间（μs）	传播速度（m/s）
NM2	完整砖	8	48.8	1639
	风化砖	9	52.8	1705
	酥粉砖	8	63.2	1266
	修缮砖	9	40.1	2244
N	完整砖	8.5	41.2	2063
	风化砖	8	47.2	1695
	酥粉砖	8.5	42.2	2014
	修缮砖	8	59.6	1342
	空鼓砖	8	64.6	1238

表 2.3.5-4　北城墙超声波传播速度平均值

检测位置	完整砖	风化砖	修缮砖	酥粉砖	空鼓砖
传播速度平均值（m/s）	1623	1790	1623	1689	1238

注：完整砖是指城墙保留较完整的原砖。

（3）城墙表面毛细吸水系数测试结果

结合现场实际情况及测试条件，依据标准《WW/T 0065-2015 砖石质文物表面吸水性能测定》，在现场一定位置采用卡斯特量瓶对北城墙的支撑体砖进行吸水性测试。测试结果如表 2.3.5-5 所示。

表 2.3.5-5　北城墙砖的吸水性测试结果

测试时间 t（s）	单位面积吸水量 Q（g/cm^2）				
	NM 完整砖	NM 风化砖	N 完整砖	N 完整砖	N 修缮砖
0	0	0	0	0	0
30	0.065	0.052	0.013	0.078	0.052
60	0.118	0.092	0.026	0.157	0.098
120	0.242	0.209	0.052	0.307	0.203
180	0.353	0.340	0.072	0.458	0.307
240	0.464	0.471	0.092	0.601	0.418
300	0.569	0.601	0.108	0.745	0.529
360	0.667	0.745	0.131	0.882	0.641
420	0.765	0.882	0.144	1.026	0.758
480	0.863	1.020	0.170	1.163	0.876

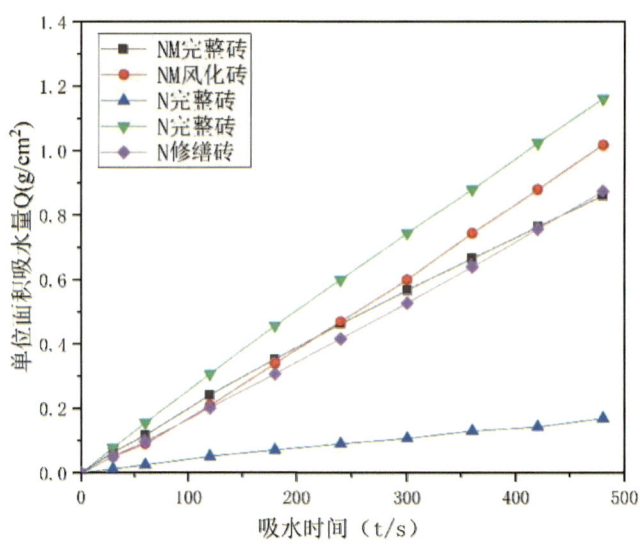

图 2.3.5-3 北城墙砖吸水性曲线图

按照德国工业标准 DIN 52617，由毛细吸水系数的计算公式 $ω=M/(A·H^{0.5})$ 得到毛细吸水系数值如表 2.3.5-6 所示，北城墙砖支撑体表面毛细吸水的效果评定属于透水。

表 2.3.5-6 北城墙砖的毛细吸水系数计算结果

编号	单位面积吸水量 Q（g/cm²）	吸水时间（t/s）	毛细吸水系数［kg/(m²·h^{0.5})］	效果评定
NM 完整砖	0.863	480	23.63	透水
NM 风化砖	1.02	480	27.93	透水
N 完整砖	0.17	480	4.66	透水
N 完整砖	1.163	480	31.85	透水
N 修缮砖	0.876	480	23.99	透水

表 2.3.5-7 北城墙砖毛细吸水系数计算结果

检测位置	完整砖	风化砖	修缮砖
毛细吸水系数［kg/(m²·h^{0.5})］	20.05	27.95	23.99

由图 2.3.5-3 可见，北城墙砖单位面积吸水量与吸水时间呈正相关关系，整个吸水过程城墙表面吸水速率均匀。各检测位置的吸水速率由小到大为：完整砖＜修缮砖＜风化砖，说明修缮砖的内部空隙高于保存状况较好的砖，风化会进一步造成城砖内部空隙的增多。风化砖的毛细吸水系数远远高于完整砖和修缮砖，说明风化砖的内部空隙率较大，吸水速率较快。

（六）宛平城城墙整体保存状况

将宛平城各城墙的里氏硬度、抗压强度、超声波传播速度、毛细吸水系数检测结果取平均值，得到表 2.3.6-1。

表 2.3.6-1　各城墙各检测结果平均值

城墙位置	测试指标	保存较好城砖	风化砖	修缮砖
东城墙	里氏硬度（HL）	422.4	266.9	494.3
	抗压强度（MPa）	7.3	1.04	11.7
	超声波传播速度（m/s）	1445.3	957.4	957.8
	毛细吸水系数 [kg/($m^2 \cdot h^{0.5}$)]	18.0	28.6	30.6
南城墙	里氏硬度（HL）	408.1	327.4	403.6
	抗压强度（MPa）	6.84	3.01	6.84
	超声波传播速度（m/s）	1046.5	750.7	775
	毛细吸水系数 [kg/($m^2 \cdot h^{0.5}$)]	14.5	22.9	23.29
西城墙	里氏硬度（HL）	420.3	254.2	426.5
	抗压强度（MPa）	10.19	2.07	7.08
	超声波传播速度（m/s）	1041.3	976.5	1195.8
	毛细吸水系数 [kg/($m^2 \cdot h^{0.5}$)]	37.45	33.47	43.9
北城墙	里氏硬度（HL）	426.4	324.1	431.2
	抗压强度（MPa）	4.4	3.68	8.44
	超声波传播速度（m/s）	1623	1790	1623
	毛细吸水系数 [kg/($m^2 \cdot h^{0.5}$)]	20.05	27.95	23.99

按照 2.2.3 中的评估方法，对表 2.3.6-1 中的数据进行整理分析，计算综合分析，得出以下结论。

1. 保存较好部分：城墙砖的里氏硬度由高到低为北城墙＞东城墙＞西城墙＞南城墙，总体而言里氏硬度较为接近；抗压强度由高到低为西城墙＞东城墙＞南城墙＞北城墙；超声波传播速度由快到慢为北城墙＞东城墙＞南城墙＞西城墙；毛细吸水系数由低到高为南城墙＜东城墙＜北城墙＜西城墙。

东城墙综合评估值：0.278×0.75+0.361×0.75+0.194×0.75+0.167×0.75=0.75

南城墙综合评估值：0.278×0.25+0.361×0.50+0.194×0.50+0.167×1=0.51

西城墙综合评估值：0.278×0.50+0.361×1+0.194×0.25+0.167×0.25=0.59

北城墙综合评估值：0.278×1+0.361×0.25+0.194×1+0.167×0.50=0.65

2. 风化程度较大的部分：城墙砖的里氏硬度由高到低为南城墙＞北城墙＞东城墙＞西城墙；抗压强度由高到低为北城墙＞南城墙＞西城墙＞东城墙；超声波传播速度由快到慢为北城墙＞西城墙＞东城墙＞南城墙；毛细吸水系数由低到高为南城墙＜北城墙＜东城墙＜西城墙。

东城墙综合评估值：0.278×0.50+0.361×0.25+0.194×0.50+0.167×0.50=0.41

南城墙综合评估值：0.278×1+0.361×0.75+0.194×0.25+0.167×1=0.76

西城墙综合评估值：0.278×0.25+0.361×0.50+0.194×0.75+0.167×0.25=0.44

北城墙综合评估值：0.278×0.75+0.361×1+0.194×1+0.167×0.75=0.89

3. 城墙修缮部分：城墙砖的里氏硬度由高到低为东城墙＞北城墙＞西城墙＞南城墙；抗压强度由高到低为东城墙＞北城墙＞西城墙＞南城墙；超声波传播速度由快到慢为北城墙＞西城墙＞东城墙＞南城墙；毛细吸水系数由低到高为南城墙＜北城墙＜东城墙＜西城墙。

东城墙综合评估值：$0.278 \times 1 + 0.361 \times 1 + 0.194 \times 0.50 + 0.167 \times 0.50 = 0.82$

南城墙综合评估值：$0.278 \times 0.25 + 0.361 \times 0.25 + 0.194 \times 0.25 + 0.167 \times 1 = 0.38$

西城墙综合评估值：$0.278 \times 0.50 + 0.361 \times 0.50 + 0.194 \times 0.75 + 0.167 \times 0.25 = 0.51$

北城墙综合评估值：$0.278 \times 0.75 + 0.361 \times 0.75 + 0.194 \times 1 + 0.167 \times 0.75 = 0.80$

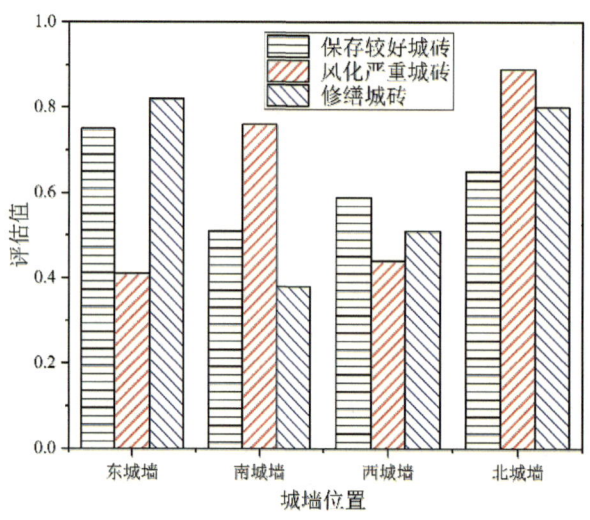

图 2.3.6-1　各城墙保存较好部分、风化较大部分、修缮部分综合评估值

由图 2.3.6-1 可得出以下结论。

1. 东城墙保存较好城砖综合评估值最高，说明东城墙保存较好的城砖综合保存状况最好，出现这种情况的原因可能有两种：一是历史上进行过多次城墙的修缮，东城墙相对南城墙而言在多次的修缮过程中明朝遗留下来的城砖较少，保存较好的城砖实质为较早期的修缮砖，而南城墙保留较好的城砖为明朝遗留下来的城砖，东城墙城砖经受自然风化的时间远远小于南城墙城砖；二是东城门南东城墙紧靠绿化带，城墙整体保存状况较差，但东城门北东城墙周边无绿化带，城砖风化程度较小，整体保存状况较好，东城墙的评估值是综合考虑整个东城墙的结果。

2. 北城墙和南城墙风化严重城砖的综合评估值远远高于西城墙和东城墙，说明东、西城墙的风化程度远远高于南、北城墙。这与现场检测所得出的结论相一致，出现这种情况的原因主要为：南城墙和北城墙周围没有绿化带，而东、西城墙周围的绿化带直接紧靠城墙建设。绿化带中的植物灌溉为城墙水的毛细迁移作用提供了源源不断的水分，水分的化学作用（溶蚀）和物理作用（冻融循环、可溶盐结晶、动植物作用）对城墙造成了巨大的破坏，因此东、西城墙的风化程度远远高于南、北城墙。

3. 东城墙和北城墙的综合评估值远远高于西城墙和南城墙，这是因为东城墙和北城墙经历修缮不久,因此修缮砖的保存状况较好,而南城墙的风化作用较弱,因此城墙修缮砖年代久远,经历了长期的自然风化,因此保存状况比新修缮的东、北城墙要差。

综上所述,城墙风化是自然因素与人为因素共同作用的结果,其中绿化带直接紧靠城墙建设可能会对城墙带来不利影响,因此可以考虑城墙与绿化带之间设置隔离带,对城墙风化严重区域进行修缮。

四、北城墙渠道对北城墙的影响

(一)北城墙渠道保存现状

距离北城墙 3.5 米处有一条废弃的渠道,保存现状如图 2.4.1-1 所示。从现场检测得知:

1. 渠道底部宽度为 3.6 米,上部宽度为 6 米,渠道深度为 2 米,渠道距城墙的距离为 3.5 米。

图 2.4.1-1 北城墙渠道保存现状

2. 由于渠道常年断水,渠道被当地居民修的墙截为两段,已经长期失去了原有的作用。

3. 渠道内存在大量生活垃圾,影响美观,污染环境。

4. 渠道与城墙之间的土壤属于沙质土壤,强度较低。渠道未采取任何防渗措施,渠道通过土体直接与城墙相连。如果渠道恢复输水,水会通过土壤的毛细作用源源不断渗透至城墙,通过冻融循环、可溶盐结晶膨胀、植物生长等作用造成墙体的破坏。

(二)北城墙与渠道间土体渗透率的测定

尽管目前渠道属于干涸状态,一旦渠道恢复供水,或者雨雪降水、生活排水等汇至低洼的渠道,水会通过土体的毛细作用渗透至城墙表面。渠道的渗水会对城墙造成以下不利的影响:

(1)渠道水的渗透易造成城墙地基结构的破坏。渠道水不断渗透到城墙地基土体中,秋冬季节随着气温降低,地基中的水结冰膨胀,体积增加,并且向外挤压,导致地基升高;春夏季节气温升高,地基中的冰消融体积收缩,导致地基下降,周而复始导致城墙变形,严重时出现裂缝,威胁城墙整体安全。

(2)渠道水加重了城墙地基的湿度,造成土体含水率增加、土体松软、承载力下降。

(3)渠道水加重了城墙表面的泛碱。渠道水为可溶盐的迁移提供了源源不断的水分,水分携带土体中的可溶盐离子通过毛细作用，进入砖体的缝隙中，当温度升高时，孔隙中的水分不断蒸发，使盐分浓度增大，当达到饱和浓度时，可溶盐开始结晶，结晶时体积增大，对结晶体周围微孔结构产生压力，形成新的裂隙。当气温降低时，盐晶体吸收水分重新溶解变成盐溶液，渗入砖体内部，并将沿途的盐溶解，渗入新生的裂隙中。如此反复进行，形成泛碱，使砖体内部裂隙不断扩大，直至表面破坏。

（4）渠道受自然风化因素影响，加重了渗水程度。

因此测定渠道周围土体的渗透系数对评定渠道水对城墙的影响至关重要。对渠道周围土体进行取样，实验室采用常水头试验法进行土体渗透系数测试，进行土体渗透系数评定。

1. 常水头试验法试验原理

常水头试验法就是在整个试验过程中保持水头为一常数，从而水头差也为常数。采用自制的土体渗透系数测定仪对土体进行测定，土体渗透系数测定装置由卡斯特量瓶、色谱柱、量筒组成，测定仪如图 2.4.2-2 所示：

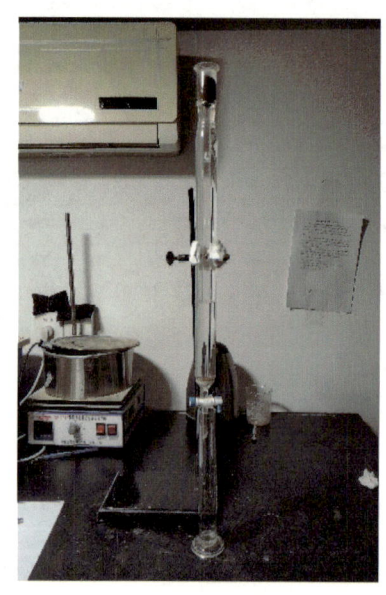
a. 装置整体图

b. 装置顶部

c. 装置尾部

图 2.4.2-2　土体渗透系数测定装置图

试验时，填充土体的横截面为 A，长度为 L，打开色谱柱水阀，使水自上而下流经试样，并自出水口处排出，同时需不断补充土体上方液面与卡斯特量瓶顶端持平。水头差 $\triangle h$ 为土体底端与液面的高度差，待水头差和渗出流量 Q 稳定后，量测经过一定时间 t 内流经试样的水量 V，则：

$$V = Q \times t = v \times A \times t \qquad (公式1)$$

根据达西定律，$v = k \times i$，则：

$$V = k \times (\triangle h/L) \times A \times t \qquad (公式2)$$

由公式1和公式2可得出土体的渗透系数k为：

$$k = q \times L / A \times \triangle h = Q \times L / (A \times \triangle h) \qquad (公式3)$$

土体的渗透性分类如表2.4.2-1所示：

表2.4.2-1 土的渗透性分类

透水程度	高渗透性	中渗透性	低渗透性	极低渗透性	实际不透水
渗透系数K（cm/s）	>10^{-1}	10^{-1}～10^{-3}	10^{-3}～10^{-5}	10^{-5}～10^{-7}	<10^{-7}

2. 常水头试验法测试方法

（1）按图2.4-2a组装好仪器。向装置中注入去离子水，使液面与色谱柱顶端齐平。

（2）将现场检测取回的土样置入卡斯特量瓶中，如图2.4-2b所示，保持土样的高度为2.5厘米，土样直径为3厘米。

（3）向卡斯特量瓶中加去离子水，卡斯特量瓶中的去离子水高于土样液面1.5厘米。

（4）调节色谱柱下端的旋钮，使色谱柱中的液体滴入量筒中，控制色谱柱中的液面始终与土样底端齐平。

（5）重复（3）（4）步骤，实验过程稳定后开始记录30分钟内滴入量筒中的水量。

通过上述的测试方法，30分钟内滴入量筒中的水量为16.5毫升。实验测试结果如表2.4.2-2所示。

表2.4.2-2 常水头试验法测试结果

测试指标	水量V（ml）	时间t（s）	横截面A（cm²）	土体长度L（cm）	水头差 $\triangle h$（cm）
测试结果	16.5	1800	7.065	2.5cm	4cm

根据达西定律，$v = k \times i$，则 $V = k \times (\triangle h/L) \times A \times t$，从而得出：

$$k = V \times L / (\triangle h \times A \times t) = 16.5 \times 2.5 / (4 \times 7.065 \times 1800) = 8.11 \times 10^{-4} \ (cm/s)$$

因此，北城墙与渠道间土体属于低渗透性土体。

尽管土体属于低渗透性土体，但是不具有阻水作用，一旦渠道恢复供水，水依然会通过土体的毛细作用渗透至城墙表面，对城墙造成上述不利影响。即使渠道不恢复供水，雨雪降水、生活排水容易等汇至低洼的渠道，依然会通过渗透作用影响城墙，并且渠道不恢复供水渠道也就失去了原有的作用，还容易导致生活垃圾等在渠道内汇集，对城墙周围环境带来不利影响。

综上所述，无论渠道是否供水，都会对城墙造成不利影响，并且恢复供水会对城墙造成更大破坏，因此可考虑将城墙周围渠道环境进行综合治理。

五、墙体原材料、原工艺研究

（一）城墙砌筑工艺

宛平城城墙东西长 640 米，南北长 320 米，为四面封闭的砖石土混合结构。东西面城墙设拱券城门并辅有瓮城，南北面城墙在两端各设有一处角楼，中间各有三处敌台，敌台上均设有铺房，现有瓮城、城楼均为后期复建。城墙四周外侧有垛口、望孔，下有射眼。

1. 城墙表面结构

宛平城城墙表面整体结构如图 2.5.1-1a 所示。城墙由底部向上收分，底部为两层条石，高度在 0.6～0.8 米，如图 2.5.1-1b 所示；城墙中部为砖墙部分，砖为烧结黏土青砖，石灰灰浆勾缝，砖墙部分高约 6.38 米，如图 2.5.1-1c 所示；垛子高约 1.9 米，其中垛口高约 0.9 米，宽约 0.75 米。城墙顶部海墁宽约 6.38 米。南北城墙敌台的结构尺寸示意图如图 2.5.1-2 所示。敌台长约 13.86 米，凸出城墙 3.2 米。

城墙包砖的坚固程度取决于砖块之间是否有牢固的相互拉结，以及砖块的摆放方式。由图 2.5.1-1c 和 2.5.1-1d 可知宛平城城墙采用"梅花丁"砌筑方式，亦称为顺丁相间式砌法，即每一层砖都有顺有丁，上下层又顺丁交错，每层中丁砖与顺砖相隔，上层丁砖坐中于下层顺砖，上下层间竖缝相互错开约 1/4 砖长，这种砌法内外竖缝每层上下都能错开，可有效提高整体安全性。如果砖墙表层全用顺砖，则表层砖块与内部砖块无法可靠拉结，极易形成"两层皮"。而全部采用"丁"砖砌筑，则会增大灰缝面积。顺丁相间式砌法比全"丁"砌法大约可以减少 23% 的砖缝面积，可以有效地减少雨水的侵入，梅花丁的砌法难度最大，但是墙体强度最高。

a. 城墙整体图

b. 条石局部图

图 2.5.1-1 城墙表面结构（1）

第二章　宛平城弹坑遗址保存现状及城墙各面保存现状评估

c. 城墙局部图

d. 垛子局部图

e. 海墁局部图

图 2.5.1-1　城墙表面结构（2）

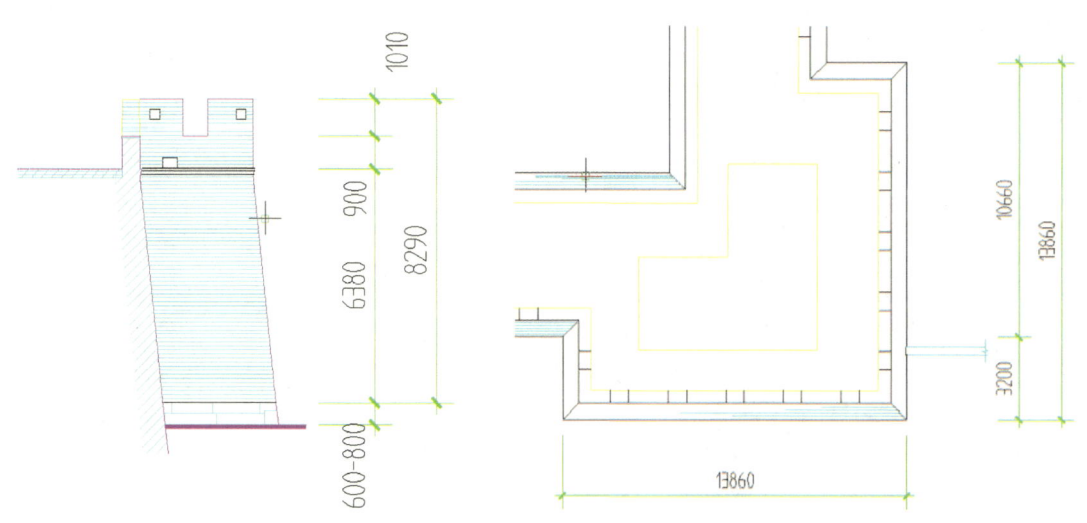

a. 敌台侧立面示意图　　　　　　　b. 敌台上立面示意图

图 2.5.1-2　敌台结构示意图

宛平城城墙从墙基开始逐层向内收分，北京市古代建筑研究所曾采用吊坠法，通过测量砖墙上部、中部以及下部各部位距吊线的距离 h1、h2、h3，得出城墙外侧墙面的倾斜程度约为 9%，如图 2.5.1-3 所示。

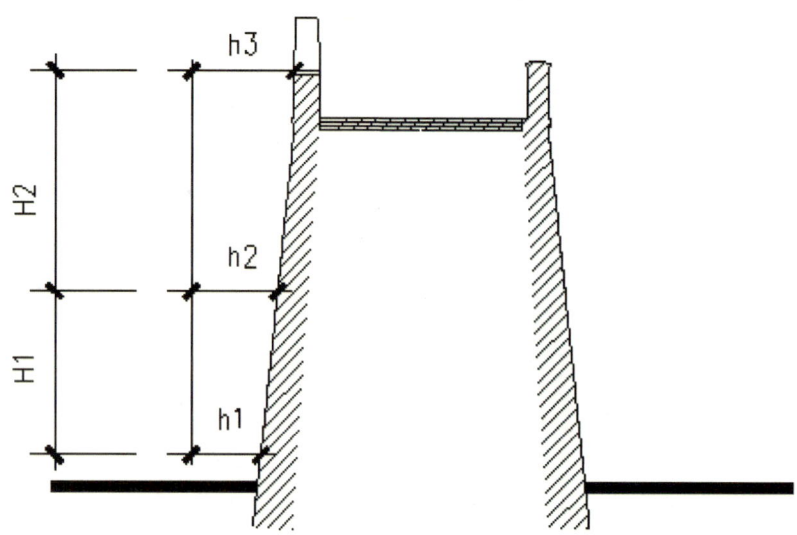

图 2.5.1-3　墙体倾斜测量示意图

2. 城墙内部结构

由图 2.5.1-4a 可见，宛平城城墙为典型的夯土包砖结构，内部夯土墙的制作方式大体上是两边插好木板或其他材质的模具，再用松土填充，夯实后形成墙体。通过测量得城墙包砖的厚度约 1.1 米（图 2.5.1-4b）。由图 2.5.1-4d 可知，墙顶海墁 0.2 米内有两层砌砖，每层砖的厚度约 8 厘米，砌砖之间有 3 厘米厚的白灰浆，两层砌砖下方即夯土层。

a. 城墙内部整体结构　　　　　　　　　b. 城墙包砖厚度测量

图 2.5.1-4　城墙内部结构（1）

c. 内部夯土形貌　　　　　　　　　　　　d. 城墙顶部内部结构

图 2.5.1-4　城墙内部结构（2）

按包砖的先后砌墙可分为同筑包砖城墙及后包砖城墙两种情况，这两种情况城墙包砖的砌法也不相同，分别是同砌及贴砌（表砌）。同砌是与夯土筑城同时砌筑外层包砖砌体。在夯土筑城的过程中，砖墙的作用类似挡土墙、起板的作用。基于这个原理，同砌的包砖墙截面底部厚度较大，上部较薄，截面厚度尺寸变化较大，呈上窄下宽的正梯形；贴砌是对已有夯土墙包砖，砌体贴砌于原来墙体的表面。相对夯土芯墙的厚度来说，包砖的砌体厚度不大，并且上下厚度相同或者相近，内表面与原墙体收分坡度相同或相近，与夯土芯墙靠实，这些包砌的砌体依附于夯土部分。通过现场检测，宛平城包砖墙的截面尺寸变化不大，因此属于贴砌做法。

为了进一步了解城墙的内部构造，北京市古代建筑研究所曾采用水钻低速对城墙墙体进行了钻孔探查，探查结果如图 2.5.1-5 所示。通过钻孔发现，原城墙砖墙厚度约为 1.1 米，再往里即夯土；海墁则为两层青砖，青砖之间为白灰浆，青砖下面为夯土。钻孔探查结果与图 2.5.1-4 记录结果相一致，相互佐证。

图 2.5.1-5　钻孔探查结果（上图为垂直钻孔结果，下图为水平钻孔结果）

3. 城墙地基结构

通过局部开挖调查城墙地基结构，现场开挖后的照片如图 2.5.1-6 所示，并绘制地基结构示意图如图 2.5.1-7 所示。

墙体基础为条石基础，条石地面以上约 880 毫米，地面以下约 1760 毫米，条石基础下方有厚度约为 285 毫米的黄土垫层，黄土垫层下方仍有约 435 毫米的条石，再下方为约 200 毫米的灰土垫层，灰土垫层从条石外放脚约 1250 毫米。

图 2.5.1-6 现场开挖照片

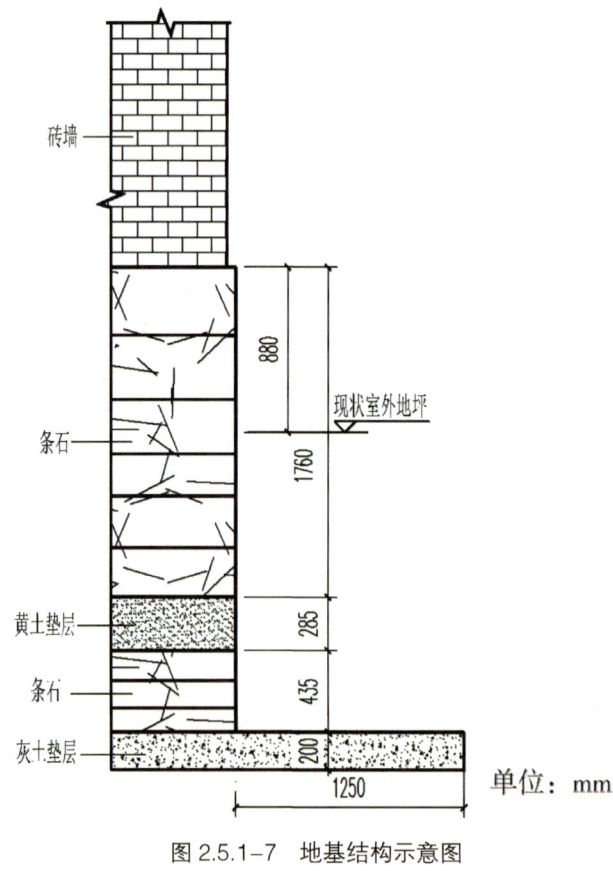

图 2.5.1-7 地基结构示意图

4. 小结

（1）获得宛平城城墙的表面结构、内部结构和地基结构，以及各组成部分的具体样貌及尺寸。

（2）宛平城墙砖为贴砌做法，表面城砖采用"梅花丁"砌法，墙顶海墁0.2m内有两层砌砖，砌砖之间有白灰浆，城墙内部为夯土，为典型的夯土包砖结构。

（3）城墙外侧墙面的收分约9%。

（二）成分分析

XRD 测试

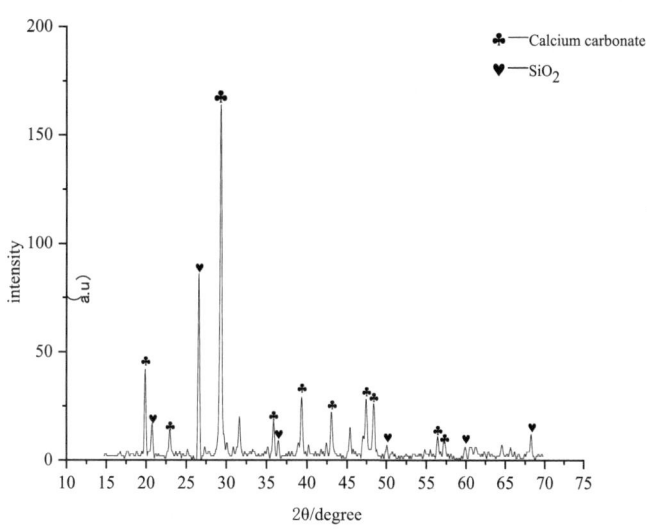

图 2.5.2-1 东城墙南立面 ESM 区域原灰浆 XRD 图

XRD 测试结果显示，宛平城城墙原灰浆的主要成分有大量的 $CaCO_3$ 矿物，较多的 SiO_2 和少量杂质，$CaCO_3$ 由 $Ca(OH)_2$ 发生碳化反应生成，可初步推断原灰浆所用原料为石灰和少量的石英类骨料。

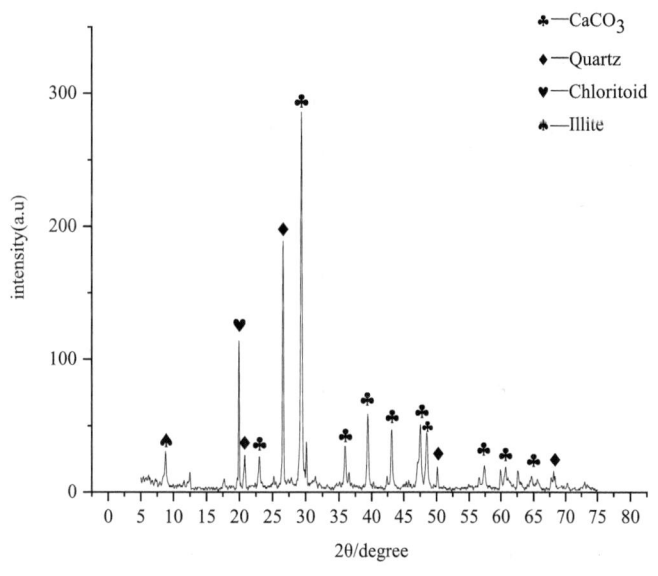

图 2.5.2-2 东城墙南立面 ESM 区域修缮灰浆 XRD 图

由 XRD 分析结果可见，宛平城城墙 ESM 区域的修缮灰浆中，有大量的碳酸钙矿物成分，另外还有一定量的石英，少量的伊利石和硬绿泥石，可初步推断修缮灰浆的主要原料为水泥或石灰。

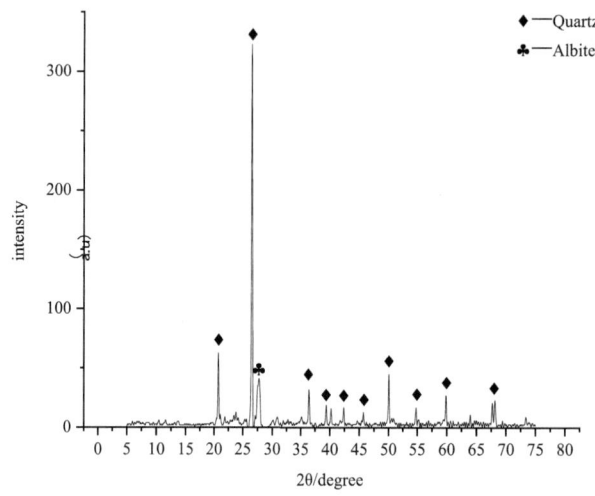

图 2.5.2-3　东城墙南立面 ESM 区域原砖 XRD 图

由 XRD 分析结果可见，宛平城城墙 ESM 区域原砖的主要成分中含有大量的石英晶体和少量钠长石，其他杂质较少。

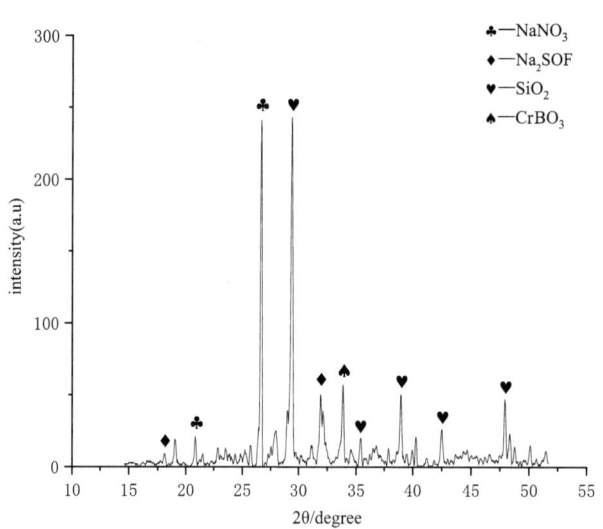

图 2.5.2-4　东城墙南立面 ES2 区域泛碱 XRD 图

由 XRD 分析结果可见，泛碱样品主要成分中有 SiO_2，说明在取样过程中掺入了部分砖粉，其他晶相有 Na_2SO_4、$NaNO_3$、少量的 $CrBO_3$，这些晶相组成了该泛碱样品的主要成分。

（三）力学性能分析

1. 抗折强度测试

采用 LETRY 型电子万能试验机测试各试件断裂时的载荷，进而通过公式计算出试件的抗折强度。

表 2.5.3-1　试件抗折强度

取样编号	抗折载荷（N）	抗折强度（MPa）
E-1	1101	0.65
E-2	890	0.52
E-3	975	0.57
N-1	1352	0.79
N-2	1868	1.09
N-3	1047	0.61
S-1	1093	0.64
S-2	1338	0.78
W-1	799	0.47
W-2	1544	0.90

2. 抗压强度测试

采用 LETRY 型电子万能试验机进行测试，测得试件破碎时所承受的极限载荷，再根据抗压强度公式计算抗压强度。

表 2.5.3-2　试件抗压强度

取样编号	抗压载荷（N）	抗压强度（MPa）
E-1	6438	4.02
E-2	3266	2.04
E-3	5769	3.61
E-4	5103	3.19
N-1	5850	3.66
N-2	4936	3.09
N-3	6446	4.03
N-4	6213	3.88
S-1	3435	2.15
S-2	4003	2.50
S-3	7088	4.43
S-4	7590	4.74
W-1	3290	2.06
W-2	8794	5.50
W-3	2419	1.51

第三章

弹坑承载力分析

一、弹坑承载力分析方案

（一）城砖及灰浆强度的推定

参照标准《GB/T 50315-2011 砌体工程现场检测技术标准》，采用烧结砖回弹法和灰浆回弹法推定烧结砖、灰浆的强度。

（1）测砖回弹仪的回弹值与抗压强度的换算：

$$f_1 = 2\times10^{-2}R^2 - 0.45R + 1.25 \qquad \text{（公式 1）}$$

式中：

f_1——抗压强度换算值；

R——测量的回弹值。

$$\bar{x} = \frac{1}{n}\sum_{i=1}^{n}f_i \qquad \text{（公式 2）}$$

$$s = \sqrt{\frac{\sum_{i=1}^{n}(\bar{x}-f_i)^2}{n-1}} \qquad \text{（公式 3）}$$

$$\delta = \frac{s}{\bar{x}} \qquad \text{（公式 4）}$$

式中：

$\bar{x}$——同一检测单元的强度平均值（MPa）；

n——同一检测单元发的测区数；

s——同一检测单元计算的强度标准差（MPa）；

δ——同一检测单元的强度变异系数。

（2）灰浆回弹值的推定公式：

$$f_2 = 6.34\times10^{-5}R^{3.60} \qquad \text{（公式 5）}$$

式中：

f_2——抗压强度换算值；

R——测量的回弹值。

$$\bar{x} = \frac{1}{n}\sum_{i=1}^{n} f_i \quad\quad\quad （公式6）$$

$$s = \sqrt{\frac{\sum_{i=1}^{n}(\bar{x}-f_i)^2}{n-1}} \quad\quad\quad （公式7）$$

$$\delta = \frac{s}{\bar{x}} \times 100\% \quad\quad\quad （公式8）$$

式中：

$\bar{x}$——同一检测单元的强度平均值（MPa）；

n——同一检测单元发的测区数；

s——同一检测单元计算的强度标准差（MPa）；

δ——同一检测单元的强度变异系数。

变异系数 $\delta \leq 25\%$ 时，灰浆匀质性较好；变异系数 $25\% < \delta < 40\%$ 时，灰浆匀质性一般；变异系数 $\delta > 40\%$ 时，灰浆匀质性差。

（二）砌体强度的推定

根据《GB50003-2011 砌体结构设计规范》，推断出砌体强度平均值。

1. 抗压强度的推测

砌体轴心抗压强度平均值

$$f_k = k_1 f_1^{\alpha}(1 + 0.07 f_2) k_2 \quad\quad\quad （公式9）$$

烧结普通砖 $k_1=0.78$，$\alpha=0.5$，当 $f_2<1$ 时，$k_2=0.6+0.4f_2$；当 $f_2 \geq 1$ 时，$k_2=1$。

2. 抗弯强度

$$f_{tm} = k_4 \sqrt{f_2} \quad\quad\quad （公式10）$$

烧结普通砖沿齿缝 $k_4=0.250$。

3. 抗剪强度

$$f_v = k_5\sqrt{f_2} \quad \text{(公式11)}$$

烧结普通砖 $k_5=0.125$。

(三) 弹坑安全状况的评估

弹坑安全状况的评估步骤如下：

1.通过测弹坑周围青砖及灰浆的回弹强度，推断出青砖灰浆的抗压强度，进而推断出砌体的抗压、抗弯、抗剪强度。

2.根据弹坑所在的位置，根据 $P=\rho gh$ 计算出弹坑位置上方的砖施加给弹坑的压强。由于上部墙体使弹坑产生压应力、弯曲应力和剪切应力，因此需校验每一个弹坑周围砌体的抗压强度、抗弯强度和抗剪强度是否符合安全标准。

3.强度的校验

(1) 抗压强度的校验

如果公式12成立，则抗压强度校验安全；反之，则不安全。其中 γ 为砌体局部抗压强度提高系数。

$$P \leq \gamma f_k \quad \text{(公式12)}$$

$$\gamma = 1 + 0.35\sqrt{\frac{A_0}{A_l} - 1} \quad \text{(公式13)}$$

式中：

A_0——城砖的上表面积；

A_l——城砖单独承压的面积。

(2) 抗弯强度的校验

如果公式14成立，则抗剪强度校验安全；反之，则不安全。其中 γ 为砌体局部抗压强度提高系数。

$$P \leq \frac{f_v z}{b} \quad \text{(公式14)}$$

式中：

f_v——砌体的抗剪强度计算值；

b——城砖单独承压部分的深度；

z——内力臂，z=2/3h（h 为城砖高度）。

（3）抗剪强度的校验

如果公式 15 成立，则抗剪强度校验安全；反之，则不安全。其中 γ 为砌体局部抗压强度提高系数。

$$P \leq f_v + \alpha\mu P \qquad （公式15）$$

$$\mu = 0.26 - 0.082\frac{P}{f_k} \qquad （公式16）$$

式中：

f_v——砌体的抗剪强度计算值；

μ——剪压复合受力影响系数；

α——修正系数，砖砌体取 α=0.60。

（四）宛平城砖砌体的基本性能参数

参考标准《GB/T2542-2012 砌墙砖试验方法》及《WW/T0049-2014 文物建筑维修基本材料 青砖》对宛平城各城墙砖砌体的饱和含水率、开放孔隙率、吸水率、干燥表观密度、湿密度、视密度进行测量。

1. 试验仪器

（1）电热鼓风恒温干燥箱；

（2）台秤，精度为 1g；

（3）蒸煮箱。

2. 试验步骤

（1）将试样置于 105℃±5℃电热鼓风恒温干燥箱中干燥至恒重，称其干质量记作 m_1。

（2）将干燥青砖浸于水温 10℃～30℃的水中 24h 后，取出青砖，用湿毛巾拭去表面水分，立即称量。称量时，青砖表面毛细孔渗出至秤盘中的水质量，亦应计入吸水质量中，所得质量为浸泡 24h 的湿质量 m_2。

（3）将样品浸入去离子水中，放入真空抽取计中进行抽真空，直到没有气泡产生为止，将饱水的样品放入密度仪的测量台上称重，称其质量 m_3。

（4）将饱水的样品放入密度仪的水槽中称其质量 m_4。

3. 数据处理

饱和含水率按下式计算：

$$W = \frac{m_3 - m_1}{m_1} \times 100\%$$

开放孔隙率 P_0 按下式计算：

$$P_0 = \frac{m_3 - m_1}{m_3 - m_4} \times 100\%$$

吸水率按下式计算：

$$\omega = \frac{m_2 - m_1}{m_1} \times 100\%$$

干燥表观密度按下式计算：

$$\rho_1 = \frac{m_1}{m_3 - m_4} \times \rho_水$$

湿密度按下式计算：

$$\rho_2 = \frac{m_3}{m_3 - m_4} \times \rho_水$$

视密度按下式计算：

$$\rho_3 = \frac{m_1}{m_1 - m_4} \times \rho_水$$

干燥表观密度是指砖样在干燥状态下的表观密度，包含砖样中气孔的密度；湿密度是指砖样完全浸水后的表观密度，测试时理论上砖样中的气孔完全被水占据；视密度是指在干燥状态下，砖样有效成分的实际密度，不包含砖样中气孔的密度。

经实验室检测分析得到各城墙砖砌体的基本物理性能如表 3.1.1 和表 3.1.2 所示。虽然从各城墙取样试样的大小各不相同，但是各城墙砖砌体的密度基本一致。

表 3.1.1　各城墙砖砌体取样试样的测试结果

样品	干燥质量 m_1（g）	湿质量 m_2（g）	饱水质量 m_3（g）	水槽中质量 m_4（g）
东城墙	18.2225	21.5401	22.6316	11.2988
北城墙	23.8522	28.0083	29.4811	14.7966
南城墙	28.7479	33.6233	35.5274	17.8293
西城墙	37.6752	43.9625	46.4283	23.1968

表 3.1.2　各城墙砖砌体物理性能计算结果

样品	干燥表观密度（g/cm³）	湿密度（g/cm³）	视密度（g/cm³）	常压吸水率（%）	饱和含水率（%）	开放孔隙率（%）
东城墙	1.61	2.00	2.63	0.18	0.24	0.39
北城墙	1.62	2.01	2.63	0.17	0.24	0.38
南城墙	1.62	2.01	2.63	0.17	0.24	0.38
西城墙	1.62	2.00	2.60	0.17	0.23	0.38

二、东侧城墙弹坑受力分析

（一）城门南马面弹坑

东侧城墙城门南马面弹坑位于马面中上部，弹坑顶部距城墙顶部高度 2.53m，弹坑长 1.70m，高 1.84m，深 0.93m，弹坑整体及局部照片如图 3.2.1 所示。

图 3.2.1　弹坑所在位置整体图（左图）及弹坑局部图（右图）

1. 城墙砖及灰浆强度的推定

（1）弹坑周围城墙砖抗压强度的推定

现场检测得到弹坑周围城墙砖的回弹值及代入公式 1 计算得到弹坑周围城墙砖的抗压强度如表 3.2.1-1 所示。

表 3.2.1-1　弹坑周围城墙砖的回弹值与其抗压强度的对应关系

回弹值	30	28	27	29	27	28	28	22	23	30
抗压强度（MPa）	5.75	4.33	3.68	5.02	3.68	4.33	4.33	1.03	1.48	5.75

将表 3.2.1-1 中计算得到的抗压强度代入公式 2、公式 3、公式 4 计算得到弹坑周围城墙砖抗压强度平均值、标准差和变异系数如表 3.2.1-2 所示。

表 3.2.1-2　弹坑周围城墙砖抗压强度平均值、标准差和变异系数

抗压强度平均值 f_1（MPa）	抗压强度标准差 s（MPa）	抗压强度变异系数 δ
3.94	1.59	0.40

（2）弹坑周围灰浆抗压强度的推定

现场检测得到弹坑周围灰浆的回弹值及代入公式 5 计算得到弹坑周围灰浆的抗压强度如表 3.2.1-3 所示。

表 3.2.1-3　弹坑周围灰浆的回弹值与其抗压强度的对应关系

回弹值	28	20	13	24	21	19	22	25	20	21
抗压强度（MPa）	10.28	3.06	0.65	5.90	3.65	2.54	4.31	6.83	3.06	3.65

将表 3.2.1-3 中计算得到的抗压强度代入公式 6、公式 7、公式 8 计算得到弹坑周围灰浆抗压强度平均值、标准差和变异系数如表 3.2.1-4 所示。

表 3.2.1-4　弹坑周围灰浆抗压强度平均值、标准差和变异系数

抗压强度平均值 f_2（MPa）	抗压强度标准差 s（MPa）	抗压强度变异系数 δ
4.39	2.69	0.61

灰浆的变异系数为 0.61，大于 40%，说明灰浆的匀质性较差。

2. 砌体强度的推定

将表 3.2.1-4 中得到的弹坑周围城墙砖和灰浆强度代入公式 9、公式 10、公式 11 计算得到弹坑周围砌体抗压强度、抗弯强度和抗剪强度，如表 3.2.1-5 所示。

（1）抗压强度的推定

砌体轴心抗压强度平均值

$$f_k = k_1 f_1^{\alpha}(1+0.07f_2)k_2 = 0.78 \times 3.94^{0.5} \times (1+0.07 \times 4.39) \times 1 = 2.02 \text{MPa}$$

烧结普通砖 k_1=0.78，α=0.5，当 f_2<1 时，k_2=0.6+0.4f_2；当 f_2≥1 时，k_2=1。

（2）抗弯强度

$$f_{tm} = k_4\sqrt{f_2} = 0.250 \times 4.39^{0.5} = 0.52 \text{MPa}$$

烧结普通砖沿齿缝 $k_4=0.250$。

（3）抗剪强度

$$f_v = k_5\sqrt{f_2} = 0.125 \times 4.39^{0.5} = 0.26 \text{MPa}$$

烧结普通砖 $k_5=0.125$。

表 3.2.1-5　弹坑周围砌体抗压强度、抗弯强度和抗剪强度

抗压强度 f_k（MPa）	抗弯强度 f_{tm}（MPa）	抗剪强度 f_v（MPa）
2.02	0.52	0.26

3. 弹坑安全状况的评估

根据 3.1.3 中的内容对弹坑的安全状况进行评估。

（1）弹坑位置上方的砖施加给弹坑的压强

$$P = \rho gh = 1.61 \times 10^3 \times 9.8 \times 2.53 = 39918.34 \text{Pa} \approx 0.0399 \text{MPa}$$

（2）强度的校验

①抗压强度的校验

$$\gamma = 1 + 0.35\sqrt{\frac{A_0}{A_l} - 1} = 1 + 0.35\sqrt{\frac{20}{16} - 1} = 1.18$$

$$P = 0.0399 \text{MPa} < \gamma f_k = 1.18 \times 2.02 = 2.38 \text{ MPa}$$

因此抗压强度校验安全。

②抗弯强度的校验

$$P = 0.0399 \text{MPa} < \frac{f_v z}{b} = 0.26 \times 2/3 \times 0.1/0.04 = 0.43 \text{MPa}$$

因此抗弯强度校验安全。

③抗剪强度的校验

$$\mu = 0.26 - 0.082\frac{P}{f_k} = 0.26 - 0.082 \times 0.0399/2.02 = 0.26$$

$$P = 0.0399 \text{MPa} < f_v + \alpha\mu P = 0.26 + 0.6 \times 0.26 \times 0.0399 = 0.27 \text{MPa}$$

因此抗剪强度校验安全。

（二）城门南 2 号片区 1 号弹坑

东侧城墙城门南 2 号片区 1 号弹坑位于城墙中下部，弹坑顶部距城墙顶部高度 5.82 米，弹坑长 1.18 米，高 1.17 米，深 0.27 米，弹坑整体及局部照片如图 3.2.2 所示。

图 3.2.2　弹坑所在位置整体图（左图左下弹坑）及弹坑局部图（右图）

1. 城墙砖及灰浆强度的推定

（1）弹坑周围城墙砖抗压强度的推定

现场检测得到弹坑周围城墙砖的回弹值及代入公式 1 计算得到周围城墙砖的抗压强度如表 3.2.2-1 所示。

表 3.2.2-1　弹坑周围城墙砖的回弹值与其抗压强度的对应关系

回弹值	32.00	33.00	26.00	24.00	28.00	31.00	35.00	33.00	33.00	32.00
抗压强度（MPa）	7.33	8.18	3.07	1.97	4.33	6.52	10.00	8.18	8.18	7.33

将表 3.2.2-1 中计算得到的抗压强度代入公式 2、公式 3、公式 4 计算得到弹坑周围城墙砖抗压强度平均值、标准差和变异系数如表 3.2.2-2 所示。

表 3.2.2-2　弹坑周围城墙砖抗压强度平均值、标准差和变异系数

抗压强度平均值 f_1（MPa）	抗压强度标准差 s（MPa）	抗压强度变异系数 δ
6.51	2.56	0.39

（2）弹坑周围灰浆抗压强度的推定

现场检测得到弹坑周围灰浆的回弹值及代入公式 5 计算得到弹坑周围灰浆的抗压强度如表 3.2.2-3 所示。

表 3.2.2-3　弹坑周围灰浆的回弹值与其抗压强度的对应关系

回弹值	29.00	22.00	31.00	32.00	31.00	16.00	32.00	30.00	27.00	30.00
抗压强度（MPa）	11.66	4.31	14.82	16.62	14.82	1.37	16.62	13.17	9.02	13.17

将表 3.2.2-3 中计算得到的抗压强度代入公式 6、公式 7、公式 8 计算得到弹坑周围灰浆抗压强度平均值、标准差和变异系数如表 3.2.2-4 所示。

表 3.2.2-4　弹坑周围灰浆抗压强度平均值、标准差和变异系数

抗压强度平均值 f_2（MPa）	抗压强度标准差 s（MPa）	抗压强度变异系数 δ
12.45	3.81	0.31

灰浆的变异系数为 0.31，介于 25%～40%，说明灰浆的匀质性一般。

2. 砌体强度的推定

将表 3.2.2.1 中得到的弹坑周围城墙砖和灰浆强度代入公式 9、公式 10、公式 11 计算得到弹坑周围砌体抗压强度、抗弯强度和抗剪强度，如表 3.2.2-5 所示。

（1）抗压强度的推定

砌体轴心抗压强度平均值

$$f_k = k_1 f_1^{\alpha}(1+0.07f_2)k_2 = 0.78 \times 6.51^{0.5} \times (1+0.07 \times 12.45) \times 1 = 3.72 \text{MPa}$$

烧结普通砖 k_1=0.78，α=0.5，当 f_2<1 时，k_2=0.6+0.4f_2，当 $f_2 \geq 1$ 时，k_2=1。

（2）抗弯强度

$$f_{tm} = k_4 \sqrt{f_2} = 0.250 \times 12.45^{0.5} = 0.88 \text{MPa}$$

烧结普通砖沿齿缝 k_4=0.250。

（3）抗剪强度

$$f_v = k_5\sqrt{f_2} = 0.125 \times 12.45^{0.5} = 0.44 \text{MPa}$$

烧结普通砖 k_5=0.125。

表 3.2.2-5　弹坑周围砌体抗压强度、抗弯强度和抗剪强度

抗压强度 f_k（MPa）	抗弯强度 f_{tm}（MPa）	抗剪强度 f_v（MPa）
3.72	0.88	0.44

3. 弹坑安全状况的评估

根据 3.1.3 中的内容对弹坑的安全状况进行评估。

（1）弹坑位置上方的砖施加给弹坑的压强

$$P = \rho g h = 1.61 \times 10^3 \times 9.8 \times 5.82 = 91827.96 \text{Pa} \approx 0.0918 \text{MPa}$$

（2）强度的校验

①抗压强度的校验

$$\gamma = 1 + 0.35\sqrt{\frac{A_0}{A_l} - 1} = 1 + 0.35\sqrt{\frac{20}{9} - 1} = 1.39$$

$$P = 0.0918 \text{MPa} < \gamma f_k = 1.39 \times 3.72 = 5.17 \text{ MPa}$$

因此抗压强度校验安全。

②抗弯强度的校验

$$P = 0.0918 \text{MPa} < \frac{f_v z}{b} = 0.44 \times 2/3 \times 0.1/0.09 = 0.33 \text{MPa}$$

因此抗弯强度校验安全。

③抗剪强度的校验

$$\mu = 0.26 - 0.082\frac{P}{f_k} = 0.26 - 0.082 \times 0.0918/3.72 = 0.26$$

$$P=0.0918\text{MPa} < f_v + \alpha\mu P = 0.44 + 0.6 \times 0.26 \times 0.0918 = 0.46\text{MPa}$$

因此抗剪强度校验安全。

（三）城门南 2 号片区 2 号弹坑

东侧城墙城门南 2 号片区 2 号弹坑位于马面中上部，弹坑顶部距城墙顶部高度 3.49 米，弹坑长 1.10 米，高 1.00 米，深 0.40 米，弹坑整体及局部照片如图 3.2.3 所示。

图 3.2.3　弹坑所在位置整体图（左图右上弹坑）及弹坑局部图（右图）

1. 城墙砖及灰浆强度的推定

（1）弹坑周围城墙砖抗压强度的推定

现场检测得到弹坑周围城墙砖的回弹值及代入公式 1 计算得到弹坑周围城墙砖的抗压强度如表 3.2.3-1 所示。

表 3.2.3-1　弹坑周围城墙砖的回弹值与其抗压强度的对应关系

回弹值	28	27	29	27	28	30	32	30	30	27
抗压强度（MPa）	4.33	3.68	5.02	3.68	4.33	5.75	7.33	5.75	5.75	3.68

将表 3.2.3-1 中计算得到的抗压强度代入公式 2、公式 3、公式 4 计算得到弹坑周围城墙砖抗压强度平均值、标准差和变异系数如表 3.2.3-2 所示。

表 3.2.3-2　弹坑周围城墙砖抗压强度平均值、标准差和变异系数

抗压强度平均值 f_1（MPa）	抗压强度标准差 s（MPa）	抗压强度变异系数 δ
4.93	1.21	0.25

（2）弹坑周围灰浆抗压强度的推定

现场检测得到弹坑周围灰浆的回弹值及代入公式 5 计算得到弹坑周围灰浆的抗压强度如表 3.2.3-3 所示。

表 3.2.3-3　弹坑周围灰浆的回弹值与其抗压强度的对应关系

回弹值	18	24	17	22	24	18	15	20	18	19
抗压强度（MPa）	2.09	5.90	1.70	4.31	5.90	2.09	1.09	3.06	2.09	2.54

将表 3.2.3-3 中计算得到的抗压强度代入公式 6、公式 7、公式 8 计算得到弹坑周围灰浆抗压强度平均值、标准差和变异系数如表 3.2.3-4 所示。

表 3.2.3-4　弹坑周围灰浆抗压强度平均值、标准差和变异系数

抗压强度平均值 f_2（MPa）	抗压强度标准差 s（MPa）	抗压强度变异系数 δ
3.08	1.72	0.56

灰浆的变异系数为 0.56，大于 40%，说明灰浆的匀质性较差。

2. 砌体强度的推定

将表 3.2.3-1 中得到的弹坑周围城墙砖和灰浆强度代入公式 9、公式 10、公式 11 计算得到弹坑周围砌体抗压强度、抗弯强度和抗剪强度，如表 3.2.3-5 所示。

（1）抗压强度的推定

砌体轴心抗压强度平均值

$$f_k = k_1 f_1^{\alpha}(1+0.07 f_2) k_2 = 0.78 \times 4.93^{0.5} \times (1+0.07 \times 3.08) \times 1 = 2.11 \text{MPa}$$

烧结普通砖 $k_1=0.78$，$\alpha=0.5$，当 $f_2<1$ 时，$k_2=0.6+0.4 f_2$，当 $f_2 \geq 1$ 时，$k_2=1$。

（2）抗弯强度

$$f_{tm} = k_4 \sqrt{f_2} = 0.250 \times 3.08^{0.5} = 0.44 \text{MPa}$$

烧结普通砖沿齿缝 $k_4=0.250$。

（3）抗剪强度

$$f_v = k_5 \sqrt{f_2} = 0.125 \times 3.08^{0.5} = 0.22 \text{MPa}$$

烧结普通砖 $k_5=0.125$。

表 3.2.3-5　弹坑周围砌体抗压强度、抗弯强度和抗剪强度

抗压强度 f_k（MPa）	抗弯强度 f_{tm}（MPa）	抗剪强度 f_v（MPa）
2.11	0.44	0.22

3. 弹坑安全状况的评估

根据 3.1.3 中的内容对弹坑的安全状况进行评估。

（1）弹坑位置上方的砖砌加给弹坑的压强

$$P = \rho gh = 1.61 \times 10^3 \times 9.8 \times 3.49 = 55065.22 Pa \approx 0.0551 MPa$$

（2）强度的校验

①抗压强度的校验

$$\gamma = 1 + 0.35\sqrt{\frac{A_0}{A_l} - 1} = 1 + 0.35\sqrt{\frac{20}{7} - 1} = 1.48$$

$$P = 0.0551 MPa < \gamma f_k = 1.48 \times 2.11 = 3.11\ MPa$$

因此抗压强度校验安全。

②抗弯强度的校验

$$P = 0.0551 MPa < \frac{f_v z}{b} = 0.22 \times 2/3 \times 0.1/0.07 = 0.21 MPa$$

因此抗弯强度校验安全。

③抗剪强度的校验

$$\mu = 0.26 - 0.082\frac{P}{f_k} = 0.26 - 0.082 \times 0.0551/2.11 = 0.26$$

$$P = 0.0551 MPa < f_v + \alpha\mu P = 0.22 + 0.6 \times 0.26 \times 0.0551 = 0.23 MPa$$

因此抗剪强度校验安全。

（四）城门南 4 号片区 1 号弹坑

东侧城墙城门南 4 号片区 1 号弹坑位于马面上部，弹坑顶部距城墙顶部高度 2.67 米，弹坑长 3.55 米，高 2.02 米，深 0.21 米，弹坑整体及局部照片如图 3.2.4 所示。

图 3.2.4　弹坑所在位置整体图（左图）及弹坑局部图（右图）

1. 城墙砖及灰浆强度的推定

（1）弹坑周围城墙砖抗压强度的推定

现场检测得到弹坑周围城墙砖的回弹值及代入公式 1 计算得到弹坑周围城墙砖的抗压强度如表 3.2.4-1 所示。

表 3.2.4-1　弹坑周围城墙砖的回弹值与其抗压强度的对应关系

回弹值	38	37	37	42	33	33	38	33	36	35
抗压强度（MPa）	13.03	11.98	11.98	17.63	8.18	8.18	13.03	8.18	10.97	10.00

将表 3.2.4-1 中计算得到的抗压强度代入公式 2、公式 3、公式 4 得到弹坑周围城墙砖抗压强度平均值、标准差和变异系数如表 3.2.4-2 所示。

表 3.2.4-2　弹坑周围城墙砖抗压强度平均值、标准差和变异系数

抗压强度平均值 f_1（MPa）	抗压强度标准差 s（MPa）	抗压强度变异系数 δ
11.32	2.94	0.26

（2）弹坑周围灰浆抗压强度的推定

现场检测得到弹坑周围灰浆的回弹值及代入公式 5 计算得到弹坑周围灰浆的抗压强度如表 3.2.4-3 所示。

表 3.2.4-3　弹坑周围灰浆的回弹值与其抗压强度的对应关系

回弹值	12	18	16	11	16	14	22	16	12	13
抗压强度（MPa）	0.49	2.09	1.37	0.36	1.37	0.85	4.31	1.37	0.49	0.65

将表 3.2.4-3 中计算得到的抗压强度代入公式 6、公式 7、公式 8 计算得到弹坑周围灰浆抗压强度平均值、标准差和变异系数如表 3.2.4-4 所示。

表 3.2.4-4　弹坑周围灰浆抗压强度平均值、标准差和变异系数

抗压强度平均值 f_2（MPa）	抗压强度标准差 s（MPa）	抗压强度变异系数 δ
1.33	1.18	0.89

灰浆的变异系数为 0.89，大于 40%，说明灰浆的匀质性较差。

2. 砌体强度的推定

将表 3.2.4-1 中得到的弹坑周围城墙砖和灰浆强度代入公式 9、公式 10、公式 11 得到弹坑周围砌体抗压强度、抗弯强度和抗剪强度，如表 3.2.4-5 所示。

（1）抗压强度的推定

砌体轴心抗压强度平均值

$$f_k = k_1 f_1^{\alpha}(1+0.07 f_2) k_2 = 0.78 \times 11.32^{0.5} \times (1+0.07 \times 1.33) \times 1 = 2.87 \text{MPa}$$

烧结普通砖 $k_1=0.78$，$\alpha=0.5$，当 $f_2<1$ 时，$k_2=0.6+0.4 f_2$，当 $f_2 \geq 1$ 时，$k_2=1$。

（2）抗弯强度

$$f_{tm} = k_4 \sqrt{f_2} = 0.250 \times 1.33^{0.5} = 0.29 \text{MPa}$$

烧结普通砖沿齿缝 $k_4=0.250$。

（3）抗剪强度

$$f_v = k_5 \sqrt{f_2} = 0.125 \times 1.33^{0.5} = 0.14 \text{MPa}$$

烧结普通砖 $k_5=0.125$。

表 3.2.4-5　弹坑周围砌体抗压强度、抗弯强度和抗剪强度

抗压强度 f_k（MPa）	抗弯强度 f_{tm}（MPa）	抗剪强度 f_v（MPa）
2.87	0.29	0.14

3. 弹坑安全状况的评估

根据 3.1.3 中的内容对弹坑的安全状况进行评估。

（1）弹坑位置上方的砖施加给弹坑的压强

$$P = \rho g h = 1.61 \times 10^3 \times 9.8 \times 2.67 = 42127.26 \text{Pa} \approx 0.0421 \text{MPa}$$

（2）强度的校验

①抗压强度的校验

$$\gamma = 1 + 0.35\sqrt{\frac{A_0}{A_l} - 1} = 1 + 0.35\sqrt{\frac{20}{13} - 1} = 1.26$$

$$P = 0.0421 \text{MPa} < \gamma f_k = 1.26 \times 2.87 = 3.61 \text{ MPa}$$

因此抗压强度校验安全。

②抗弯强度的校验

$$P = 0.0421 \text{MPa} < \frac{f_v z}{b} = 0.14 \times 2/3 \times 0.1/0.13 = 0.07 \text{MPa}$$

因此抗弯强度校验安全。

③抗剪强度的校验

$$\mu = 0.26 - 0.082\frac{P}{f_k} = 0.26 - 0.082 \times 0.0421/2.87 = 0.26$$

$$P = 0.0421 \text{MPa} < f_v + \alpha\mu P = 0.14 + 0.6 \times 0.26 \times 0.0421 = 0.15 \text{MPa}$$

因此抗剪强度校验安全。

（五）城门南 8 号片区 1 号弹坑

东侧城墙城门南 8 号片区 1 号弹坑位于城墙上部，弹坑顶部距城墙顶部高度 2.13 米，弹坑长 3.10 米，高 2.10 米，深 0.20 米，弹坑整体及局部照片如图 3.2.5 所示。

图 3.2.5　弹坑所在位置整体图（左图）及弹坑局部图（右图）

1. 城墙砖及灰浆强度的推定

（1）弹坑周围城墙砖抗压强度的推定

现场检测得到弹坑周围城墙砖的回弹值及代入公式 1 计算得到弹坑周围城墙砖的抗压强度如表 3.2.5-1 所示。

表 3.2.5-1　弹坑周围城墙砖的回弹值与其抗压强度的对应关系

回弹值	32	32	34	33	36	36	35	33	32	31
抗压强度（MPa）	7.33	7.33	9.07	8.18	10.97	10.97	10.00	8.18	7.33	6.52

将表 3.2.5-1 中计算得到的抗压强度代入公式 2、公式 3、公式 4 计算得到弹坑周围城墙砖抗压强度平均值、标准差和变异系数如表 3.2.5-2 所示。

表 3.2.5-2　弹坑周围城墙砖抗压强度平均值、标准差和变异系数

抗压强度平均值 f_1（MPa）	抗压强度标准差 s（MPa）	抗压强度变异系数 δ
8.59	1.60	0.19

（2）弹坑周围灰浆抗压强度的推定

现场检测得到弹坑周围灰浆的回弹值及代入公式 5 计算得到弹坑周围灰浆的抗压强度如表 3.2.5-3 所示。

表 3.2.5-3　弹坑周围灰浆的回弹值与其抗压强度的对应关系

回弹值	16	18	22	13	21	28	22	24	12	20
抗压强度（MPa）	1.37	2.09	4.31	0.65	3.65	10.28	4.31	5.90	0.49	3.06

将表 3.2.5-3 中计算得到的抗压强度代入公式 6、公式 7、公式 8 计算得到弹坑周围灰浆抗压强度平均值、标准差和变异系数如表 3.2.5-4 所示。

表 3.2.5-4　弹坑周围灰浆抗压强度平均值、标准差和变异系数

抗压强度平均值 f_2（MPa）	抗压强度标准差 s（MPa）	抗压强度变异系数 δ
3.61	2.92	0.81

灰浆的变异系数为 0.81，大于 40%，说明灰浆的匀质性较差。

2. 砌体强度的推定

将表 3.2.5-1 中得到的弹坑周围城墙砖和灰浆强度代入公式 9、公式 10、公式 11 计算得到弹坑周围砌体抗压强度、抗弯强度和抗剪强度，如表 3.2.5-5 所示。

（1）抗压强度的推定

砌体轴心抗压强度平均值

$$f_k = k_1 f_1^a \left(1 + 0.07 f_2\right) k_2 = 0.78 \times 8.59^{0.5} \times (1+0.07\times3.61) \times 1 = 2.86 \text{MPa}$$

烧结普通砖 k_1=0.78，α=0.5，当 f_2<1 时，k_2=0.6+0.4f_2；当 $f_2 \geqslant 1$ 时，k_2=1。

（2）抗弯强度

$$f_{tm} = k_4 \sqrt{f_2} = 0.250 \times 3.61^{0.5} = 0.48 \text{MPa}$$

烧结普通砖沿齿缝 k_4=0.250。

（3）抗剪强度

$$f_v = k_5 \sqrt{f_2} = 0.125 \times 3.61^{0.5} = 0.24 \text{MPa}$$

烧结普通砖 k_5=0.125。

表 3.2.5-5　弹坑周围砌体抗压强度、抗弯强度和抗剪强度

抗压强度 f_k（MPa）	抗弯强度 f_{tm}（MPa）	抗剪强度 f_v（MPa）
2.86	0.48	0.24

3. 弹坑安全状况的评估

根据 3.1.3 中的内容对弹坑的安全状况进行评估。

（1）弹坑位置上方的砖施加给弹坑的压强

$$P = \rho g h = 1.61 \times 10^3 \times 9.8 \times 2.13 = 33607.14 \text{Pa} \approx 0.0336 \text{MPa}$$

（2）强度的校验

①抗压强度的校验

$$\gamma = 1 + 0.35 \sqrt{\frac{A_0}{A_l} - 1} = 1 + 0.35 \sqrt{\frac{20}{17} - 1} = 1.15$$

$$P = 0.0336 \text{MPa} < \gamma f_k = 1.15 \times 2.86 = 3.28 \text{ MPa}$$

因此抗压强度校验安全。

②抗弯强度的校验

$$P=0.0336\text{MPa}<\frac{f_v z}{b}=0.24\times 2/3\times 0.1/0.17=0.09\text{MPa}$$

因此抗弯强度校验安全。

③抗剪强度的校验

$$\mu=0.26-0.082\frac{P}{f_k}=0.26-0.082\times 0.0336/2.86=0.26$$

$$P=0.0336\text{MPa}<f_v+\alpha\mu P=0.24+0.6\times 0.26\times 0.0336=0.24\text{MPa}$$

因此抗剪强度校验安全。

（六）城门北 10 号片区 1 号弹坑

东侧城墙城门北 10 号片区 1 号弹坑位于城墙中部，弹坑顶部距城墙顶部高度 4.49 米，弹坑长 1.30 米，高 1.60 米，深 0.60 米，弹坑整体及局部照片如图 3.2.6 所示。

图 3.2.6 弹坑所在位置整体图（左图）及弹坑局部图（右图）

1. 城墙砖及灰浆强度的推定

（1）弹坑周围城墙砖抗压强度的推定

现场检测得到弹坑周围城墙砖的回弹值及代入公式 1 计算得到弹坑周围城砖的抗压强度如表 3.2.6-1 所示。

表 3.2.6-1 弹坑周围城墙砖的回弹值与其抗压强度的对应关系

回弹值	35	32	31	30	34	31	33	29	28	32
抗压强度（MPa）	10.00	7.33	6.52	5.75	9.07	6.52	8.18	5.02	4.33	7.33

将表 3.2.6-1 中计算得到的抗压强度代入公式 2、公式 3、公式 4 计算得到弹坑周围城墙砖抗压强度平均值、标准差和变异系数如表 3.2.6-2 所示。

表 3.2.6-2 弹坑周围城墙砖抗压强度平均值、标准差和变异系数

抗压强度平均值 f_1（MPa）	抗压强度标准差 s（MPa）	抗压强度变异系数 δ
7.01	1.76	0.25

（2）弹坑周围灰浆抗压强度的推定

现场检测得到弹坑周围灰浆的回弹值及代入公式 5 计算得到弹道周围灰浆的抗压强度如表 3.2.6-3 所示。

表 3.2.6-3 弹坑周围灰浆的回弹值与其抗压强度的对应关系

回弹值	11	13	13	13	14	11	13	11	11	11
抗压强度（MPa）	0.36	0.65	0.65	0.65	0.85	0.36	0.65	0.36	0.36	0.36

将表 3.2.6-3 中计算得到的抗压强度代入公式 6、公式 7、公式 8 计算得到弹坑周围灰浆抗压强度平均值、标准差和变异系数如表 3.2.6-4 所示。

表 3.2.6-4 弹坑周围灰浆抗压强度平均值、标准差和变异系数

抗压强度平均值 f_2（MPa）	抗压强度标准差 s（MPa）	抗压强度变异系数 δ
0.52	0.19	0.35

灰浆的变异系数为 0.35，介于 25%～40%，说明灰浆的匀质性一般。

2. 砌体强度的推定

将表 3.2.6-1 中得到的弹坑周围城墙砖和灰浆强度代入公式 9、公式 10、公式 11 计算得到弹坑周围砌体抗压强度、抗弯强度和抗剪强度，如表 3.2.6-5 所示。

（1）抗压强度的推定

砌体轴心抗压强度平均值

$$f_k = k_1 f_1^a (1 + 0.07 f_2) k_2 = 0.78 \times 7.01^{0.5} \times (1 + 0.07 \times 0.52) \times (0.6 + 0.4 \times 0.52) = 1.73 \text{MPa}$$

烧结普通砖 $k_1=0.78$，$\alpha=0.5$，当 $f_2<1$ 时，$k_2=0.6+0.4f_2$；当 $f_2 \geq 1$ 时，$k_2=1$。

（2）抗弯强度

$$f_{tm} = k_4 \sqrt{f_2} = 0.250 \times 0.52^{0.5} = 0.18 \text{MPa}$$

烧结普通砖沿齿缝 $k_4=0.250$。

（3）抗剪强度

$$f_v = k_5\sqrt{f_2} = 0.125 \times 3.61^{0.5} = 0.09\text{MPa}$$

烧结普通砖 $k_5=0.125$。

表 3.2.6-5 弹坑周围砌体抗压强度、抗弯强度和抗剪强度

抗压强度 f_k（MPa）	抗弯强度 f_{tm}（MPa）	抗剪强度 f_v（MPa）
1.73	0.18	0.09

3. 弹坑安全状况的评估

根据 3.1.3 中的内容对弹坑的安全状况进行评估。

（1）弹坑位置上方的砖施加给弹坑的压强

$$P = \rho gh = 1.61 \times 10^3 \times 9.8 \times 4.49 = 70843.22\text{Pa} \approx 0.0708\text{MPa}$$

（2）强度的校验

① 抗压强度的校验

$$\gamma = 1 + 0.35\sqrt{\frac{A_0}{A_l} - 1} = 1 + 0.35\sqrt{\frac{20}{12} - 1} = 1.29$$

$$P = 0.0708\text{MPa} < \gamma f_k = 1.29 \times 1.73 = 2.22\text{MPa}$$

因此抗压强度校验安全。

② 抗弯强度的校验

$$P = 0.0708\text{MPa} > \frac{f_v z}{b} = 0.09 \times 2/3 \times 0.1/0.12 = 0.05\text{MPa}$$

因此抗弯强度校验不安全，弹坑顶部承载砖有可能承受不住来自弹坑上部城砖的弯曲载荷而崩塌，造成弹坑进一步扩大，因此修缮时应对顶部砖进行加固处理。

③抗剪强度的校验

$$\mu = 0.26 - 0.082\frac{P}{f_k} = 0.26 - 0.082 \times 0.0708/1.73 = 0.26$$

$$P = 0.0336 \text{MPa} < f_v + \alpha\mu P = 0.09 + 0.6 \times 0.26 \times 0.0708 = 0.10 \text{MPa}$$

因此抗剪强度校验安全。

（七）城门北 10 号片区 2 号弹坑

东侧城墙城门北 10 号片区 2 号弹坑位于城墙中部，弹坑顶部距城墙顶部高度 6.73 米，弹坑长 0.9 米，高 0.7 米，深 0.40 米，弹坑整体及局部照片如图 3.2.7 所示。

图 3.2.7 弹坑所在位置整体图（左图）及弹坑局部图（右图）

1. 城墙砖及灰浆强度的推定

（1）弹坑周围城墙砖抗压强度的推定

现场检测得到弹坑周围城墙砖的回弹值及代入公式 1 计算得到弹坑周围城墙砖的抗压强度如表 3.2.7-1 所示。

表 3.2.7-1 弹坑周围城墙砖的回弹值与其抗压强度的对应关系

回弹值	30	24	28	36	28	30	28	30	34	28
抗压强度（MPa）	5.75	1.97	4.33	10.97	4.33	5.75	4.33	5.75	9.07	4.33

将表 3.2.7-1 中计算得到的抗压强度代入公式 2、公式 3、公式 4 计算得到弹坑周围城墙砖抗压强度平均值、标准差和变异系数如表 3.2.7-2 所示。

表 3.2.7-2　弹坑周围城墙砖抗压强度平均值、标准差和变异系数

抗压强度平均值 f₁（MPa）	抗压强度标准差 s（MPa）	抗压强度变异系数 δ
5.66	2.59	0.46

（2）弹坑周围灰浆抗压强度的推定

现场检测得到弹坑周围灰浆的回弹值及代入公式 5 计算得到弹道周围灰浆的抗压强度如表 3.2.7-3 所示。

表 3.2.7-3　弹坑周围灰浆的回弹值与其抗压强度的对应关系

回弹值	11	22	14	27	18	19	15	18	14	19
抗压强度（MPa）	0.36	4.31	0.85	9.02	2.09	2.54	1.09	2.09	0.85	2.54

将表 3.2.7-3 中计算得到的抗压强度代入公式 6、公式 7、公式 8 计算得到弹坑周围灰浆抗压强度平均值、标准差和变异系数如表 3.2.7-4 所示。

表 3.2.7-4　弹坑周围灰浆抗压强度平均值、标准差和变异系数

抗压强度平均值 f₂（MPa）	抗压强度标准差 s（MPa）	抗压强度变异系数 δ
2.57	2.54	0.99

灰浆的变异系数为 0.99，大于 40%，说明灰浆的匀质性较差。

2. 砌体强度的推定

将表 3.2.7-1 中得到的弹坑周围城墙砖和灰浆强度代入公式 9、公式 10、公式 11 计算得到弹坑周围砌体抗压强度、抗弯强度和抗剪强度，如表 3.2.7-5 所示。

（1）抗压强度的推定

砌体轴心抗压强度平均值

$$f_k = k_1 f_1^{\alpha} (1 + 0.07 f_2) k_2 = 0.78 \times 5.66^{0.5} \times (1 + 0.07 \times 2.57) \times 1 = 2.19 \text{MPa}$$

烧结普通砖 $k_1=0.78$，$\alpha=0.5$，当 $f_2<1$ 时，$k_2=0.6+0.4f_2$；当 $f_2 \geq 1$ 时，$k_2=1$。

（2）抗弯强度

$$f_{tm} = k_4 \sqrt{f_2} = 0.250 \times 2.57^{0.5} = 0.40 \text{MPa}$$

烧结普通砖沿齿缝 $k_4=0.250$。

（3）抗剪强度

$$f_v = k_5\sqrt{f_2} = 0.125 \times 2.57^{0.5} = 0.20 \text{MPa}$$

烧结普通砖 $k_5=0.125$。

表 3.2.7-5　弹坑周围砌体抗压强度、抗弯强度和抗剪强度

抗压强度 f_k（MPa）	抗弯强度 f_{tm}（MPa）	抗剪强度 f_v（MPa）
2.19	0.40	0.20

3. 弹坑安全状况的评估

根据 3.1.3 中的内容对弹坑的安全状况进行评估。

（1）弹坑位置上方的砖施加给弹坑的压强

$$P = \rho gh = 1.61 \times 10^3 \times 9.8 \times 6.73 = 106185.94 \text{Pa} \approx 0.1062 \text{MPa}$$

（2）强度的校验

①抗压强度的校验

$$\gamma = 1 + 0.35\sqrt{\frac{A_0}{A_l} - 1} = 1 + 0.35\sqrt{\frac{20}{6} - 1} = 1.53$$

$$P = 0.1062 \text{MPa} < \gamma f_k = 1.53 \times 2.19 = 3.36 \text{MPa}$$

因此抗压强度校验安全。

②抗弯强度的校验

$$P = 0.1062 \text{MPa} < \frac{f_v z}{b} = 0.20 \times 2/3 \times 0.1/0.06 = 0.22 \text{MPa}$$

因此抗弯强度校验安全。

③抗剪强度的校验

$$\mu = 0.26 - 0.082 \frac{P}{f_k} = 0.26 - 0.082 \times 0.1062/2.19 = 0.26$$

$$P = 0.1062 \text{MPa} < f_v + \alpha\mu P = 0.20 + 0.6 \times 0.26 \times 0.1062 = 0.22 \text{MPa}$$

因此抗剪强度校验安全。

三、南侧城墙弹坑受力分析

（一）1号马面西侧2号片区1号弹坑

南侧城墙1号马面西侧2号片区1号弹坑位于城墙中下部，弹坑顶部距城墙顶部高度5.64米，弹坑长1.30米，高1.24米，深1.0米，弹坑整体及局部照片如图3.3.1所示。

图3.3.1　弹坑所在位置整体图（左图左起第一个弹坑）及弹坑局部图（右图）

1. 城墙砖及灰浆强度的推定

（1）弹坑周围城墙砖抗压强度的推定

现场检测得到弹坑周围城墙砖的回弹值及代入公式1计算得到弹坑周围城墙砖的抗压强度如表3.3.1-1所示。

表3.3.1-1　弹坑周围城墙砖的回弹值与其抗压强度的对应关系

回弹值	37	32	38	38	36	36	31	36	31	35
抗压强度（MPa）	11.98	7.33	13.03	13.03	10.97	10.97	6.52	10.97	6.52	10.00

将表3.3.1-1中计算得到的抗压强度代入公式2、公式3、公式4计算得到弹坑周围城墙砖抗压强度平均值、标准差和变异系数如表3.3.1-2所示。

表3.3.1-2　弹坑周围城墙砖抗压强度平均值、标准差和变异系数

抗压强度平均值 f_1（MPa）	抗压强度标准差 s（MPa）	抗压强度变异系数 δ
10.13	2.50	0.25

（2）弹坑周围灰浆抗压强度的推定

现场检测得到弹坑周围灰浆的回弹值及代入公式5计算得到弹坑周围灰浆的抗压强度如表3.3.1-3所示。

表 3.3.1-3　弹坑周围灰浆的回弹值与其抗压强度的对应关系

回弹值	16	19	23	12	14	26	20	12	13	26
抗压强度（MPa）	1.37	2.54	5.06	0.49	0.85	7.87	3.06	0.49	0.65	7.87

将表 3.3.1-3 中计算得到的抗压强度代入公式 6、公式 7、公式 8 计算得到弹坑周围灰浆抗压强度平均值、标准差和变异系数如表 3.3.1-4 所示。

表 3.3.1-4　弹坑周围灰浆抗压强度平均值、标准差和变异系数

抗压强度平均值 f_2（MPa）	抗压强度标准差 s（MPa）	抗压强度变异系数 δ
3.02	2.93	0.97

灰浆的变异系数为 0.97，大于 40%，说明灰浆的匀质性较差。

2. 砌体强度的推定

将表 3.3.1-1 中得到的弹坑周围城墙砖和灰浆强度代入公式 9、公式 10、公式 11 计算得到弹坑周围砌体抗压强度、抗弯强度和抗剪强度，如表 3.3.1-5 所示。

（1）抗压强度的推定

砌体轴心抗压强度平均值

$$f_k = k_1 f_1^a (1+0.07 f_2) k_2 = 0.78 \times 10.13^{0.5} \times (1+0.07 \times 3.02) \times 1 = 3.01 \text{MPa}$$

烧结普通砖 $k_1=0.78$，α=0.5，当 $f_2<1$ 时，$k_2=0.6+0.4f_2$；当 $f_2 \geq 1$ 时，$k_2=1$。

（2）抗弯强度

$$f_{tm} = k_4 \sqrt{f_2} = 0.250 \times 3.02^{0.5} = 0.43 \text{MPa}$$

烧结普通砖沿齿缝 $k_4=0.250$。

（3）抗剪强度

$$f_v = k_5 \sqrt{f_2} = 0.125 \times 3.02^{0.5} = 0.22 \text{MPa}$$

烧结普通砖 $k_5=0.125$。

表 3.3.1-5　弹坑周围砌体抗压强度、抗弯强度和抗剪强度

抗压强度 f_k（MPa）	抗弯强度 f_{tm}（MPa）	抗剪强度 f_v（MPa）
3.01	0.43	0.22

3. 弹坑安全状况的评估

根据 3.1.3 中的内容对弹坑的安全状况进行评估。

（1）弹坑位置上方的砖砌加给弹坑的压强

$$P = \rho gh = 1.61 \times 10^3 \times 9.8 \times 5.64 = 88987.92 \text{Pa} \approx 0.0890 \text{MPa}$$

（2）强度的校验

① 抗压强度的校验

$$\gamma = 1 + 0.35\sqrt{\frac{A_0}{A_l} - 1} = 1 + 0.35\sqrt{\frac{20}{7} - 1} = 1.48$$

$$P = 0.0890 \text{MPa} < \gamma f_k = 1.48 \times 3.01 = 4.44 \text{MPa}$$

因此抗压强度校验安全。

② 抗弯强度的校验

$$P = 0.0890 \text{MPa} < \frac{f_v z}{b} = 0.22 \times 2/3 \times 0.1/0.07 = 0.21 \text{MPa}$$

因此抗弯强度校验安全。

③ 抗剪强度的校验

$$\mu = 0.26 - 0.082 \frac{P}{f_k} = 0.26 - 0.082 \times 0.0890/3.01 = 0.26$$

$$P = 0.0890 \text{MPa} < f_v + \alpha \mu P = 0.22 + 0.6 \times 0.26 \times 0.0890 = 0.23 \text{MPa}$$

因此抗剪强度校验安全。

（二）1号马面西侧2号片区2号弹坑

南侧城墙1号马面西侧2号片区2号弹坑位于城墙中下部，弹坑顶部距城墙顶部高度6.18米，弹坑长0.8米，高0.7米，深0.4米，弹坑整体及局部照片如图3.3.2所示。

图 3.3.2 弹坑所在位置整体图（左图左起第二个弹坑）及弹坑局部图（右图）

1. 城墙砖及灰浆强度的推定

（1）弹坑周围城墙砖抗压强度的推定

现场检测得到弹坑周围城墙砖的回弹值及代入公式 1 计算得到弹坑周围城墙砖的抗压强度如表 3.3.2-1 所示。

表 3.3.2-1　弹坑周围城墙砖的回弹值与其抗压强度的对应关系

回弹值	35	32	36	35	30	29	30	30	28	30
抗压强度（MPa）	10.00	7.33	10.97	10.00	5.75	5.02	5.75	5.75	4.33	5.75

将表 3.3.2-1 中计算得到的抗压强度代入公式 2、公式 3、公式 4 计算得到弹坑周围城墙砖抗压强度平均值、标准差和变异系数如表 3.3.2-2 所示。

表 3.3.2-2　弹坑周围城墙砖抗压强度平均值、标准差和变异系数

抗压强度平均值 f_1（MPa）	抗压强度标准差 s（MPa）	抗压强度变异系数 δ
7.07	2.38	0.34

（2）弹坑周围灰浆抗压强度的推定

现场检测得到弹坑周围灰浆的回弹值及代入公式 5 计算得到弹坑周围灰浆的抗压强度如表 3.3.2-3 所示。

表 3.3.2-3　弹坑周围灰浆的回弹值与其抗压强度的对应关系

回弹值	19	27	16	24	25	15	21	17	27	17
抗压强度（MPa）	2.54	9.02	1.37	5.90	6.83	1.09	3.65	1.70	9.02	1.70

将表 3.3.2-3 中计算得到的抗压强度代入公式 6、公式 7、公式 8 计算得到弹坑周围灰浆抗压强度平均值、标准差和变异系数如表 3.3.2-4 所示。

表 3.3.2-4　弹坑周围灰浆抗压强度平均值、标准差和变异系数

抗压强度平均值 f_2（MPa）	抗压强度标准差 s（MPa）	抗压强度变异系数 δ
4.28	3.15	0.74

灰浆的变异系数为 0.74，大于 40%，说明灰浆的匀质性较差。

2. 砌体强度的推定

将表 3.3.2-1 中得到的弹坑周围城墙砖和灰浆强度代入公式 9、公式 10、公式 11 计算得到弹坑周围砌体抗压强度、抗弯强度和抗剪强度，如表 3.3.2-5 所示。

（1）抗压强度的推定

砌体轴心抗压强度平均值

$$f_k = k_1 f_1^{\alpha}(1+0.07f_2)k_2 = 0.78 \times 7.07^{0.5} \times (1+0.07\times 4.28) \times 1 = 2.70 \text{MPa}$$

烧结普通砖 $k_1=0.78$，$\alpha=0.5$，当 $f_2<1$ 时，$k_2=0.6+0.4f_2$；当 $f_2\geq 1$ 时，$k_2=1$。

（2）抗弯强度

$$f_{tm} = k_4\sqrt{f_2} = 0.250 \times 4.28^{0.5} = 0.52 \text{MPa}$$

烧结普通砖沿齿缝 $k_4=0.250$。

（3）抗剪强度

$$f_v = k_5\sqrt{f_2} = 0.125 \times 4.28^{0.5} = 0.26 \text{MPa}$$

烧结普通砖 $k_5=0.125$。

表 3.3.2-5　弹坑周围砌体抗压强度、抗弯强度和抗剪强度

抗压强度 f_k（MPa）	抗弯强度 f_{tm}（MPa）	抗剪强度 f_v（MPa）
2.70	0.52	0.26

3. 弹坑安全状况的评估

根据 3.1.3 中的内容对弹坑的安全状况进行评估。

（1）弹坑位置上方的砖施加给弹坑的压强

$$P = \rho gh = 1.61 \times 10^3 \times 9.8 \times 6.18 = 97508.04 \text{Pa} \approx 0.0975 \text{MPa}$$

（2）强度的校验

①抗压强度的校验

$$\gamma = 1 + 0.35\sqrt{\frac{A_0}{A_l} - 1} = 1 + 0.35\sqrt{\frac{20}{5} - 1} = 1.61$$

P=0.0975MPa< γf_k =1.61×2.70=4.33MPa

因此抗压强度校验安全。

②抗弯强度的校验

$$P=0.0975\text{MPa} < \frac{f_v z}{b} = 0.22 \times 2/3 \times 0.1/0.07 = 0.35\text{MPa}$$

因此抗弯强度校验安全。

③抗剪强度的校验

$$\mu = 0.26 - 0.082\frac{P}{f_k} = 0.26 - 0.082 \times 0.0975/2.70 = 0.26$$

P=0.0975MPa< $f_v + \alpha\mu P$ =0.26+0.6×0.26×0.0975=0.27MPa

因此抗剪强度校验安全。

（三）1号马面西侧2号片区3号弹坑

南侧城墙1号马面西侧2号片区3号弹坑位于城墙中部，弹坑顶部距城墙顶部高度4.49米，弹坑长0.8米，高1.30米，深0.4米，弹坑整体及局部照片如图3.3.3所示。

图3.3.3　弹坑所在位置整体图（左图左起第三个弹坑）及弹坑局部图（右图）

1. 城墙砖及灰浆强度的推定

（1）弹坑周围城墙砖抗压强度的推定

现场检测得到弹坑周围城墙砖的回弹值及代入公式1计算得到弹坑周围城墙砖的抗压强度如表3.3.3-1所示。

表 3.3.3-1　弹坑周围城墙砖的回弹值与其抗压强度的对应关系

回弹值	29	28	34	27	29	34	31	35	24	32
抗压强度（MPa）	5.02	4.33	9.07	3.68	5.02	9.07	6.52	10.00	1.97	7.33

将表3.3.3-1中计算得到的抗压强度代入公式2、公式3、公式4计算得到弹坑周围城墙砖抗压强度平均值、标准差和变异系数如表3.3.3-2所示。

表 3.3.3-2　弹坑周围城墙砖抗压强度平均值、标准差和变异系数

抗压强度平均值 f_1（MPa）	抗压强度标准差 s（MPa）	抗压强度变异系数 δ
6.20	2.64	0.43

（2）弹坑周围灰浆抗压强度的推定

现场检测得到弹坑周围灰浆的回弹值及代入公式5计算得到弹坑周围灰浆的抗压强度如表3.3.3-3所示。

表 3.3.3-3　弹坑周围灰浆的回弹值与其抗压强度的对应关系

回弹值	22	24	12	16	15	17	19	22	20	18
抗压强度（MPa）	4.31	5.90	0.49	1.37	1.09	1.70	2.54	4.31	3.06	2.09

将表3.3.3-3中计算得到的抗压强度代入公式6、公式7、公式8计算得到弹坑周围灰浆抗压强度平均值、标准差和变异系数如表3.3.3-4所示。

表 3.3.3-4　弹坑周围灰浆抗压强度平均值、标准差和变异系数

抗压强度平均值 f_2（MPa）	抗压强度标准差 s（MPa）	抗压强度变异系数 δ
2.69	1.71	0.64

灰浆的变异系数为0.64，大于40%，说明灰浆的匀质性较差。

2. 砌体强度的推定

将表3.3.3-1中得到的弹坑周围城墙砖和灰浆强度代入公式9、公式10、公式11计算得到弹坑周围砌体抗压强度、抗弯强度和抗剪强度，如表3.3.3-5所示。

（1）抗压强度的推定

砌体轴心抗压强度平均值

$$f_k = k_1 f_1^a (1+0.07 f_2) k_2 = 0.78 \times 6.20^{0.5} \times (1+0.07 \times 2.69) \times 1 = 2.31 \text{MPa}$$

烧结普通砖 $k_1=0.78$，$\alpha=0.5$，当 $f_2<1$ 时，$k_2=0.6+0.4f_2$；当 $f_2 \geq 1$ 时，$k_2=1$。

（2）抗弯强度

$$f_{tm} = k_4 \sqrt{f_2} = 0.250 \times 2.69^{0.5} = 0.41 \text{MPa}$$

烧结普通砖沿齿缝 $k_4=0.250$。

（3）抗剪强度

$$f_v = k_5 \sqrt{f_2} = 0.125 \times 2.69^{0.5} = 0.21 \text{MPa}$$

烧结普通砖 $k_5=0.125$。

表 3.3.3-5　弹坑周围砌体抗压强度、抗弯强度和抗剪强度

抗压强度 f_k（MPa）	抗弯强度 f_{tm}（MPa）	抗剪强度 f_v（MPa）
2.31	0.41	0.21

3. 弹坑安全状况的评估

根据 3.1.3 中的内容对弹坑的安全状况进行评估。

（1）弹坑位置上方的砖施加给弹坑的压强

$$P = \rho g h = 1.61 \times 10^3 \times 9.8 \times 4.49 = 70843.22 \text{Pa} \approx 0.0708 \text{MPa}$$

（2）强度的校验

①抗压强度的校验

$$\gamma = 1 + 0.35 \sqrt{\frac{A_0}{A_l} - 1} = 1 + 0.35 \sqrt{\frac{20}{8} - 1} = 1.43$$

$$P = 0.0708 \text{MPa} < \gamma f_k = 1.43 \times 2.31 = 3.30 \text{MPa}$$

因此抗压强度校验安全。

②抗弯强度的校验

$$P=0.0708\text{MPa}<\frac{f_v z}{b}=0.21\times 2/3\times 0.1/0.08=0.18\text{MPa}$$

因此抗弯强度校验安全。

③抗剪强度的校验

$$\mu=0.26-0.082\frac{P}{f_k}=0.26-0.082\times 0.0708/2.31=0.26$$

$$P=0.0708\text{MPa}<f_v+\alpha\mu P=0.21+0.6\times 0.26\times 0.0708=0.22\text{MPa}$$

因此抗剪强度校验安全。

（四）1号马面西侧2号片区3号弹坑

南侧城墙1号马面西侧2号片区3号弹坑位于城墙中部，弹坑顶部距城墙顶部高度5.64米，弹坑长0.60米，高0.70米，深0.50米，弹坑整体及局部照片如图3.3.4所示。

图3.3.4 弹坑所在位置整体图（左图左起第四个弹坑）及弹坑局部图（右图）

1. 城墙砖及灰浆强度的推定

（1）弹坑周围城墙砖抗压强度的推定

现场检测得到弹坑周围城墙砖的回弹值及代入公式1计算得到弹坑周围城墙砖的抗压强度如表3.3.4-1所示。

表3.3.4-1 弹坑周围城墙砖的回弹值与其抗压强度的对应关系

回弹值	32	30	22	24	24	32	30	32	30	24
抗压强度（MPa）	7.33	5.75	1.03	1.97	1.97	7.33	5.75	7.33	5.75	1.97

将表 3.3.4-1 中计算得到的抗压强度代入公式 2、公式 3、公式 4 计算得到弹坑周围城墙砖抗压强度平均值、标准差和变异系数如表 3.3.4-2 所示。

表 3.3.4-2　弹坑周围城墙砖抗压强度平均值、标准差和变异系数

抗压强度平均值 f_1（MPa）	抗压强度标准差 s（MPa）	抗压强度变异系数 δ
4.62	2.58	0.56

（2）弹坑周围灰浆抗压强度的推定

现场检测得到弹坑周围灰浆的回弹值及代入公式 5 计算得到弹坑周围灰浆的抗压强度如表 3.3.4-3 所示。

表 3.3.4-3　弹坑周围灰浆的回弹值与其抗压强度的对应关系

回弹值	12	20	16	17	19	15	22	21	16	18
抗压强度（MPa）	0.49	3.06	1.37	1.70	2.54	1.09	4.31	3.65	1.37	2.09

将表 3.3.4-3 中计算得到的抗压强度代入公式 6、公式 7、公式 8 计算得到弹坑周围灰浆抗压强度平均值、标准差和变异系数如表 3.3.4-4 所示。

表 3.3.4-4　弹坑周围灰浆抗压强度平均值、标准差和变异系数

抗压强度平均值 f_2（MPa）	抗压强度标准差 s（MPa）	抗压强度变异系数 δ
2.17	1.21	0.56

灰浆的变异系数为 0.56，大于 40%，说明灰浆的匀质性较差。

2. 砌体强度的推定

将表 3.3.4-1 中得到的弹坑周围城墙砖和灰浆强度代入公式 9、公式 10、公式 11 计算得到弹坑周围砌体抗压强度、抗弯强度和抗剪强度，如表 3.3.4-5 所示。

（1）抗压强度的推定

砌体轴心抗压强度平均值

$$f_k = k_1 f_1^{\alpha}(1+0.07 f_2) k_2 = 0.78 \times 4.62^{0.5} \times (1+0.07 \times 2.17) \times 1 = 1.93 \text{MPa}$$

烧结普通砖 k_1=0.78，α=0.5，当 f_2<1 时，k_2=0.6+0.4f_2；当 $f_2 \geq 1$ 时，k_2=1。

（2）抗弯强度

$$f_{tm} = k_4 \sqrt{f_2} = 0.250 \times 2.17^{0.5} = 0.37 \text{MPa}$$

烧结普通砖沿齿缝 $k_4=0.250$。

（3）抗剪强度

$$f_v = k_5\sqrt{f_2} = 0.125 \times 2.17^{0.5} = 0.18\text{MPa}$$

烧结普通砖 $k_5=0.125$。

表 3.3.4-5　弹坑周围砌体抗压强度、抗弯强度和抗剪强度

抗压强度 f_k（MPa）	抗弯强度 f_{tm}（MPa）	抗剪强度 f_v（MPa）
1.93	0.37	0.18

3. 弹坑安全状况的评估

根据 3.1.3 中的内容对弹坑的安全状况进行评估。

（1）弹坑位置上方的砖施加给弹坑的压强

$$P = \rho gh = 1.61 \times 10^3 \times 9.8 \times 5.64 = 88987.92\text{Pa} \approx 0.0890\text{MPa}$$

（2）强度的校验

①抗压强度的校验

$$\gamma = 1 + 0.35\sqrt{\frac{A_0}{A_l} - 1} = 1 + 0.35\sqrt{\frac{20}{10} - 1} = 1.35$$

$$P = 0.0890\text{MPa} < \gamma f_k = 1.35 \times 1.93 = 2.61\text{MPa}$$

因此抗压强度校验安全。

②抗弯强度的校验

$$P = 0.0890\text{MPa} < \frac{f_v z}{b} = 0.18 \times 2/3 \times 0.1/0.10 = 0.12\text{MPa}$$

因此抗弯强度校验安全。

③抗剪强度的校验

$$\mu = 0.26 - 0.082\frac{P}{f_k} = 0.26 - 0.082 \times 0.0890/1.93 = 0.26$$

$$P=0.0890\text{MPa} < f_v + \alpha\mu P = 0.18+0.6\times0.26\times0.0890=0.20\text{MPa}$$

因此抗剪强度校验安全。

（五）2号马面西侧4号片区1号弹坑

南侧城墙2号马面西侧4号片区1号弹坑位于城墙中上部，弹坑顶部距城墙顶部高度3.92米，弹坑长1.20米，高0.85米，深0.55米，弹坑整体及局部照片如图3.3.5所示。

图3.3.5 弹坑所在位置整体图（左图下弹坑）及弹坑局部图（右图下弹坑）

1. 城墙砖及灰浆强度的推定

（1）弹坑周围城墙砖抗压强度的推定

现场检测得到弹坑周围城墙砖的回弹值及代入公式1计算得到弹坑周围城墙砖的抗压强度如表3.3.5-1所示。

表3.3.5-1 弹坑周围城墙砖的回弹值与其抗压强度的对应关系

回弹值	32	38	36	28	33	30	30	32	30	30
抗压强度（MPa）	7.33	13.03	10.97	4.33	8.18	5.75	5.75	7.33	5.75	5.75

将表3.3.5-1中计算得到的抗压强度代入公式2、公式3、公式4计算得到弹坑周围城墙砖抗压强度平均值、标准差和变异系数如表3.3.5-2所示。

表3.3.5-2 弹坑周围城墙砖抗压强度平均值、标准差和变异系数

抗压强度平均值 f_1（MPa）	抗压强度标准差 s（MPa）	抗压强度变异系数 δ
7.42	2.70	0.36

（2）弹坑周围灰浆抗压强度的推定

现场检测得到弹坑周围灰浆的回弹值及代入公式5计算得到弹坑周围灰浆的抗压强度如表3.3.5-3所示。

表 3.3.5-3　弹坑周围灰浆的回弹值与其抗压强度的对应关系

回弹值	12	15	13	14	17	13	19	16	16	18
抗压强度（MPa）	0.49	1.09	0.65	0.85	1.70	0.65	2.54	1.37	1.37	2.09

将表 3.3.5-3 中计算得到的抗压强度代入公式 6、公式 7、公式 8 计算得到弹坑周围灰浆抗压强度平均值、标准差和变异系数如表 3.3.5-4 所示。

表 3.3.5-4　弹坑周围灰浆抗压强度平均值、标准差和变异系数

抗压强度平均值 f_2（MPa）	抗压强度标准差 s（MPa）	抗压强度变异系数 δ
1.28	0.68	0.53

灰浆的变异系数为 0.56，大于 40%，说明灰浆的匀质性较差。

2. 砌体强度的推定

将表 3.3.5-1 中得到的弹坑周围城墙砖和灰浆强度代入公式 9、公式 10、公式 11 计算得到弹坑周围砌体抗压强度、抗弯强度和抗剪强度，如表 3.3.5-5 所示。

（1）抗压强度的推定

砌体轴心抗压强度平均值

$$f_k = k_1 f_1^{\alpha}(1+0.07 f_2) k_2 = 0.78 \times 7.42^{0.5} \times (1+0.07 \times 1.28) \times 1 = 2.32 \text{MPa}$$

烧结普通砖 k_1=0.78，α=0.5，当 f_2<1 时，k_2=0.6+0.4f_2；当 $f_2 \geq 1$ 时，k_2=1。

（2）抗弯强度

$$f_{tm} = k_4 \sqrt{f_2} = 0.250 \times 1.28^{0.5} = 0.28 \text{MPa}$$

烧结普通砖沿齿缝 k_4=0.250。

（3）抗剪强度

$$f_v = k_5 \sqrt{f_2} = 0.125 \times 1.28^{0.5} = 0.14 \text{MPa}$$

烧结普通砖 k_5=0.125。

表 3.3.5-5　弹坑周围砌体抗压强度、抗弯强度和抗剪强度

抗压强度 f_k（MPa）	抗弯强度 f_{tm}（MPa）	抗剪强度 f_v（MPa）
2.32	0.28	0.14

3. 弹坑安全状况的评估

根据 3.1.3 中的内容对弹坑的安全状况进行评估。

（1）弹坑位置上方的砖施加给弹坑的压强

$$P = \rho g h = 1.61 \times 10^3 \times 9.8 \times 3.92 = 61849.76 \text{Pa} \approx 0.0618 \text{MPa}$$

（2）强度的校验

①抗压强度的校验

$$\gamma = 1 + 0.35\sqrt{\frac{A_0}{A_l} - 1} = 1 + 0.35\sqrt{\frac{20}{4} - 1} = 1.70$$

$$P = 0.0618 \text{MPa} < \gamma f_k = 1.70 \times 2.32 = 3.94 \text{MPa}$$

因此抗压强度校验安全。

②抗弯强度的校验

$$P = 0.0618 \text{MPa} < \frac{f_v z}{b} = 0.14 \times 2/3 \times 0.1/0.04 = 0.23 \text{MPa}$$

因此抗弯强度校验安全。

③抗剪强度的校验

$$\mu = 0.26 - 0.082 \frac{P}{f_k} = 0.26 - 0.082 \times 0.0618/2.32 = 0.26$$

$$P = 0.0618 \text{MPa} < f_v + \alpha \mu P = 0.14 + 0.6 \times 0.26 \times 0.0618 = 0.15 \text{MPa}$$

因此抗剪强度校验安全。

（六）2号马面西侧4号片区2号弹坑受力分析

南侧城墙 2 号马面西侧 4 号片区 2 号弹坑位于城墙上部，弹坑顶部距城墙顶部高度 2.07 米，弹坑长 1.28 米，高 1.06 米，深 0.45 米，弹坑整体及局部照片如图 3.3.6 所示。

图 3.3.6　弹坑所在位置整体图（左图上弹坑）及弹坑局部图（右图上弹坑）

1. 城墙砖及灰浆强度的推定

（1）弹坑周围城墙砖抗压强度的推定

现场检测得到弹坑周围城墙砖的回弹值及代入公式 1 计算得到弹坑周围城墙砖的抗压强度如表 3.3.6-1 所示。

表 3.3.6-1　弹坑周围城墙砖的回弹值与其抗压强度的对应关系

回弹值	33	33	26	28	33	31	26	31	30	24
抗压强度（MPa）	8.18	8.18	3.07	4.33	8.18	6.52	3.07	6.52	5.75	1.97

将表 3.3.6-1 中计算得到的抗压强度代入公式 2、公式 3、公式 4 计算得到弹坑周围城墙砖抗压强度平均值、标准差和变异系数如表 3.3.6-2 所示。

表 3.3.6-2　弹坑周围城墙砖抗压强度平均值、标准差和变异系数

抗压强度平均值 f_1（MPa）	抗压强度标准差 s（MPa）	抗压强度变异系数 δ
5.58	2.34	0.42

（2）弹坑周围灰浆抗压强度的推定

现场检测得到弹坑周围灰浆的回弹值及代入公式 5 计算得到弹坑周围灰浆的抗压强度如表 3.3.6-3 所示。

表 3.3.6-3　弹坑周围灰浆的回弹值与其抗压强度的对应关系

回弹值	17	17	16	15	19	21	21	16	14	17
抗压强度（MPa）	1.70	1.70	1.37	1.09	2.54	3.65	3.65	1.37	0.85	1.70

将表 3.3.6-3 中计算得到的抗压强度代入公式 6、公式 7、公式 8 计算得到弹坑周围灰浆抗压强度平均值、标准差和变异系数如表 3.3.6-4 所示。

表 3.3.6-4　弹坑周围灰浆抗压强度平均值、标准差和变异系数

抗压强度平均值 f_2（MPa）	抗压强度标准差 s（MPa）	抗压强度变异系数 δ
1.96	1.00	0.51

灰浆的变异系数为 0.51，大于 40%，说明灰浆的匀质性较差。

2. 砌体强度的推定

将表 3.3.6-1 中得到的弹坑周围城墙砖和灰浆强度代入公式 9、公式 10、公式 11 计算得到弹坑周围砌体抗压强度、抗弯强度和抗剪强度，如表 3.3.6-5 所示。

（1）抗压强度的推定

砌体轴心抗压强度平均值

$$f_k = k_1 f_1^a (1 + 0.07 f_2) k_2 = 0.78 \times 5.58^{0.5} \times (1 + 0.07 \times 1.96) \times 1 = 2.10 \text{MPa}$$

烧结普通砖 k_1=0.78，α=0.5，当 f_2<1 时，k_2=0.6+0.4f_2；当 $f_2 \geq 1$ 时，k_2=1。

（2）抗弯强度

$$f_{tm} = k_4 \sqrt{f_2} = 0.250 \times 1.96^{0.5} = 0.35 \text{MPa}$$

烧结普通砖沿齿缝 k_4=0.250。

（3）抗剪强度

$$f_v = k_5 \sqrt{f_2} = 0.125 \times 1.96^{0.5} = 0.18 \text{MPa}$$

烧结普通砖 k_5=0.125。

表 3.3.6-5　弹坑周围砌体抗压强度、抗弯强度和抗剪强度

抗压强度 f_k（MPa）	抗弯强度 f_{tm}（MPa）	抗剪强度 f_v（MPa）
2.10	0.35	0.18

3. 弹坑安全状况的评估

根据 3.1.3 中的内容对弹坑的安全状况进行评估。

（1）弹坑位置上方的砖施加给弹坑的压强

$$P = \rho g h = 1.61 \times 10^3 \times 9.8 \times 2.07 = 32660.46 \text{Pa} \approx 0.0327 \text{MPa}$$

（2）强度的校验

①抗压强度的校验

$$\gamma = 1 + 0.35\sqrt{\frac{A_0}{A_l} - 1} = 1 + 0.35\sqrt{\frac{20}{7} - 1} = 1.48$$

$$P = 0.0327\text{MPa} < \gamma f_k = 1.48 \times 2.10 = 3.09\text{MPa}$$

因此抗压强度校验安全。

②抗弯强度的校验

$$P = 0.0327\text{MPa} < \frac{f_v z}{b} = 0.18 \times 2/3 \times 0.1/0.07 = 0.17\text{MPa}$$

因此抗弯强度校验安全。

③抗剪强度的校验

$$\mu = 0.26 - 0.082\frac{P}{f_k} = 0.26 - 0.082 \times 0.0327/2.10 = 0.26$$

$$P = 0.0327\text{MPa} < f_v + \alpha\mu P = 0.18 + 0.6 \times 0.26 \times 0.0327 = 0.18\text{MPa}$$

因此抗剪强度校验安全。

（七）2号马面西侧6号片区1号弹坑

南侧城墙2号马面西侧6号片区1号弹坑位于城墙上部，弹坑顶部距城墙顶部高度2.49米，弹坑长1.50米，高1.25米，深0.50米，弹坑整体及局部照片如图3.3.7所示。

图3.3.7　弹坑所在位置整体图（左图右弹坑）及弹坑局部图（右图）

1. 城墙砖及灰浆强度的推定

（1）弹坑周围城墙砖抗压强度的推定

现场检测得到弹坑周围城墙砖的回弹值及代入公式1计算得到弹坑周围城墙砖的抗压强度如表3.3.7-1所示。

表 3.3.7-1　弹坑周围城墙砖的回弹值与其抗压强度的对应关系

回弹值	37	34	32	28	38	30	29	33	36	39
抗压强度（MPa）	11.98	9.07	7.33	4.33	13.03	5.75	5.02	8.18	10.97	14.12

将表 3.3.7-1 中计算得到的抗压强度代入公式2、公式3、公式4计算得到弹坑周围城墙砖抗压强度平均值、标准差和变异系数如表 3.3.7-2 所示。

表 3.3.7-2　弹坑周围城墙砖抗压强度平均值、标准差和变异系数

抗压强度平均值 f_1（MPa）	抗压强度标准差 s（MPa）	抗压强度变异系数 δ
8.98	3.45	0.38

（2）弹坑周围灰浆抗压强度的推定

现场检测得到弹坑周围灰浆的回弹值及代入公式5计算得到弹坑周围灰浆的抗压强度如表 3.2.15-3 所示。

表 3.3.7-3　弹坑周围灰浆的回弹值与其抗压强度的对应关系

回弹值	15	16	15	21	12	10	11	17	19	21
抗压强度（MPa）	1.09	1.37	1.09	3.65	0.49	0.25	0.36	1.70	2.54	3.65

将表 3.2.15-3 中计算得到的抗压强度代入公式6、公式7、公式8计算得到弹坑周围灰浆抗压强度平均值、标准差和变异系数如表 3.2.15-4 所示。

表 3.3.7-4　弹坑周围灰浆抗压强度平均值、标准差和变异系数

抗压强度平均值 f_2（MPa）	抗压强度标准差 s（MPa）	抗压强度变异系数 δ
1.62	1.27	0.78

灰浆的变异系数为 0.78，大于 40%，说明灰浆的匀质性较差。

2. 砌体强度的推定

将表 3.3.7-1 中得到的弹坑周围城墙砖和灰浆强度代入公式9、公式10、公式11计算得到弹坑周围砌体抗压强度、抗弯强度和抗剪强度，如表 3.3.7-5 所示。

（1）抗压强度的推定

砌体轴心抗压强度平均值

$$f_k = k_1 f_1^a \left(1 + 0.07 f_2\right) k_2 = 0.78 \times 8.98^{0.5} \times (1+0.07 \times 1.62) \times 1 = 2.60 \text{MPa}$$

烧结普通砖 $k_1=0.78$，$\alpha=0.5$，当 $f_2<1$ 时，$k_2=0.6+0.4f_2$；当 $f_2 \geq 1$ 时，$k_2=1$。

（2）抗弯强度

$$f_{tm} = k_4 \sqrt{f_2} = 0.250 \times 1.62^{0.5} = 0.32 \text{MPa}$$

烧结普通砖沿齿缝 $k_4=0.250$。

（3）抗剪强度

$$f_v = k_5 \sqrt{f_2} = 0.125 \times 1.62^{0.5} = 0.16 \text{MPa}$$

烧结普通砖 $k_5=0.125$。

表 3.3.7-5　弹坑周围砌体抗压强度、抗弯强度和抗剪强度

抗压强度 f_k（MPa）	抗弯强度 f_{tm}（MPa）	抗剪强度 f_v（MPa）
2.60	0.32	0.16

3. 弹坑安全状况的评估

根据 3.1.3 中的内容对弹坑的安全状况进行评估。

（1）弹坑位置上方的砖施加给弹坑的压强

$$P = \rho g h = 1.61 \times 10^3 \times 9.8 \times 2.49 = 39287.22 \text{Pa} \approx 0.0393 \text{MPa}$$

（2）强度的校验

①抗压强度的校验

$$\gamma = 1 + 0.35 \sqrt{\frac{A_0}{A_l} - 1} = 1 + 0.35 \sqrt{\frac{20}{9} - 1} = 1.39$$

$$P = 0.0327 \text{MPa} < \gamma f_k = 1.39 \times 2.60 = 3.61 \text{MPa}$$

因此抗压强度校验安全。

②抗弯强度的校验

$$P=0.0393\text{MPa}<\frac{f_y z}{b}=0.16\times 2/3\times 0.1/0.09=0.12\text{MPa}$$

因此抗弯强度校验安全。

③抗剪强度的校验

$$\mu = 0.26-0.082\frac{P}{f_k}=0.26-0.082\times 0.0393/2.60=0.26$$

$$P=0.0393\text{MPa}<f_v+\alpha\mu P=0.16+0.6\times 0.26\times 0.0393=0.17\text{MPa}$$

因此抗剪强度校验安全。

（八）2号马面西侧6号片区2号弹坑

南侧城墙2号马面西侧6号片区2号弹坑位于城墙上部，弹坑顶部距城墙顶部高度2.86米，弹坑长1.20米，高1.15米，深0.40米，弹坑整体及局部照片如图3.3.8所示。

图3.3.8 弹坑所在位置整体图（左图左弹坑）及弹坑局部图（右图）

1. 城墙砖及灰浆强度的推定

（1）弹坑周围城墙砖抗压强度的推定

现场检测得到弹坑周围城墙砖的回弹值及代入公式1计算得到弹坑周围城墙砖的抗压强度如表3.3.8-1所示。

表3.3.8-1 弹坑周围城墙砖的回弹值与其抗压强度的对应关系

回弹值	30	29	28	30	29	30	23	32	29	31
抗压强度（MPa）	5.75	5.02	4.33	5.75	5.02	5.75	1.48	7.33	5.02	6.52

将表 3.3.8–1 中计算得到的抗压强度代入公式 2、公式 3、公式 4 计算得到弹坑周围城墙砖抗压强度平均值、标准差和变异系数如表 3.3.8–2 所示。

表 3.3.8-2　弹坑周围城墙砖抗压强度平均值、标准差和变异系数

抗压强度平均值 f_1（MPa）	抗压强度标准差 s（MPa）	抗压强度变异系数 δ
5.20	1.56	0.30

（2）弹坑周围灰浆抗压强度的推定

现场检测得到弹坑周围灰浆的回弹值及代入公式 5 计算得到弹坑周围灰浆的抗压强度如表 3.3.8–3 所示。

表 3.3.8-3　弹坑周围灰浆的回弹值与其抗压强度的对应关系

回弹值	14	17	14	19	16	18	22	20	21	21
抗压强度（MPa）	0.85	1.70	0.85	2.54	1.37	2.09	4.31	3.06	3.65	3.65

将表 3.3.8–3 中计算得到的抗压强度代入公式 6、公式 7、公式 8 计算得到弹坑周围灰浆抗压强度平均值、标准差和变异系数如表 3.3.8–4 所示。

表 3.3.8-4　弹坑周围灰浆抗压强度平均值、标准差和变异系数

抗压强度平均值 f_2（MPa）	抗压强度标准差 s（MPa）	抗压强度变异系数 δ
2.41	1.23	0.51

灰浆的变异系数为 0.51，大于 40%，说明灰浆的匀质性较差。

2. 砌体强度的推定

将表 3.3.8–1 中得到的弹坑周围城墙砖和灰浆强度代入公式 9、公式 10、公式 11 计算得到弹坑周围砌体抗压强度、抗弯强度和抗剪强度，如表 3.3.8–5 所示。

（1）抗压强度的推定

砌体轴心抗压强度平均值

$$f_k = k_1 f_1^{\alpha}(1+0.07 f_2) k_2 = 0.78 \times 5.20^{0.5} \times (1+0.07 \times 2.41) \times 1 = 2.08 \text{MPa}$$

烧结普通砖 k_1=0.78，α=0.5，当 f_2<1 时，k_2=0.6+0.4f_2；当 $f_2 \geq 1$ 时，k_2=1。

（2）抗弯强度

$$f_{tm} = k_4 \sqrt{f_2} = 0.250 \times 2.41^{0.5} = 0.39 \text{MPa}$$

烧结普通砖沿齿缝 k_4=0.250。

（3）抗剪强度

$$f_v = k_5\sqrt{f_2} = 0.125 \times 2.41^{0.5} = 0.19\text{MPa}$$

烧结普通砖 k_5=0.125。

表 3.3.8-5　弹坑周围砌体抗压强度、抗弯强度和抗剪强度

抗压强度 f_k（MPa）	抗弯强度 f_{tm}（MPa）	抗剪强度 f_v（MPa）
2.08	0.39	0.19

3. 弹坑安全状况的评估

根据 3.1.3 中的内容对弹坑的安全状况进行评估。

（1）弹坑位置上方的砖施加给弹坑的压强

$$P = \rho gh = 1.61 \times 10^3 \times 9.8 \times 2.86 = 45125.08\text{Pa} \approx 0.0451\text{MPa}$$

（2）强度的校验

①抗压强度的校验

$$\gamma = 1 + 0.35\sqrt{\frac{A_0}{A_l} - 1} = 1 + 0.35\sqrt{\frac{20}{7} - 1} = 1.48$$

$$P = 0.0451\text{MPa} < \gamma f_k = 1.48 \times 2.08 = 3.07\text{MPa}$$

因此抗压强度校验安全。

②抗弯强度的校验

$$P = 0.0451\text{MPa} < \frac{f_v z}{b} = 0.19 \times 2/3 \times 0.1/0.07 = 0.18\text{MPa}$$

因此抗弯强度校验安全。

③抗剪强度的校验

$$\mu = 0.26 - 0.082\frac{P}{f_k} = 0.26 - 0.082 \times 0.0451/2.08 = 0.26$$

$$P=0.0451\text{MPa}< f_v + \alpha\mu P =0.19+0.6\times0.26\times0.0451=0.20\text{MPa}$$

因此抗剪强度校验安全。

（九）2号马面西侧6号片区3号弹坑

南侧城墙2号马面西侧6号片区3号弹坑位于城墙中部，弹坑顶部距城墙顶部高度4.79米，弹坑长1.43米，高1.00米，深0.60米，弹坑整体及局部照片如图3.3.9所示。

图3.3.9　弹坑所在位置整体图（左图）及弹坑局部图（右图）

1. 城墙砖及灰浆强度的推定

（1）弹坑周围城墙砖抗压强度的推定

现场检测得到弹坑周围城墙砖的回弹值及代入公式1计算得到弹坑周围城墙砖的抗压强度如表3.3.9-1所示。

表3.3.9-1　弹坑周围城墙砖的回弹值与其抗压强度的对应关系

回弹值	28	31	31	38	34	31	33	31	31	37
抗压强度（MPa）	4.33	6.52	6.52	13.03	9.07	6.52	8.18	6.52	6.52	11.98

将表3.3.9-1中计算得到的抗压强度代入公式2、公式3、公式4计算得到弹坑周围城墙砖抗压强度平均值、标准差和变异系数如表3.3.9-2所示。

表3.3.9-2　弹坑周围城墙砖抗压强度平均值、标准差和变异系数

抗压强度平均值 f_1（MPa）	抗压强度标准差 s（MPa）	抗压强度变异系数 δ
7.92	2.72	0.34

（2）弹坑周围灰浆抗压强度的推定

现场检测得到弹坑周围灰浆的回弹值及代入公式5计算得到弹坑周围灰浆的抗压强度如表3.3.9-3所示。

表 3.3.9-3　弹坑周围灰浆的回弹值与其抗压强度的对应关系

回弹值	14	15	12	15	16	18	19	22	20	16
抗压强度（MPa）	0.85	1.09	0.49	1.09	1.37	2.09	2.54	4.31	3.06	1.37

将表 3.3.9-3 中计算得到的抗压强度代入公式 6、公式 7、公式 8 计算得到弹坑周围灰浆抗压强度平均值、标准差和变异系数如表 3.3.9-4 所示。

表 3.3.9-4　弹坑周围灰浆抗压强度平均值、标准差和变异系数

抗压强度平均值 f_2（MPa）	抗压强度标准差 s（MPa）	抗压强度变异系数 δ
1.83	1.18	0.65

灰浆的变异系数为 0.51，大于 40%，说明灰浆的匀质性较差。

2. 砌体强度的推定

将表 3.3.9-1 中得到的弹坑周围城墙砖和灰浆强度代入公式 9、公式 10、公式 11 计算得到弹坑周围砌体抗压强度、抗弯强度和抗剪强度，如表 3.3.9-5 所示。

（1）抗压强度的推定

砌体轴心抗压强度平均值

$$f_k = k_1 f_1^\alpha (1 + 0.07 f_2) k_2 = 0.78 \times 7.92^{0.5} \times (1+0.07\times1.83) \times 1 = 2.48 \text{MPa}$$

烧结普通砖 k_1=0.78，α=0.5，当 f_2<1 时，k_2=0.6+0.4f_2；当 f_2≥1 时，k_2=1。

（2）抗弯强度

$$f_{tm} = k_4 \sqrt{f_2} = 0.250 \times 1.83^{0.5} = 0.34 \text{MPa}$$

烧结普通砖沿齿缝 k_4=0.250。

（3）抗剪强度

$$f_v = k_5 \sqrt{f_2} = 0.125 \times 1.83^{0.5} = 0.17 \text{MPa}$$

烧结普通砖 k_5=0.125。

表 3.3.9-5　弹坑周围砌体抗压强度、抗弯强度和抗剪强度

抗压强度 f_k（MPa）	抗弯强度 f_{tm}（MPa）	抗剪强度 f_v（MPa）
2.48	0.34	0.17

3. 弹坑安全状况的评估

根据 3.1.3 中的内容对弹坑的安全状况进行评估。

（1）弹坑位置上方的砖砌加给弹坑的压强

$$P = \rho gh = 1.61 \times 10^3 \times 9.8 \times 4.79 = 75576.62 \text{Pa} \approx 0.0756 \text{MPa}$$

（2）强度的校验

①抗压强度的校验

$$\gamma = 1 + 0.35\sqrt{\frac{A_0}{A_l} - 1} = 1 + 0.35\sqrt{\frac{20}{6} - 1} = 1.53$$

$$P = 0.0451 \text{MPa} < \gamma f_k = 1.53 \times 2.48 = 3.80 \text{MPa}$$

因此抗压强度校验安全。

②抗弯强度的校验

$$P = 0.0756 \text{MPa} < \frac{f_v z}{b} = 0.17 \times 2/3 \times 0.1/0.06 = 0.19 \text{MPa}$$

因此抗弯强度校验安全。

③抗剪强度的校验

$$\mu = 0.26 - 0.082\frac{P}{f_k} = 0.26 - 0.082 \times 0.0756/2.48 = 0.26$$

$$P = 0.0756 \text{MPa} < f_v + \alpha\mu P = 0.17 + 0.6 \times 0.26 \times 0.0756 = 0.18 \text{MPa}$$

因此抗剪强度校验安全。

四、北侧城墙弹坑受力分析

（一）1号马面西侧1号片区1号弹坑

北侧城墙1号马面西侧1号片区1号弹坑位于城墙上部，弹坑顶部距城墙顶部高度约1.00米，弹坑长约1.50米，高约1.20米，深0.45米，弹坑整体及局部照片如图3.4.1所示。

图 3.4.1　弹坑所在位置整体图（左图）及弹坑局部图（右图）

1. 城墙砖及灰浆强度的推定

（1）弹坑周围城墙砖抗压强度的推定

现场检测得到弹坑周围城墙砖的回弹值及代入公式 1 计算得到弹坑周围城墙砖的抗压强度如表 3.4.1-1 所示。

表 3.4.1-1　弹坑周围城墙砖的回弹值与其抗压强度的对应关系

回弹值	28	30	34	34	26	34	32	23	32	28
抗压强度（MPa）	4.33	5.75	9.07	9.07	3.07	9.07	7.33	1.48	7.33	4.33

将表 3.4.1-1 中计算得到的抗压强度代入公式 2、公式 3、公式 4 计算得到弹坑周围城墙砖抗压强度平均值、标准差和变异系数如表 3.4.1-2 所示。

表 3.4.1-2　弹坑周围城墙砖抗压强度平均值、标准差和变异系数

抗压强度平均值 f_1（MPa）	抗压强度标准差 s（MPa）	抗压强度变异系数 δ
6.08	2.72	0.45

（2）弹坑周围灰浆抗压强度的推定

现场检测得到弹坑周围灰浆的回弹值及代入公式 5 计算得到弹坑周围灰浆的抗压强度如表 3.4.1-3 所示。

表 3.4.1-3　弹坑周围灰浆的回弹值与其抗压强度的对应关系

回弹值	17	16	21	13	21	25	24	22	12	19
抗压强度（MPa）	1.70	1.37	3.65	0.65	3.65	6.83	5.90	4.31	0.49	2.54

将表 3.4.1-3 中计算得到的抗压强度代入公式 6、公式 7、公式 8 计算得到弹坑周围灰浆抗压强度平均值、标准差和变异系数如表 3.4.1-4 所示。

表 3.4.1-4　弹坑周围灰浆抗压强度平均值、标准差和变异系数

抗压强度平均值 f_2（MPa）	抗压强度标准差 s（MPa）	抗压强度变异系数 δ
3.11	2.16	0.69

灰浆的变异系数为 0.69，大于 40%，说明灰浆的匀质性较差。

2. 砌体强度的推定

将表 3.4.1-1 中得到的弹坑周围城墙砖和灰浆强度代入公式 9、公式 10、公式 11 计算得到弹坑周围砌体抗压强度、抗弯强度和抗剪强度，如表 3.4.1-5 所示。

（1）抗压强度的推定

砌体轴心抗压强度平均值

$$f_k = k_1 f_1^{\alpha}(1+0.07 f_2) k_2 = 0.78 \times 6.08^{0.5} \times (1+0.07 \times 3.11) \times 1 = 2.34 \text{MPa}$$

烧结普通砖 $k_1=0.78$，$\alpha=0.5$，当 $f_2<1$ 时，$k_2=0.6+0.4 f_2$；当 $f_2 \geq 1$ 时，$k_2=1$。

（2）抗弯强度

$$f_{tm} = k_4 \sqrt{f_2} = 0.250 \times 3.11^{0.5} = 0.44 \text{MPa}$$

烧结普通砖沿齿缝 $k_4=0.250$。

（3）抗剪强度

$$f_v = k_5 \sqrt{f_2} = 0.125 \times 3.11^{0.5} = 0.22 \text{MPa}$$

烧结普通砖 $k_5=0.125$。

表 3.4.1-5　弹坑周围砌体抗压强度、抗弯强度和抗剪强度

抗压强度 f_k（MPa）	抗弯强度 f_{tm}（MPa）	抗剪强度 f_v（MPa）
2.34	0.44	0.22

3. 弹坑安全状况的评估

根据 3.1.3 中的内容对弹坑的安全状况进行评估。

（1）弹坑位置上方的砖施加给弹坑的压强

$$P = \rho g h = 1.61 \times 10^3 \times 9.8 \times 1.00 = 15778.00 \text{Pa} \approx 0.016 \text{MPa}$$

（2）强度的校验

①抗压强度的校验

$$\gamma = 1 + 0.35\sqrt{\frac{A_0}{A_l} - 1} = 1 + 0.35\sqrt{1-1} = 1$$

$$P=0.016\text{MPa} < \gamma f_k = 1 \times 2.34 = 2.34\text{MPa}$$

因此抗压强度校验安全。

②抗弯强度的校验

$$P=0.016\text{MPa} < \frac{f_v z}{b} = 0.22 \times 2/3 \times 0.10/0.2 = 0.07\text{MPa}$$

因此抗弯强度校验安全。

③抗剪强度的校验

$$\mu = 0.26 - 0.082\frac{P}{f_k} = 0.26 - 0.082 \times 0.016/2.34 = 0.26$$

$$P=0.016\text{MPa} < f_v + \alpha\mu P = 0.22 + 0.6 \times 0.26 \times 0.016 = 0.22\text{MPa}$$

因此抗剪强度校验安全。

（二）1号马面西侧1号片区2号弹坑

北侧城墙1号马面西侧1号片区2号弹坑位于城墙上部，弹坑顶部距城墙顶部高度约1.70米，弹坑长约1.15米，高约0.5米，深约0.5米，弹坑整体及局部照片如图3.4.2所示。

图 3.4.2　弹坑所在位置整体图（左图）及弹坑局部图（右图）

1. 城墙砖及灰浆强度的推定

（1）弹坑周围城墙砖抗压强度的推定

现场检测得到弹坑周围城墙砖的回弹值及代入公式 1 计算得到弹坑周围城墙砖的抗压强度如表 3.4.2-1 所示。

表 3.4.2-1　弹坑周围城墙砖的回弹值与其抗压强度的对应关系

回弹值	32	28	25	28	25	23	22	24	48	26
抗压强度（MPa）	7.33	4.33	2.50	4.33	2.50	1.48	1.03	1.97	25.73	3.07

将表 3.4.2-1 中计算得到的抗压强度代入公式 2、公式 3、公式 4 计算得到弹坑周围城墙砖抗压强度平均值、标准差和变异系数如表 3.4.2-2 所示。

表 3.4.2-2　弹坑周围城墙砖抗压强度平均值、标准差和变异系数

抗压强度平均值 f_1（MPa）	抗压强度标准差 s（MPa）	抗压强度变异系数 δ
5.43	7.36	1.36

（2）弹坑周围灰浆抗压强度的推定

现场检测得到弹坑周围灰浆的回弹值及代入公式 5 计算得到弹坑周围灰浆的抗压强度如表 3.4.2-3 所示。

表 3.4.2-3　弹坑周围灰浆的回弹值与其抗压强度的对应关系

回弹值	14	14	17	16	15	18	12	12	14	20
抗压强度（MPa）	0.85	0.85	1.70	1.37	1.09	2.09	0.49	0.49	0.85	3.06

将表 3.4.2-3 中计算得到的抗压强度代入公式 6、公式 7、公式 8 计算得到弹坑周围灰浆抗压强度平均值、标准差和变异系数如表 3.4.2-4 所示。

表 3.4.2-4　弹坑周围灰浆抗压强度平均值、标准差和变异系数

抗压强度平均值 f_2（MPa）	抗压强度标准差 s（MPa）	抗压强度变异系数 δ
1.28	0.81	0.63

灰浆的变异系数为 0.63，大于 40%，说明灰浆的匀质性较差。

2. 砌体强度的推定

将表 3.4.2-1 中得到的弹坑周围城墙砖和灰浆强度代入公式 9、公式 10、公式 11 计算得到弹坑周围砌体抗压强度、抗弯强度和抗剪强度，如表 3.4.2-5 所示。

（1）抗压强度的推定

砌体轴心抗压强度平均值

$$f_k = k_1 f_1^a \left(1+0.07 f_2\right) k_2 = 0.78 \times 5.43^{0.5} \times (1+0.07 \times 1.28) \times 1 = 1.98 \text{MPa}$$

烧结普通砖 $k_1=0.78$，$\alpha=0.5$，当 $f_2<1$ 时，$k_2=0.6+0.4f_2$；当 $f_2 \geq 1$ 时，$k_2=1$。

（2）抗弯强度

$$f_{tm} = k_4 \sqrt{f_2} = 0.250 \times 1.28^{0.5} = 0.28 \text{MPa}$$

烧结普通砖沿齿缝 $k_4=0.250$。

（3）抗剪强度

$$f_v = k_5 \sqrt{f_2} = 0.125 \times 1.28^{0.5} = 0.14 \text{MPa}$$

烧结普通砖 $k_5=0.125$。

表 3.4.2-5　弹坑周围砌体抗压强度、抗弯强度和抗剪强度

抗压强度 f_k（MPa）	抗弯强度 f_{tm}（MPa）	抗剪强度 f_v（MPa）
1.98	0.28	0.14

3. 弹坑安全状况的评估

根据 3.1.3 中的内容对弹坑的安全状况进行评估。

（1）弹坑位置上方的砖施加给弹坑的压强

$$P = \rho g h = 1.61 \times 10^3 \times 9.8 \times 1.70 = 26822.6 \text{Pa} \approx 0.027 \text{MPa}$$

（2）强度的校验

①抗压强度的校验

$$\gamma = 1 + 0.35 \sqrt{\frac{A_0}{A_l} - 1} = 1 + 0.35\sqrt{1-1} = 1$$

$$P = 0.027 \text{MPa} < \gamma f_k = 1 \times 1.98 = 1.98 \text{MPa}$$

因此抗压强度校验安全。

②抗弯强度的校验

$$P=0.027\text{MPa}<\frac{f_v z}{b}=0.14\times 2/3\times 0.10/0.2=0.05\text{MPa}$$

因此抗弯强度校验安全。

③抗剪强度的校验

$$\mu = 0.26 - 0.082\frac{P}{f_k}=0.26-0.082\times 0.027/1.98=0.26$$

$$P=0.027\text{MPa}<f_v + \alpha\mu P=0.14+0.6\times 0.26\times 0.027=0.15\text{MPa}$$

因此抗剪强度校验安全。

(三) 西马面东侧 1 号弹坑

北侧城墙西马面东侧 1 号弹坑位于城墙中上部,弹坑顶部距城墙顶部高度约 3.4 米,弹坑长约 1.0 米,高约 1.0 米,深约 0.2 米,弹坑整体及局部照片如图 3.4.3 所示。

图 3.4.3 弹坑所在位置整体图(左图)及弹坑局部图(右图)

1. 城墙砖及灰浆强度的推定

(1) 弹坑周围城墙砖抗压强度的推定

现场检测得到弹坑周围城墙砖的回弹值及代入公式 1 计算得到弹坑周围城墙砖的抗压强度如表 3.4.3-1 所示。

表 3.4.3-1 弹坑周围城墙砖的回弹值与其抗压强度的对应关系

回弹值	30	30	28	32	36	26	34	30	32	27
抗压强度(MPa)	5.75	5.75	4.33	7.33	10.97	3.07	9.07	5.75	7.33	3.68

将表 3.4.3-1 中计算得到的抗压强度代入公式 2、公式 3、公式 4 计算得到弹坑周围城墙砖抗压强度平均值、标准差和变异系数如表 3.4.3-2 所示。

表 3.4.3-2 弹坑周围城墙砖抗压强度平均值、标准差和变异系数

抗压强度平均值 f_1（MPa）	抗压强度标准差 s（MPa）	抗压强度变异系数 δ
6.30	2.44	0.39

（2）弹坑周围灰浆抗压强度的推定

现场检测得到弹坑周围灰浆的回弹值及代入公式 5 计算得到弹坑周围灰浆的抗压强度如表 3.4.3-3 所示。

表 3.4.3-3 弹坑周围灰浆的回弹值与其抗压强度的对应关系

回弹值	13	19	16	21	18	19	16	17	14	18
抗压强度（MPa）	0.65	2.54	1.37	3.65	2.09	2.54	1.37	1.70	0.85	2.09

将表 3.4.3-3 中计算得到的抗压强度代入公式 6、公式 7、公式 8 计算得到弹坑周围灰浆抗压强度平均值、标准差和变异系数如表 3.4.3-4 所示。

表 3.4.3-4 弹坑周围灰浆抗压强度平均值、标准差和变异系数

抗压强度平均值 f_2（MPa）	抗压强度标准差 s（MPa）	抗压强度变异系数 δ
1.89	0.90	0.48

灰浆的变异系数为 0.48，大于 40%，说明灰浆的匀质性较差。

2. 砌体强度的推定

将表 3.4.3-1 中得到的弹坑周围城墙砖和灰浆强度代入公式 9、公式 10、公式 11 计算得到弹坑周围砌体抗压强度、抗弯强度和抗剪强度，如表 3.4.3-5 所示。

（1）抗压强度的推定

砌体轴心抗压强度平均值

$$f_k = k_1 f_1^{\alpha}(1+0.07 f_2) k_2 = 0.78 \times 6.30^{0.5} \times (1+0.07 \times 1.89) \times 1 = 2.22 \text{MPa}$$

烧结普通砖 k_1=0.78，α=0.5，当 f_2<1 时，k_2=0.6+0.4f_2，当 $f_2 \geq 1$ 时，k_2=1。

（2）抗弯强度

$$f_{tm} = k_4 \sqrt{f_2} = 0.250 \times 1.89^{0.5} = 0.34 \text{MPa}$$

烧结普通砖沿齿缝 k_4=0.250。

（3）抗剪强度

$$f_v = k_5\sqrt{f_2} = 0.125 \times 1.89^{0.5} = 0.17\text{MPa}$$

烧结普通砖 k_5=0.125。

表 3.4.3-5 弹坑周围砌体抗压强度、抗弯强度和抗剪强度

抗压强度 f_k（MPa）	抗弯强度 f_{tm}（MPa）	抗剪强度 f_v（MPa）
2.22	0.34	0.17

3. 弹坑安全状况的评估

根据 3.1.3 中的内容对弹坑的安全状况进行评估。

（1）弹坑位置上方的砖施加给弹坑的压强

$$P = \rho gh = 1.61 \times 10^3 \times 9.8 \times 3.4 = 53645.2\text{Pa} \approx 0.054\text{MPa}$$

（2）强度的校验

①抗压强度的校验

$$\gamma = 1 + 0.35\sqrt{\frac{A_0}{A_l} - 1} = 1 + 0.35\sqrt{1-1} = 1$$

$$P = 0.054\text{MPa} < \gamma f_k = 1 \times 2.22 = 2.22\text{MPa}$$

因此抗压强度校验安全。

②抗弯强度的校验

$$P = 0.054\text{MPa} < \frac{f_v z}{b} = 0.17 \times 2/3 \times 0.10/0.2 = 0.06\text{MPa}$$

因此抗弯强度校验安全。

③抗剪强度的校验

$$\mu = 0.26 - 0.082\frac{P}{f_k} = 0.26 - 0.082 \times 0.054/2.22 = 0.26$$

$$P = 0.054\text{MPa} < f_v + \alpha\mu P = 0.17 + 0.6 \times 0.26 \times 0.054 = 0.18\text{MPa}$$

因此抗剪强度校验安全。

（四）西马面东侧 2 号弹坑

北侧城墙西马面东侧 2 号弹坑位于城墙中部，弹坑顶部距城墙顶部高度约 4.05 米，弹坑长约 1.44 米，高约 1.49 米，深约 0.2 米，弹坑整体及局部照片如图 3.4.4 所示。

图 3.4.4　弹坑所在位置整体图（左图）及弹坑局部图（右图）

1. 城墙砖及灰浆强度的推定

（1）弹坑周围城墙砖抗压强度的推定

现场检测得到弹坑周围城墙砖的回弹值及代入公式 1 计算得到弹坑周围城墙砖的抗压强度如表 3.4.4-1 所示。

表 3.4.4-1　弹坑周围城墙砖的回弹值与其抗压强度的对应关系

回弹值	26	24	29	27	26	25	24	32	29	26
抗压强度（MPa）	3.07	1.97	5.02	3.68	3.07	2.50	1.97	7.33	5.02	3.07

将表 3.4.4-1 中计算得到的抗压强度代入公式 2、公式 3、公式 4 计算得到弹坑周围城墙砖抗压强度平均值、标准差和变异系数如表 3.4.4-2 所示。

表 3.4.4-2　弹坑周围城墙砖抗压强度平均值、标准差和变异系数

抗压强度平均值 f_1（MPa）	抗压强度标准差 s（MPa）	抗压强度变异系数 δ
3.67	1.68	0.46

（2）弹坑周围灰浆抗压强度的推定

现场检测得到弹坑周围灰浆的回弹值及代入公式 5 计算得到弹坑周围灰浆的抗压强度如表 3.4.4-3 所示。

表 3.4.4-3 弹坑周围灰浆的回弹值与其抗压强度的对应关系

回弹值	16	14	20	13	14	15	17	14	15	18
抗压强度（MPa）	1.37	0.85	3.06	0.65	0.85	1.09	1.70	0.85	1.09	2.09

将表 3.4.4-3 中计算得到的抗压强度代入公式 6、公式 7、公式 8 计算得到弹坑周围灰浆抗压强度平均值、标准差和变异系数如表 3.4.4-4 所示。

表 3.4.4-4 弹坑周围灰浆抗压强度平均值、标准差和变异系数

抗压强度平均值 f_2（MPa）	抗压强度标准差 s（MPa）	抗压强度变异系数 δ
1.36	0.74	0.55

灰浆的变异系数为 0.48，大于 40%，说明灰浆的匀质性较差。

2. 砌体强度的推定

将表 3.4.4-1 中得到的弹坑周围城墙砖和灰浆强度代入公式 9、公式 10、公式 11 计算得到弹坑周围砌体抗压强度、抗弯强度和抗剪强度，如表 3.4.4-5 所示。

（1）抗压强度的推定

砌体轴心抗压强度平均值

$$f_k = k_1 f_1^\alpha (1+0.07 f_2) k_2 = 0.78 \times 3.67^{0.5} \times (1+0.07 \times 1.36) \times 1 = 1.64 \text{MPa}$$

烧结普通砖 k_1=0.78，α=0.5，当 f_2<1 时，k_2=0.6+0.4f_2；当 $f_2 \geqslant 1$ 时，k_2=1。

（2）抗弯强度

$$f_{tm} = k_4 \sqrt{f_2} = 0.250 \times 1.36^{0.5} = 0.29 \text{MPa}$$

烧结普通砖沿齿缝 k_4=0.250。

（3）抗剪强度

$$f_v = k_5 \sqrt{f_2} = 0.125 \times 1.89^{0.5} = 0.15 \text{MPa}$$

烧结普通砖 k_5=0.125。

表 3.4.4-5 弹坑周围砌体抗压强度、抗弯强度和抗剪强度

抗压强度 f_k（MPa）	抗弯强度 f_{tm}（MPa）	抗剪强度 f_v（MPa）
1.64	0.29	0.15

3. 弹坑安全状况的评估

根据 3.1.3 中的内容对弹坑的安全状况进行评估。

（1）弹坑位置上方的砖砌加给弹坑的压强

$$P = \rho g h = 1.61 \times 10^3 \times 9.8 \times 4.05 = 63900.9 \text{Pa} \approx 0.064 \text{MPa}$$

（2）强度的校验

①抗压强度的校验

$$\gamma = 1 + 0.35\sqrt{\frac{A_0}{A_l} - 1} = 1 + 0.35\sqrt{1.58 - 1} = 1.27$$

$$P = 0.064 \text{MPa} < \gamma f_k = 1.27 \times 1.64 = 2.07 \text{MPa}$$

因此抗压强度校验安全。

②抗弯强度的校验

$$P = 0.064 \text{MPa} > \frac{f_v z}{b} = 0.15 \times 2/3 \times 0.10/0.2 = 0.05 \text{MPa}$$

因此抗弯强度校验不安全。

③抗剪强度的校验

$$\mu = 0.26 - 0.082\frac{P}{f_k} = 0.26 - 0.082 \times 0.064/1.64 = 0.26$$

$$P = 0.064 \text{MPa} < f_v + \alpha \mu P = 0.15 + 0.6 \times 0.26 \times 0.064 = 0.16 \text{MPa}$$

因此抗剪强度校验安全。

五、小结

通过计算，3.2.6 节中的东侧城墙城门北 10 号片区 1 号弹坑和 3.4.4 节北侧城墙西马面东侧 2 号弹坑抗弯强度校验不安全，其他弹坑的抗压强度、抗弯强度、抗剪强度全部校验合格。修缮过程中需对东侧城墙城门北 10 号片区 1 号弹坑和 3.4.4 节北侧城墙西马面东侧 2 号弹坑进行加固处理。

第四章

加固材料筛选实验

根据宛平城城墙的裂缝、缺损、空鼓等病害，分别设计 3 种修补材料配方，制作试样进行性能测试，根据结果筛选出合适的补缝、补缺及灌浆材料。

一、加固材料配方及试样制作

（一）加固材料配方

加固材料配方如表 4.1、表 4.2 和表 4.3 所示。

表 4.1 补缝材料配方

种类	浆料名称	主剂	配方
补缝材料	硅丙石灰	熟石灰	熟石灰：硅灰：砖粉 =27：3：20，1.5%wt 硅丙乳液，1%wt 三聚氰胺减水剂，水胶比 0.85
	碳纳米管石灰	熟石灰	熟石灰：硅灰：砖粉 =9：1：10，1%wt 三聚氰胺减水剂，以水胶比 0.8 加入 0.5%wt 的碳纳米管溶液
	天然水硬性石灰	天然水硬性石灰	NHL2：硅灰：砖粉 =9：1：10，0.65%wt 三聚氰胺减水剂，水胶比 0.7

表 4.2 灌浆材料配方

种类	浆料名称	主剂	配方
灌浆材料	天然水硬性石灰	天然水硬性石灰	NHL2：硅灰：石灰岩粉 =9：1：10，0.25%wt 三聚氰胺减水剂，水胶比 0.65
	人造水硬性石灰	白水泥、熟石灰	白水泥：熟石灰：硅灰：石灰岩粉 =12：9：3：10，1%wt 十六水合硫酸铝，0.32%wt 的减水剂，水胶比 0.65
	糯米石灰	熟石灰	熟石灰：硅灰：石灰岩粉 =17：3：20，0.75%wt 减水剂，以水胶比 0.85 加入糯米浆（5%wt 糯米、1%wt 硫酸铝）

表 4.3 补缺材料配方

种类	浆料名称	主剂	配方
补缺材料	天然水硬性石灰	天然水硬性石灰	NHL2：硅灰：重质钙粉 =9：1：20，水胶比 0.95
	有机硅石灰	熟石灰	熟石灰：砖粉：重质钙粉 =7：3：15，1%wt 甲基硅酸钠，水胶比 0.9
	瓜尔豆胶石灰	熟石灰	熟石灰：砖粉：重质钙粉 =7：3：15，1%wt 瓜尔豆胶，水胶比 0.9

（二）试样制作

1. 碳纳米管溶液：称取 0.8g 羟基化碳纳米管，1599.2g 去离子水，玻璃棒搅拌 30s 后在室温下以 80W 的功率超声 30min，得到 0.05wt% 的 CNT 溶液。

图 4.1 超声处理碳纳米管溶液

2. 糯米浆：称取一定量的生糯米粉、水和十六水合硫酸铝按比例加入烧杯中，配制成 5%wt 糯米粉、1%wt 十六水合硫酸铝的糯米浆，在水浴锅 100℃加热 4～5h，边加热边搅拌，制成的糯米浆均匀且流动性好。

3. 试样制作：将原料按照配方比例倒入搅拌器中，先用 JJ-5 水泥胶砂搅拌机先将干料搅拌均匀，再加入一定比例水，之后慢转搅拌 1min，快转搅拌 1min，直至搅拌均匀。搅拌完成后将样品倒入 16 厘米 ×4 厘米 ×4 厘米的标准模具中，将模具放到 ZS-15 型水泥胶砂振实台上振实 60s，排除浆体中的气泡。振实完成后将模具放入 YH-40B 型恒温恒湿养护箱中以 20℃、70% 湿度的条件养护，3d 后脱模，并再放入养护箱中养护至 28d。每一种材料配方制作 9 个试样，共 81 个。

二、试样基本性能测试

（一）pH 测试

在制作样品时，取出少量的浆料用 pH 试纸测试其 pH。本实验中使用主剂为胶凝材料，均呈强碱性，故使用碱性精确 pH 试纸进行测试。

各配方浆液 pH 测试结果如下。

表 4.4　pH 测试结果

材料名称	pH
BF 硅丙石灰	13
BF 碳纳米管石灰	13
BF 天然水硬性石灰	13.5
BQ 有机硅石灰	13
BQ 瓜尔豆胶石灰	13.5
BQ 天然水硬性石灰	13.5
GJ 糯米石灰	13
GJ 人造水硬性石灰	13.5
GJ 天然水硬性石灰	13

测试结果显示，各材料配方均呈强碱性，pH 值均在 13～13.5，相差不大，由于城墙本体材料为砖、灰浆、土等，因此强碱性修补材料不会对城墙本体产生不利影响。

（二）流动性测试

材料流动性测试参照《GB/T8077-2012 混凝土外加剂匀质性试验方法》中水泥净浆流动度测试方法。采用 NLD-3 型水泥胶流动度测试仪进行测试，具体操作方法为将拌好的浆料迅速地分两次注入截锥圆模内，第一次装入至截锥圆模的三分之二处，用捣棒自边缘向中心均匀捣 15 次，接着装第二层灰浆，装至高出截锥圆模一点，用刮刀刮平。捣匀和刮平的时候，用手将截锥圆模按住不要使其产生移动。将截锥圆模按垂直方向提起，立即开启跳台，跳动 30 次后，用卡尺测量灰浆流动的水平和竖直方向的直径长度，取互相垂直的两个直径的平均值作为该灰浆的流动度，用毫米表示。

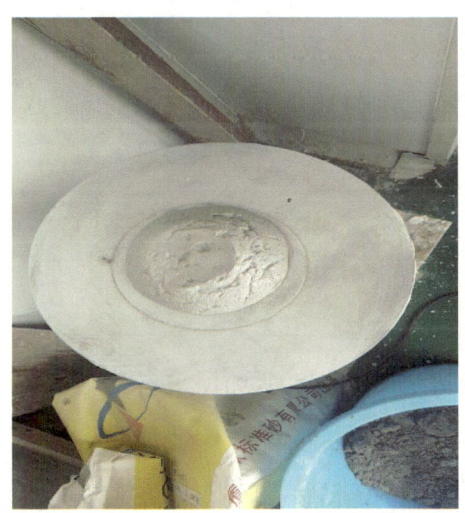

图 4.2　流动性测试跳台

流动性测试结果如表 4.5 所示。

表 4.5　浆料流动性测试结果

式样名称	流动度（cm）
GJ 天然水硬性石灰	>30
GJ 人造水硬性石灰	23.75
GJ 糯米石灰	>30
BQ 天然水硬性石灰	13.5
BQ 有机硅石灰	13.75
BQ 瓜尔豆胶石灰	13.5
BF 硅丙石灰	22.5
BF 碳纳米管石灰	>30
BF 天然水硬性石灰	>30

本实验测试流动性的跳台直径为 30 厘米，三种配方中补缺材料由于其施工性不同于灌浆材料和补缝材料，因此其流动性指标对其无评价意义；灌浆材料中天然水硬性石灰和糯米石灰浆流动度均超过 30 厘米，人造水硬性石灰浆流动度为 23.75 厘米，都可以满足灌浆施工的要求；补缝材料也需要一定的流动性，硅丙石灰浆流动度为 22.5 厘米，碳纳米管石灰浆和天然水硬性石灰浆流动度都超过 30 厘米，因此可满足裂缝修补需求。

（三）**收缩性测试**

参照中华人民共和国行业标准《建筑灰浆基本性能试验方法标准》来测量样品的收缩性，试样初始尺寸为 160 毫米 ×40 毫米 ×40 毫米，在 7d、21d、28d 分别测量样品的尺寸计算收缩率。材料收缩主要有两方面原因，一方面是由于凝结过程中失去水分造成干缩，另一方面是由于温度变化引起温缩。收缩过大可能造成开裂，因此，收缩性能对灌浆材料的应用至关重要。试样收缩率的计算公式见（公式 1）：

$$\beta = \frac{L_t - L_0}{L_t} \times 100\% \qquad (公式 1)$$

式中：β 为试样收缩率；L_0 和 L_t 分别为初始及达到某龄期的测量值，单位为毫米。

各配方试件的收缩性测试结果如表 4.6 所示。

由表 4.6 和图 4.3 可知，在灌浆材料中，改性天然水硬性石灰浆和人造水硬性石灰浆收缩性较小，均小于 1%，且三个龄期内收缩性相差不大，这是由于硅灰的加入与氢氧化钙发生火山灰反应生成水化硅酸钙，减小了孔隙，减少了水分的流失，一定程度上抑制了体积收缩，而糯米灰浆由于熟石灰本身收缩性较大，另外由于流动性的需要加入了过多的水，因此收缩率过大；在补缺材料中，改性天然水硬性石灰收缩性最小，有机硅改性石灰的28d收缩率为2.13%，可能是由于有疏水作用的甲基硅酸钠进入基体的孔隙内，减少了水分的流失，从而改善了收缩性能，而瓜尔豆胶对熟石灰收缩性改性效果较差；在补缝材料中，改性天然水硬性石灰依然具有最小的收缩率，而硅丙和碳纳米管改性的石灰浆由于流动性的需要加入了较多的水，水分蒸发导致收缩率较大。

表 4.6 材料收缩性测试结果

材料种类	收缩性（%）		
	7d	14d	28d
GJ 天然水硬性石灰	0.28	0.35	0.47
GJ 人造水硬性石灰	0.5	0.62	0.68
GJ 糯米石灰	4.25	5.06	5.44
BQ 天然水硬性石灰	1.04	1.19	1.24
BQ 有机硅石灰	1.88	1.94	2.13
BQ 瓜尔豆胶石灰	3.11	3.35	3.41
BF 硅丙石灰	2.63	3.35	3.60
BF 碳纳米管石灰	2.73	3.28	3.40
BF 天然水硬性石灰	1.44	1.48	1.56

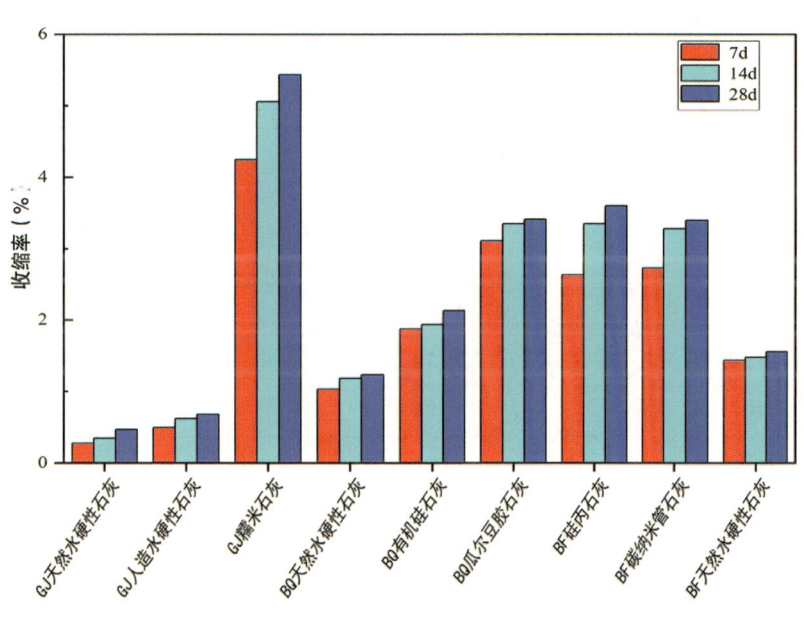

图 4.3 材料收缩率比较

(四)色差值测试

由于对文物建筑的修复遵循着"修旧如旧"的原则,所以在筛选修复材料的时候,材料的颜色应该要尽量与文物原本的颜色相接近。本实验采用 JZ-300 通用色差仪对所试验修复材料的色度值进行测试,并根据测试结果与原材料进行对比计算,根据视觉效果与色差的关系表筛选满足修复要求的材料。

色差是指两种材料之间的颜色差别,在本实验中即试样与城墙原砖之间的色差。试验时,使用通用色差仪将测量一端贴紧试样,采用平均测量,采样次数为 3 次。测量得到 L*、a*、b* 三个值,总色差 ΔE 的计算采用下式计算:

$$\Delta E_{ab}^* = \left[\left(L_1^* - L_2^* \right)^2 + \left(a_1^* - a_2^* \right)^2 + \left(b_1^* - b_2^* \right)^2 \right]^{1/2} \quad (公式2)$$

式中:L_1^*、a_1^*、b_1^* 表示原砖色度值,L_2^*、a_2^*、b_2^* 代表试样色度值。

表 4.7　视觉效果与色差的关系

NBS 色差值	ΔE 色差值	视觉差异
0–2.76	0–3.0	极微
3.0–6.0	3.26–6.52	明显
6.0–12.0	6.52–13.04	强烈
≥ 12.0	≥ 13.04	很强烈

各配方试件与原砖色差值如表 4.8 所示。

表 4.8　试件色差值结果

试样名称	平均色差ΔE	视觉效果
GJ 天然水硬性石灰	16.17	很强烈
GJ 人造水硬性石灰	20.54	很强烈
GJ 糯米石灰	14.48	很强烈
BQ 天然水硬性石灰	20.78	很强烈
BQ 有机硅石灰	10.84	强烈
BQ 瓜尔豆胶石灰	11.21	强烈
BF 硅丙石灰	8.68	强烈
BF 碳纳米管石灰	1.14	极微
BF 天然水硬性石灰	5.58	明显

为了尽可能使试件的颜色与原砖接近，补缺和补缝材料配方中采用了砖粉作为骨料来调色，但色差值计算结果显示，补缺材料与原砖有较强烈的视觉差异，可能是砖粉的添加量较少导致，但砖粉本身具有很强的吸水性，添加过多会导致用水量大大增加，造成材料黏结性及强度的降低；补缝材料中采用碳纳米管改性石灰与原砖的色差只有极微的差别；灌浆材料与原砖有很强烈的色差，这主要是因为采用了白度较高的硅灰，但灌浆材料主要用于墙体内部，因此色差值对材料效果评估影响不大。

三、试样力学性能测试

（一）抗压强度测试

使用万能试验机对养护 28d 的试件进行抗压强度的测试。将城墙原砖和制得的样品切割成 4 厘米 ×4 厘米 ×4 厘米的正方体。砖和灰浆的抗压强度采用《JGJ/T70-2009 建筑灰浆基本性能试验方法》标准中立方体抗压强度试验规定的方法，本实验采用 LETRY 型电子万能试验机进行试验，计算抗压强度：

$$P=F/A \qquad (公式3)$$

式中：F——试样破碎时所承受的压力，N；A——试样挤压面面积，m^2；P——抗压强度，Pa。本实验的万能试验机采用的参数设置如表 4.9 所示。

表 4.9 抗压试验参数设置

参数名称	设置数值
负荷量程	10000N
变形量程	10mm
位移量程	100mm
负荷控制速率	10N/min
卸载速率	5mm/min
速度设定	0.05mm/min

试样及原砖抗压强度测试结果如表 4.10 所示。

表 4.10 试样抗压强度数据

试样名称	平均最大载荷（N）	抗压强度（MPa）
GJ 天然水硬性石灰	5713.7	3.57
GJ 人造水硬性石灰	9390	5.89

续表

试样名称	平均最大载荷（N）	抗压强度（MPa）
GJ 糯米石灰	1309	0.82
BQ 天然水硬性石灰	4096.7	2.56
BQ 有机硅石灰	1949	1.22
BQ 瓜尔豆胶石灰	765.7	0.48
BF 硅丙石灰	1640.7	1.03
BF 碳纳米管石灰	4457.7	2.79
BF 天然水硬性石灰	6203.3	3.88
原砖	5144.8	3.22

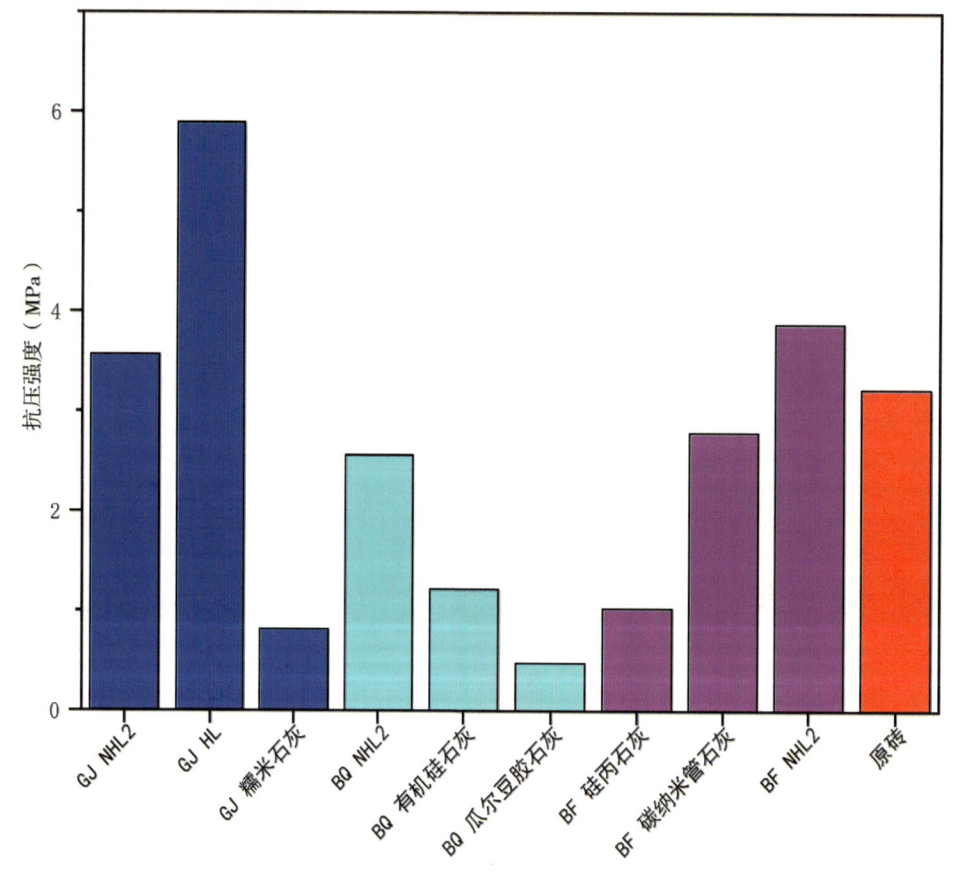

图 4.4　修复材料与原砖抗压强度比较

由图 4.4 可见，三种灌浆材料中人造水硬性石灰 28d 抗压强度最高，达到 5.89MPa，其次是改性 NHL2，而糯米浆改性的熟石灰由于用水量相对过大，导致抗压强度较低，只有 0.82MPa；三种补缺配方的抗压强度普遍偏低，这是由于补缺材料对流动性要求不高，未添加三聚氰胺减水剂，因此需要更大的用水量，基体内形成大量孔隙，导致抗压强度下降；补缝材料中，硅丙石灰的强度较低，只有 1.03MPa，而碳纳米管改性石灰和改性天然水硬性石灰的抗压强度分别达到 2.79MPa 和 3.88MPa，接近原砖的强度。

（二）抗折强度测试

砖的抗折强度采用《GBT2542-2012 砌墙砖试验方法》中抗折强度试验规定的方法，同样采用 LETRY 型电子万能试验机进行试验，按照公式 4 计算抗折强度。

$$P_w = \frac{3FL}{4KH^2} \qquad (公式 4)$$

式中：P_w——弯曲强度，MPa；F——试样破坏载荷，N；L——支点间距离，毫米；K——试样宽度，毫米；H——试样厚度，毫米。

对于城墙原砖，先将城墙原砖切割成 160 毫米 ×40 毫米 ×40 毫米的长方形；对于制得的样品尺寸为测量标准尺寸则不需要再进行切割。抗折测试时选取的支点距离为 8 厘米。

试样及原砖抗折强度测试结果如表 4.11 所示。

表 4.11　试样抗折强度数据

试样名称	平均最大载荷（N）	抗折强度（MPa）
GJ 天然水硬性石灰	596.33	0.56
GJ 人造水硬性石灰	1200.67	1.13
GJ 糯米石灰	159.33	0.15
BQ 天然水硬性石灰	1172	0.69
BQ 有机硅石灰	240.5	0.23
BQ 瓜尔豆胶石灰	69	0.065
BF 硅丙石灰	225	0.21
BF 碳纳米管石灰	462	0.43
BF 天然水硬性石灰	765.67	0.78
原砖	1200.7	0.7

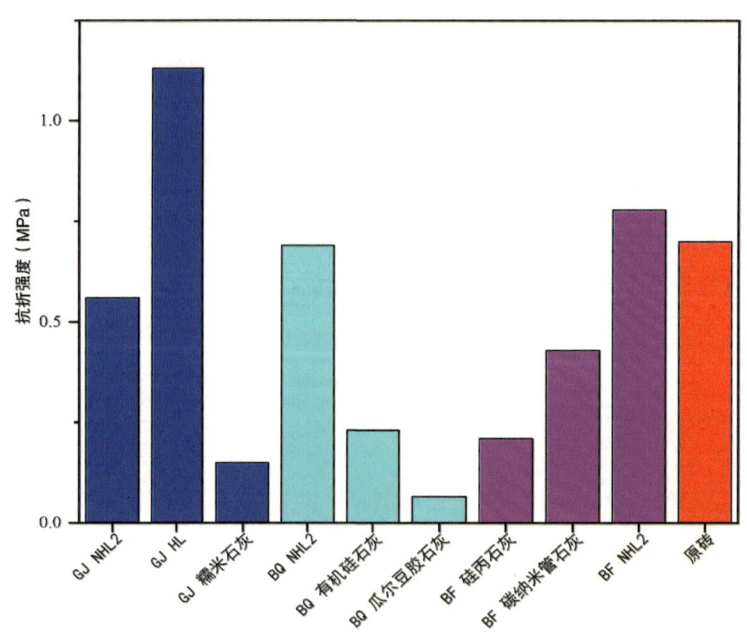

图 4.5 修复材料与原砖抗折强度比较

由图 4.5 可知，抗折强度测试结果与抗压强度保持一致。在三种灌浆材料中，人造水硬性石灰灌浆材料的抗折强度最高，达到 1.13MPa，高于原砖的强度，其次是改性天然水硬性石灰灌浆料，而糯米石灰灌浆料抗折强度最差，远远低于原砖强度；在三种补缺材料中，改性天然水硬性石灰补缺材料的抗折强度与原砖非常接近，而有机硅补缺材料和瓜尔豆胶补缺材料强度分别是 0.23MPa 和 0.065MPa，远低于原砖强度；在三种补缝材料中，抗折强度从高到低分别是天然水硬性石灰补缝材料、碳纳米管补缝材料和硅丙补缝材料，其中碳纳米管改性石灰在所有改性熟石灰材料中，具有较高的抗折强度，可能是其在石灰基体中起到了桥接的作用，使基质之间连接更紧密，从而提高了力学性能。

在力学性能测试中，无论改性天然水硬性石灰或人造水硬性石灰均具有较高的强度，这是由于其中含有的水硬性物质发生水化反应生成水化硅酸钙，同时加入的硅粉与 $Ca(OH)_2$ 发生火山灰反应也生成水化硅酸钙，这为水硬性石灰材料提供了较高的早期强度；而熟石灰虽然添加了部分硅灰或砖灰改性，但其强度主要由 $Ca(OH)_2$ 的碳化过程提供，该过程进行缓慢，因此在 28d 的养护期内强度低于水硬性石灰。

四、耐水性测试

试样耐水性测试，参照《GB50081 普通混凝土力学性能试验方法》，使用式样的软化系数来评价试样材料的耐水性。采用规格为 40 毫米 ×40 毫米 ×40 毫米的试样每组三块。自然养护 28d 后，取出试件在真空干燥箱 110～115℃条件下烘干至恒重。取出 2 块作抗压强度测试，得到试样在干燥条件下的绝干抗压强度 f_0；将剩下的 1 块试样浸入（20±3）℃的水中，24h 后取出进行抗压强度试验，确定试件的饱和抗压强度 f_1。试样软化系数由式（公式 5）计算得到：

$$\Psi = \frac{f_1}{f_0} \quad \text{（公式5）}$$

式中：Ψ——软化系数；f_0——绝干状态灰浆的抗压强度（MPa）；f_1——饱和状态灰浆的抗压强度（MPa）。

试件耐水性测试结果如表4.12所示。

表4.12 耐水性测试结果

样品	绝干状态		饱和状态		软化系数
	载荷（N）	抗压强度（MPa）	载荷（N）	抗压强度（MPa）	
GJ 天然水硬性石灰	6675	4.17	7140	4.46	1.07
GJ 人造水硬性石灰	10418.5	6.51	8639	5.40	0.83
GJ 糯米石灰	4893	3.06	886	0.55	0.18
BQ 天然水硬性石灰	4991.5	3.12	4173	2.61	0.84
BQ 有机硅石灰	3676	2.30	1680	1.05	0.46
BQ 瓜尔豆胶石灰	492.5	0.31	101	0.06	0.21
BF 硅丙石灰	3975	2.48	1835	1.15	0.46
BF 碳纳米管石灰	5898	3.69	3394	2.12	0.58
BF 天然水硬性石灰	10237	6.40	4450	2.78	0.43
原砖	5419.5	3.39	5216	3.26	0.96

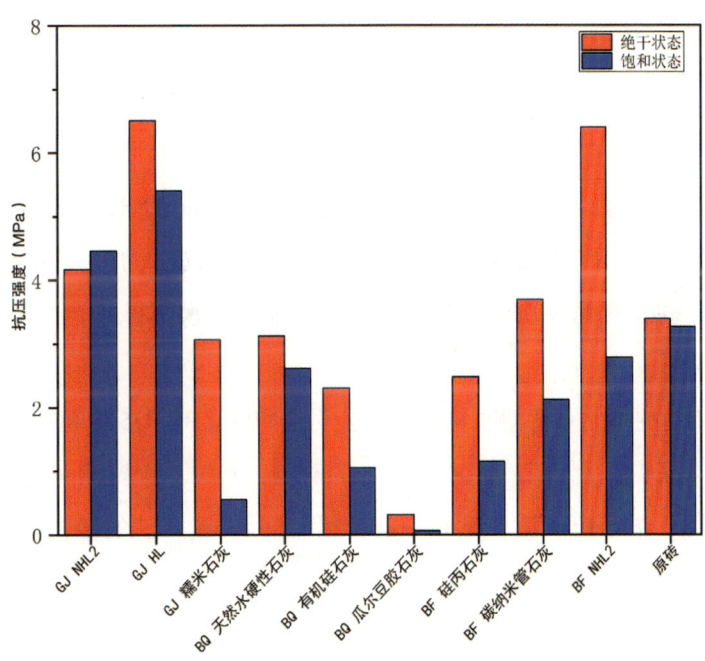

图4.6 试件绝干与饱和状态抗压强度比较

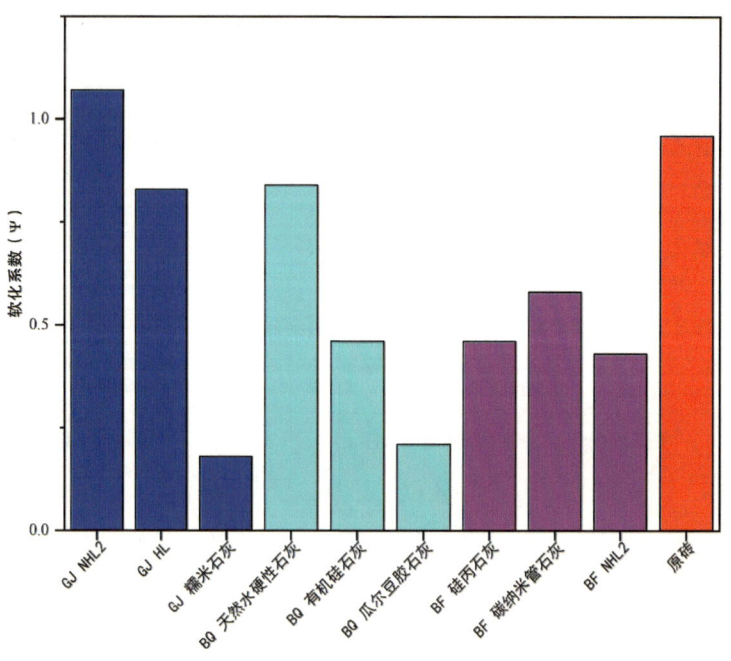

图 4.7 试件软化系数 Ψ 比较

原砖的软化系数为 0.96，实验过程中浸泡原砖有大量气泡产生，但是饱和状态下原砖的强度并没有大幅下降，证明其保存状况良好。耐水性是室外文物修复材料性能的重要指标，在三种灌浆材料中，改性天然水硬性石灰和人造水硬性石灰均有较高的软化系数，耐水性良好，而糯米石灰浆软化系数只有 0.18，不能满足耐水需求；在补缺材料中，有机硅石灰和瓜尔豆胶石灰软化系数较低，分别只有 0.46 和 0.21，而改性天然水硬性石灰软化系数达到 0.84，基本可以满足耐水性需求；在三种补缝材料中，碳纳米管改性石灰软化系数最高，说明碳纳米管对基体有良好的改性效果，减小了孔隙，提高了耐水性。

五、耐冻融测试

本实验参照《GB/T2542-2003》，采用慢冻法进行，将 160 毫米 ×40 毫米 ×40 毫米试样浸泡 18h 后，放入冰箱中冻结 3h，温度为 -15～20℃。然后取出放入 15～20℃的水中融化 3h，此为一个循环。试验时，在试样第一次浸泡 18h 后，擦干表面的水测得原始质量 M_0，并且进行超声波测试。

超声波的试验使用的是北京智博联科技有限公司生产的 ZBL-U510 超声波检测仪，超声测试时，将超声检测仪的两个探头抵紧 40 毫米 ×40 毫米的两侧，其中一个探测头为发声端，激发产生超声波，另一头为接收端，记录超声波在试样中的传播时间 t。超声波的传播速度由式（公式 6）计算得到：

$$V=\frac{L}{t}$$

（公式 6）

式中：V 为超声波传播速度；L 为试样长度；t 为传播时间。

实验时采用对测的方法，对于 160 毫米 ×40 毫米 ×40 毫米尺寸的试样，选择 40 毫米 ×40 毫米的面测量。试样第一次泡 18h 时，进行超声波测试，测得传播时间 t_0。之后再每次循环后，即试样冷冻 3h 再泡 3h 水融化后，将试样擦干进行测量。相对弹性模量 E_n、质量损失率 W 由式（公式 7、公式 8）计算得到：

$$E_n = \frac{E_n}{E_0} = \left(\frac{T_0}{T_n}\right)^2 \quad (公式 7)$$

$$W = \frac{M_0 - M_N}{M_O} \times 100\% \quad (公式 8)$$

式中：E_n 表示循环 n 次的动弹性模量，E_0 表示初始的动弹性模量，V_n、V_0 分别表示循环 n 次和初始未腐蚀试件的速度（m/s），T_n、T_0 分别表示循环 n 次和初始试件的超声声时（μs）。W 为质量损失率；M_0 为初始质量；M_N 为循环 N 次后的质量。

各配方试样耐冻融试验结果如图 4.8 所示。

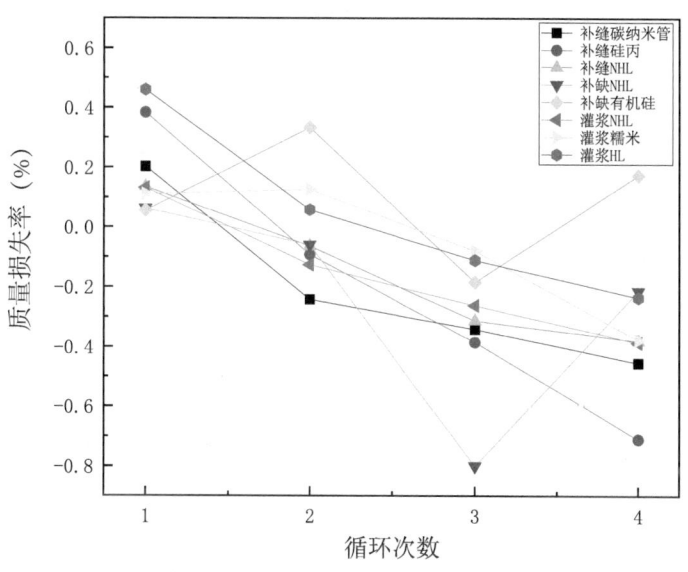

图 4.8 冻融循环质量损失率折线图

由图可见，冻融循环初始时试件质量损失率为负数，说明试件的质量出现增加的情况，原因是冻融初期试件内部水分结冰体积增大，使基体内孔隙体积增加，浸泡后试件内部的含水率更高，从而导致试件的质量有所增加。在第一次冻融循环过程中，补缺材料中瓜尔豆胶石灰试件即出现明显破裂，耐冻融性能差，因此未与其他试件在图中比较。三种补缝材料质量在四个循环后进一步增加，说明四个循环后内部孔隙仍未完全破坏，耐冻融性能良好；在第三个冻融循环后，灌浆糯米石灰和补缺有机硅石灰的试件，质量损失率开始上升，说明内部微小孔洞发生破坏，形成裂纹或大孔，导致质量减小。

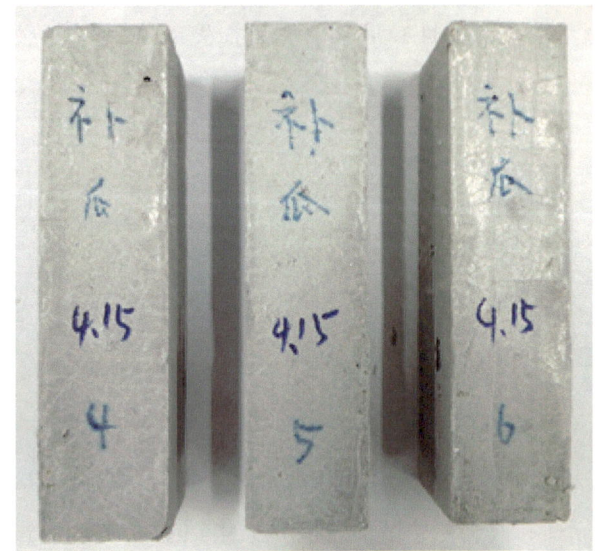
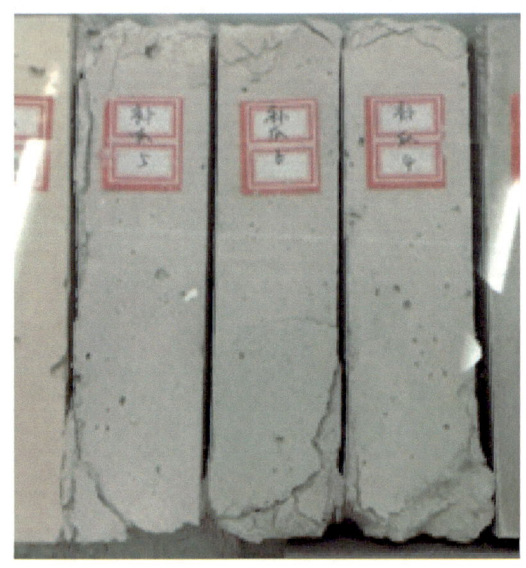

a. 冻融前　　　　　　　　　　　　　　　　b. 冻融后

图 4.9　瓜尔豆胶石灰试件耐冻融试验前后宏观形貌变化

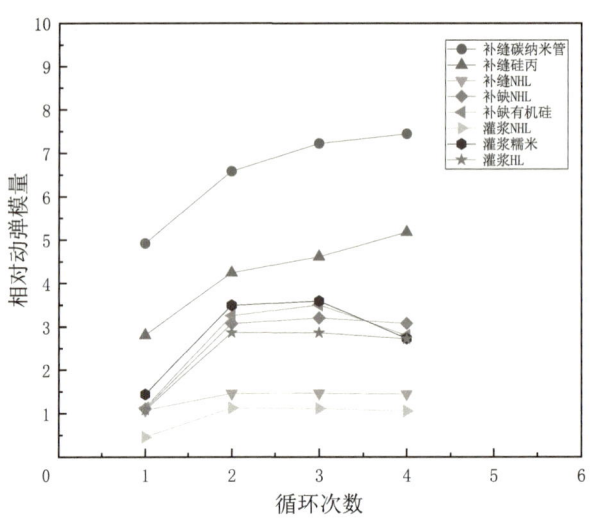

图 4.10　冻融循环相对动弹模量折线图

由图 4.10 可见，在 4 个冻融循环之后，补缺有机硅石灰试件和灌浆糯米石灰试件相对动弹模量开始下降，说明内部产生了较大的孔洞或裂纹，结构密实度下降，这与质量下降的结果吻合。补缺天然水硬性石灰、灌浆天然水硬性石灰、补缝天然水硬性石灰和灌浆人造水硬性石灰试件相对动弹模量趋于不变或略微下降，说明内部孔洞已经到达破坏的临界点，而补缝硅丙石灰和补缝碳纳米管石灰试件相对动弹模量仍有上升趋势，说明内部孔洞还未被破坏，耐冻融性良好。

六、耐硫酸盐测试

本实验的耐硫酸盐实验采用干湿循环、硫酸盐双因素耦合实验。

先将试样放入80℃的真空烘干箱中烘干至恒重。取出待冷却后，分别测得质量M_0和超声波时间t_0。耐盐循环的过程为在5%浓度的Na_2SO_4硫酸钠溶液中浸泡15h，取出试样。将试样表面的水擦干，放入烘干箱中，在80℃条件下，烘干5h。最后再冷却3h。此时在测量质量M_n和超声波时间t_n。试样的相对弹性模量E_r、质量损失率W的计算根据公式7、公式8计算。

耐硫酸盐测试结果如图4.11所示。

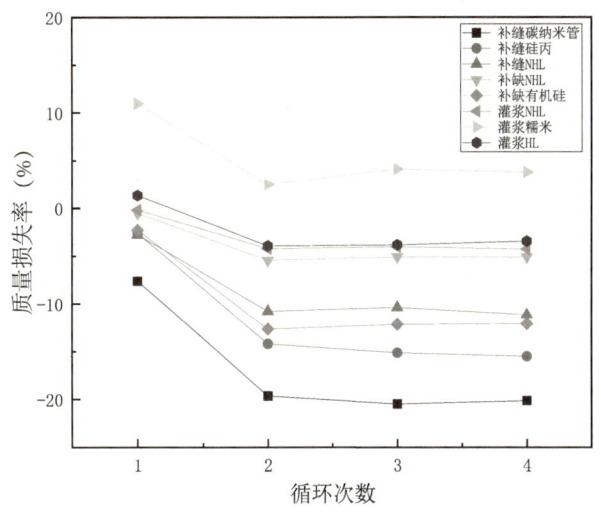

图4.11 耐盐循环质量损失率折线图

由图可见，补缺瓜尔豆胶试件在第一个耐盐循环后即出现明显破损，未与其他试件比较质量损失率。灌浆糯米试件的质量先降低后不变，该试件泡入溶液中表面即发生了小部分水解，证明其耐水性不佳。其余试件质量均有所增加，这是因为可溶盐进入试件内部空隙，导致质量增加，从第二个循环开始，试件质量趋于稳定，未出现试件失效的情况。其中，三种天然水硬性石灰和人造水硬性石灰质量增加不大，说明其内部较为致密，可溶盐进入较少。

a. 耐盐试验前　　　　　　　　　　　b. 耐盐试验后

图4.12 瓜尔豆胶石灰试件耐可溶盐试验前后宏观形貌变化

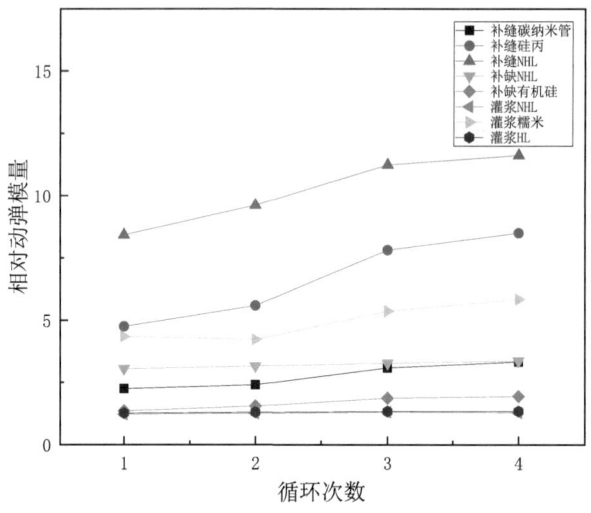

图 4.13 耐盐冻融循环相对动弹模量折线图

由图 4.13 可见，经过 4 个耐可溶盐循环之后，各试件相对动弹模量基本遵循先增加后不变的规律，与质量变化相吻合。补缝材料中碳纳米管改性石灰具有较低的相对动弹模量，说明其耐可溶盐试验前后内部结构变化不大，耐可溶盐性能良好；补缺材料中，改性天然水硬性石灰和有机硅改性石灰试件也具有较低的相对动弹模量；灌浆材料中，改性天然水硬性石灰和人造水硬性石灰相对动弹模量基本保持不变，说明其内部结构非常稳定。

表 4.13 为耐冻融及耐可溶盐试验前后试件体视显微镜照片。

表 4.13　体视显微镜照片

试件名称	老化前	耐盐老化后	冻融老化后
GJ 天然水硬性石灰			
GJ 人造水硬性石灰			
GJ 糯米石灰			

续表

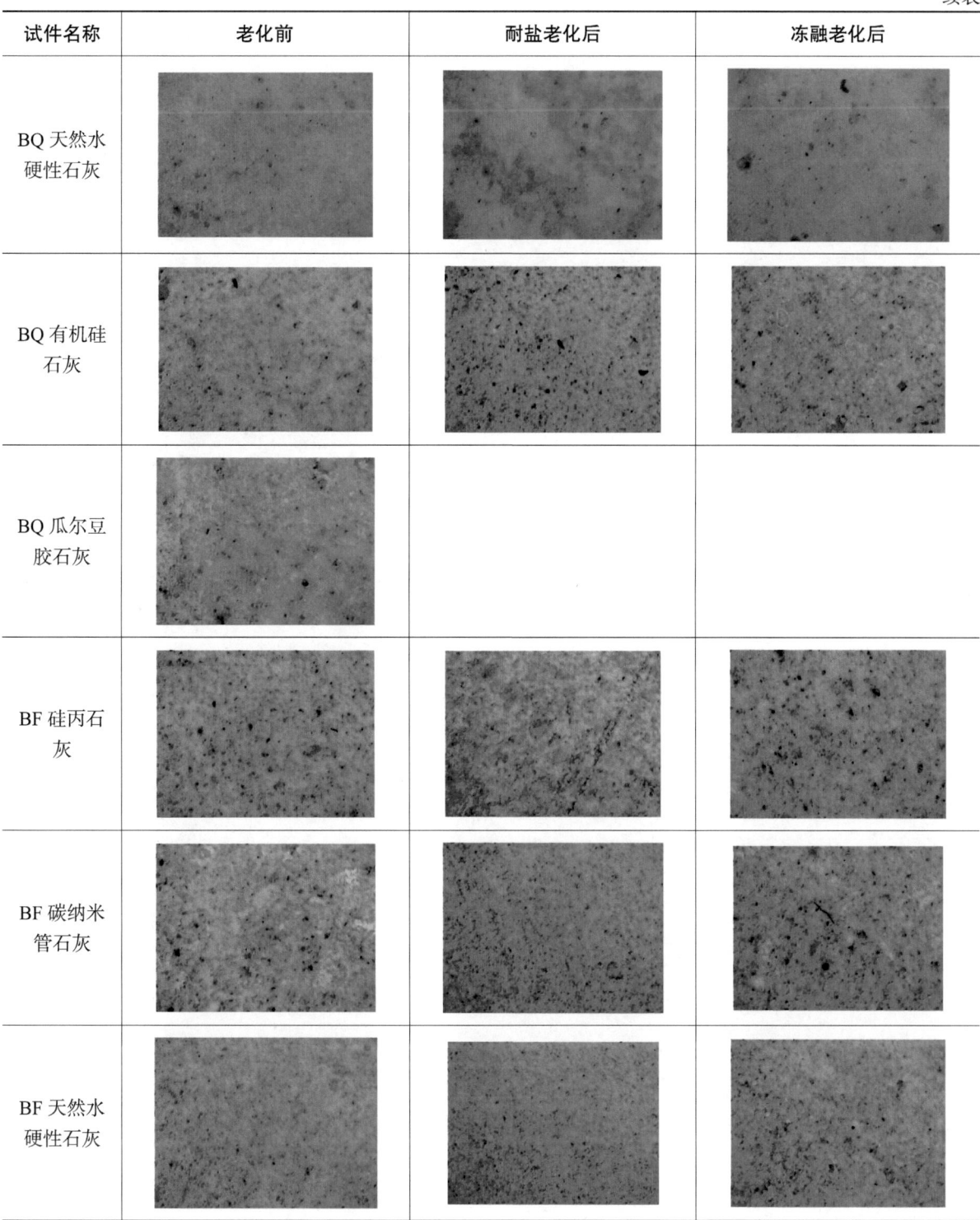

此为体视显微镜 160 倍数下试件的表面微观形貌，试验过程中瓜尔豆胶试件整体出现损坏，故没有微观照片。可见经冻融循环后，各试件表面孔隙明显变大，部分部分裸露；经耐可溶盐循环后的试件，表面孔隙更大，可见明显的凹坑，并且伴随着局部破坏现象。

第五章 缺陷砖砌体模拟实验

第五章 缺陷砖砌体模拟实验

一、缺陷砖砌体制备

根据现场检测的城墙砌筑工艺及不同病害特点,在实验室模拟砌筑三种病害类型的缺陷砖砌体,砖砌体尺寸约28厘米×16厘米×20厘米(长×宽×高);其中,模拟裂缝尺寸为18厘米×2厘米×4厘米(长×宽×深),模拟缺损和模拟空鼓尺寸分别为7.5厘米×9厘米×2.5厘米(长×宽×深)、17厘米×4厘米×15厘米(长×宽×深),如图5.1所示。

a. 模拟裂缝砌体

b. 模拟缺损砌体

c. 模拟空鼓砌体

图 5.1 模拟缺陷砖砌体

二、病害模拟实验

采用注射灌浆的方式分别将碳纳米管改性熟石灰灌浆料、人造水硬性石灰灌浆料灌入模拟裂缝和空鼓砌体，采用改性天然水硬性石灰灰浆修补模拟缺损砌体，养护28d后如图5.2所示。三种材料修复效果较好，修补处较密实，且养护后无明显收缩现象。

a. 裂缝修补后效果

b. 缺损修补后效果

c. 空鼓修复后效果

图 5.2　模拟砌体修复后效果

三、数据测量和评估

（一）实验室评估

对修补前后的模拟砌体进行超声测试，其中，对缺损和裂缝砌体采用自上而下不同位置平测的方式，对空鼓砌体采用自上而下不同位置对测方式，结果如表5.1所示。

表 5.1　病害尺寸及超声波测试数据

病害类型	测试位置	距离（cm）	超声时间（μs）		超声速度（m·s^{-1}）	
			修补前	修补后	修补前	修补后
缺损	A–B	4	130	60	308	667
	C–D	8	223	98	359	816
	E–F	6	217	102	276	588
	G–H	10	340	160	294	625
裂缝	A–B	4	174	88	230	455
	C–D	4	178	76	225	526
	E–F	4	180	80	222	500
	G–H	4	160	75	250	533
空鼓	A–B	16	330	112	485	1428
	C–D	16	318	146	503	1095
	E–F	16	320	148	500	1081
	G–H	16	336	152	476	1052

综上可见，模拟病害处超声速度修补后比修补前大大增加，说明修补材料与病害处匹配度较好，大大增加了病害处的密实度，进而证明了修复材料的有效性。

（二）现场评估

在宛平城城墙选取缺损、裂缝病害，采用实验室筛选的材料配方进行现场修补，自然条件下养护 28d 后进行色差和硬度测试，结果如图 5.3～5.5 所示。

a. 修补前　　　　　　　　　　　　　　b. 修补后

图 5.3　1 号缺损病害（1）

c. 养护后

图 5.3　1 号缺损病害（2）

a. 修补前　　　　　　　　　　　　　　b. 修补后

c. 养护后

图 5.4　2 号缺损病害

a. 修补前

b. 修补后

c. 养护后

图 5.5　1 号裂缝病害

综上可见，各修复材料与城墙原材料匹配度较高，且经过自然养护后表面孔隙减小，密实度更好。

表 5.2 养护后修复材料硬度与色差值

病害名称	硬度（邵氏 A）	色度			色差
		L	a	b	
1 号缺损	100	60.8	0.5	5.7	10.1
2 号缺损	98	61.2	0.2	5.3	10.5
3 号缺损	100	58.1	0.4	5.0	7.43
4 号缺损	99	59.0	0.3	5.3	8.31
1 号裂缝	96	54.5	0.3	6.2	3.85
2 号裂缝	98	58.4	0.2	5.1	7.74

现场测得城墙原砖硬度为 92，色度值 L、a、b 分别为 50.74、1.04、5.8，由表 5.2 可见，各修复材料自然养护后硬度、色度值与原砖相差不大，匹配度较高，证实其可用于病害修复。

第六章 结 论

第六章 结 论

本研究通过对宛平城战争遗迹的文献查阅、现场检测、加固材料的筛选实验及砖砌体的模拟实验，得出以下结论。

1. 通过对 20 处较大弹坑周边城砖及灰浆回弹强度的测定，推定出弹坑周边砌体的抗压强度、抗剪强度、抗弯强度。通过计算，东侧城墙城门北 10 号片区 1 号弹坑和北侧城墙西马面东侧 2 号弹坑抗弯强度校验不安全，其他弹坑的抗压强度、抗弯强度、抗剪强度全部校验安全。建议尽快对东侧城墙城门北 10 号片区 1 号弹坑和北侧城墙西马面东侧 2 号弹坑进行加固处理。

2. 绘制的病害图标表明了城墙裂缝、缺损、泛碱等病害的具体位置。城墙距地面 1 米的范围存在部分泛碱区，建议对泛碱区进行脱盐处理；城墙的缺损部位可使用筛选出的天然水硬性石灰进行补缺；城墙的裂缝部位可使用筛选出的改性天然水硬性石灰进行补缝；城墙的空鼓部位可使用筛选出的人造水硬性石灰进行灌浆处理。病害图的绘制可为未来宛平城弹坑遗址的修缮提供一定的依据。

3. 东城墙城门南二号片区和东城墙城门北 9 号片区存在两处大缺损，可能是由战争所致。缺损位置上存在积土，并且生长有杂草、小型灌木等植被，植被根系的生长会不断地使城墙的裂隙扩大加深，对城墙造成不利的影响，同时部分弹坑内存在烟头、包装袋、碎石等垃圾，部分弹坑内存在蜘蛛网等生物病害。建议相关部门定期对弹坑遗址做好日常维护保养，清除弹坑内的积土及杂树杂草等生物病害。

4. 北城墙外 3.5m 的渠道积水可能会对城墙造成不利的影响。

5. 宛平城城墙为典型的夯土包砖结构，城墙外侧收分约 9%，表层城砖采用"梅花丁"砌法，墙顶海墁有两层砌砖，两层砌砖之间有白灰浆。分析得到的宛平城城墙原材料、原工艺可为将来城墙的修缮提供依据。

6. 对宛平城的每一面城墙进行了数码拍摄记录，为未来宛平城的修缮提供依据。

7. 经过现场检测，宛平城共存在 31 处大中型弹坑（尺寸大于 50 厘米）。其中东城墙存在 16 处大中型弹坑、南城墙存在 11 处大中型弹坑、西城墙不存在大中型弹坑、北城墙存在 4 处大中型弹坑。

附录一

宛平城结构安全检测

1. 建筑概况

宛平城位于卢沟桥东，明崇祯十三年（1640年）建成，城东西长640米，南北长320米。宛平城有东西两座城门，东门叫"顺治"门，西门叫"威严"门。城墙四周外侧有垛口、望孔，下有射眼。1984年国家对城墙、东西城楼进行了修缮，2000年左右又对城墙及南北两侧城楼进行了修缮。

因年久失修，城墙外观缺陷较多，如墙体出现严重风化侵蚀，多处开裂等损坏现象，对主体结构的安全性能存在不利的影响。为掌握该结构性能的客观状况，现对该结构进行检查与安全评定。

宛平城墙为砖石土混合结构，东西两门上设城楼并辅有瓮城，南北两侧城墙上共有10个城楼，瓮城、城楼均为后期复建。

宛平城的照片见下图。

南侧城墙外立面

西侧城墙外立面

西侧瓮城

西侧外城门

西侧内城门

城墙西南角顶部

宛平城总平面示意图及各段平立面图见下图。

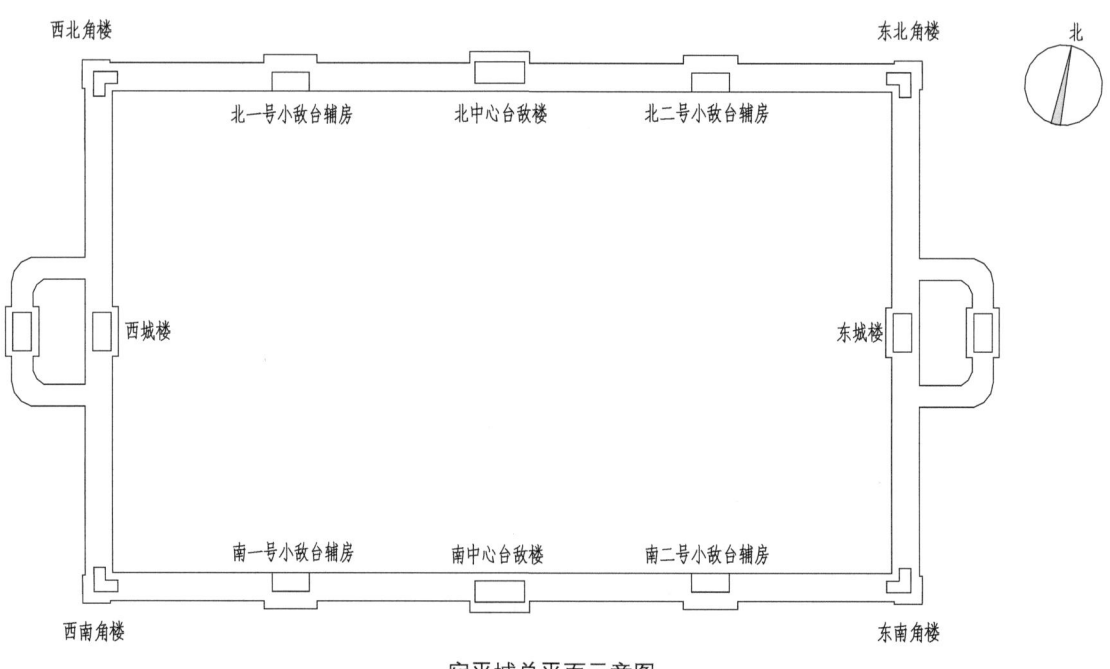

宛平城总平面示意图

附录一 宛平城结构安全检测

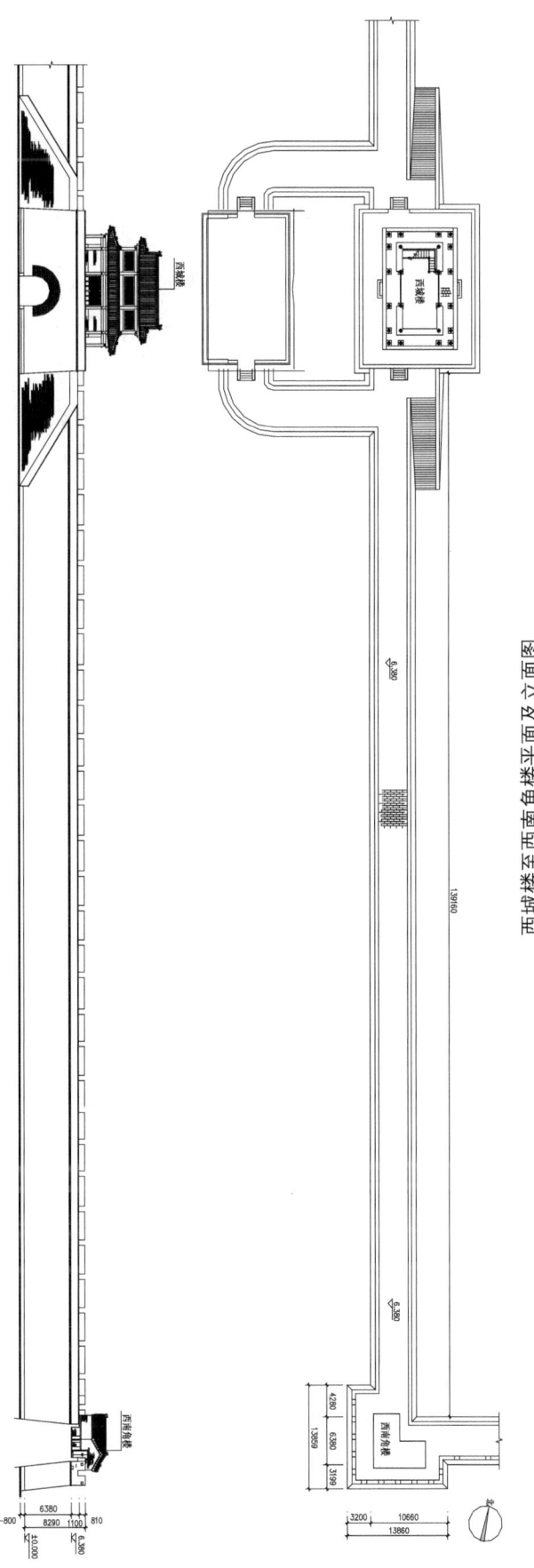

西城楼至西南角楼平面及立面图

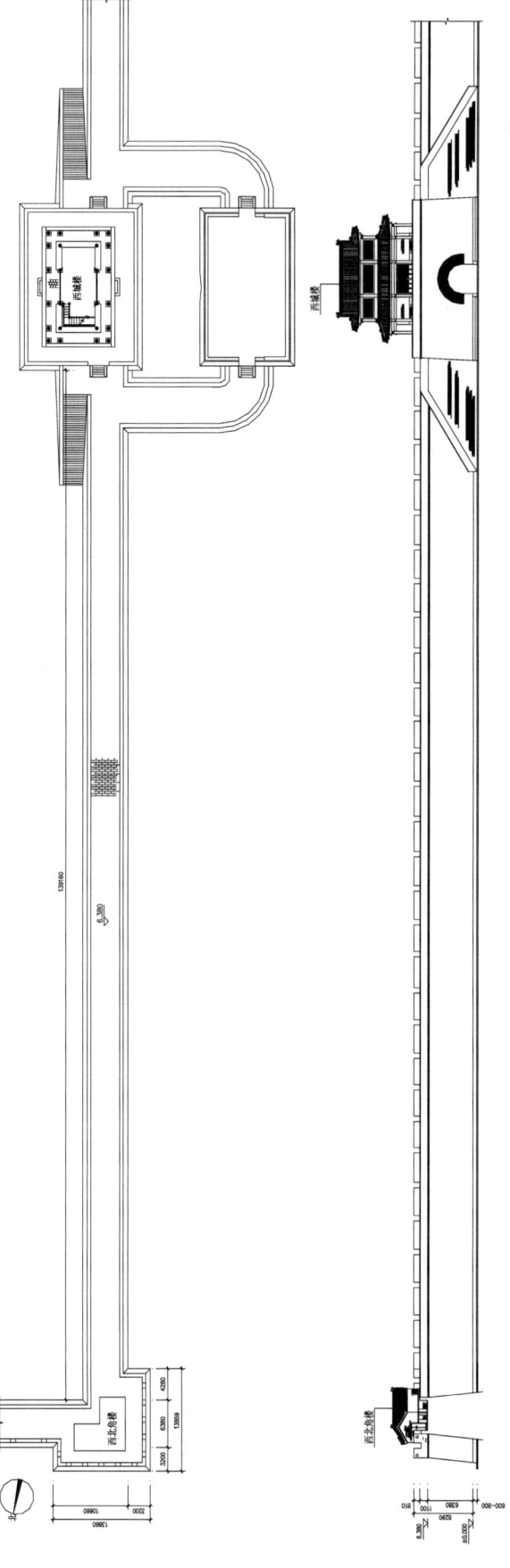

西北角楼至西城楼平面及立面图

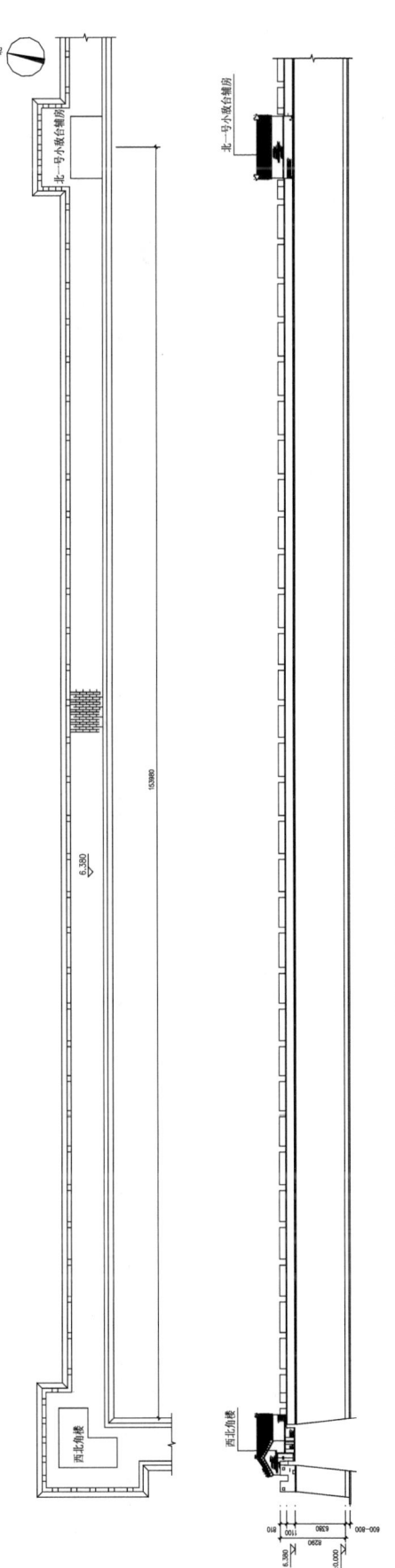

西北角楼至北一号小敌台铺房平面图及立面图

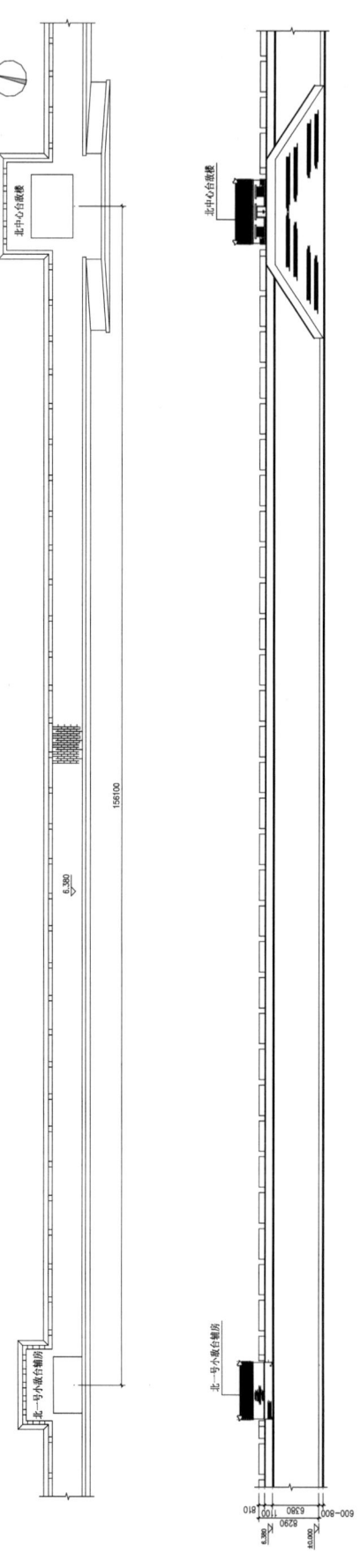

北一号小敌台辅房至北中心台敌楼平面及立面图

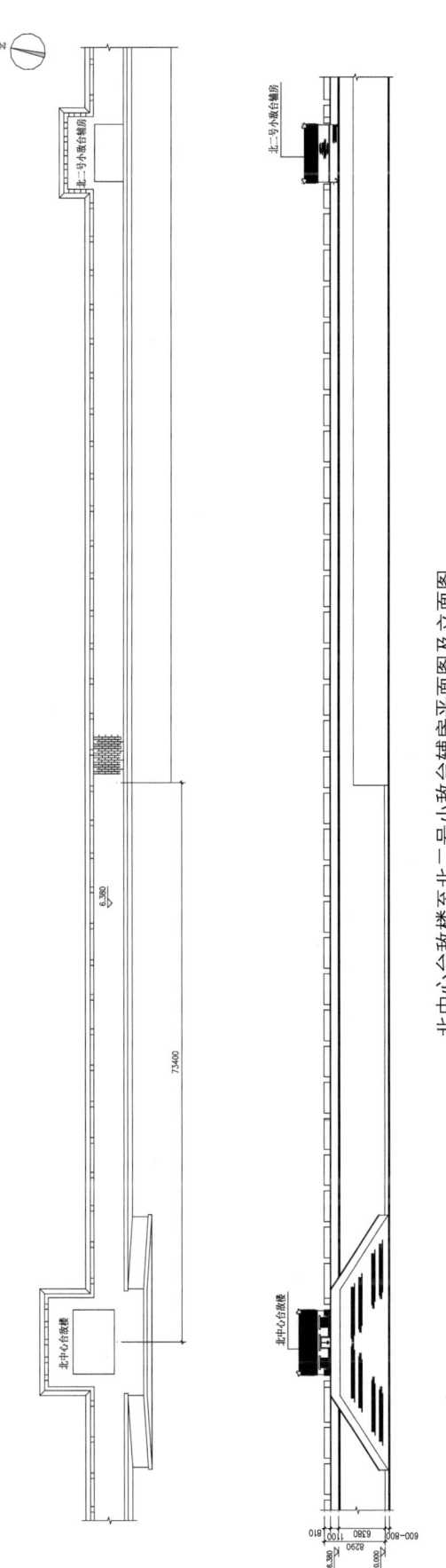

北中心合敌楼至北二号小敌台辅房平面图及立面图

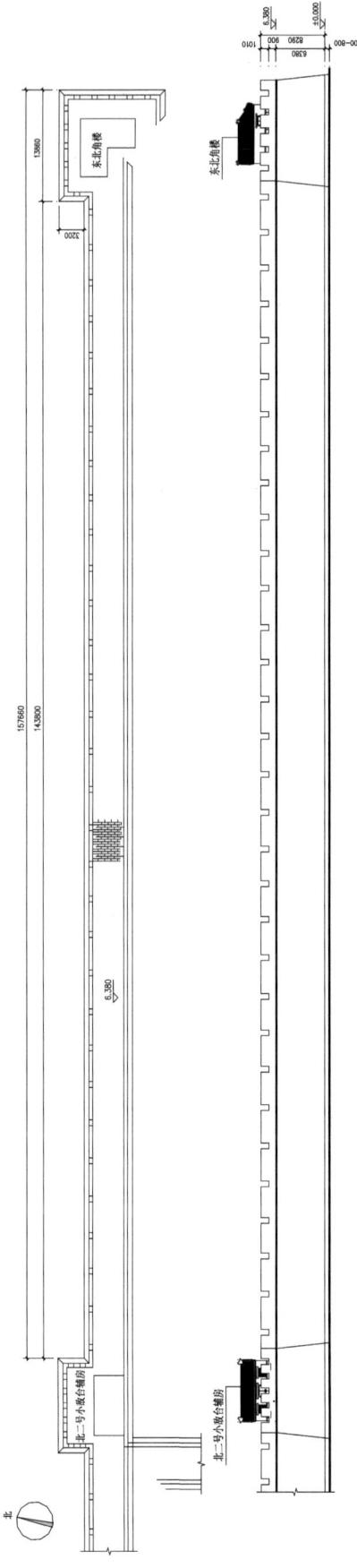

北二号小敌台铺房至东北角楼平面图及立面图

附录一 宛平城结构安全检测

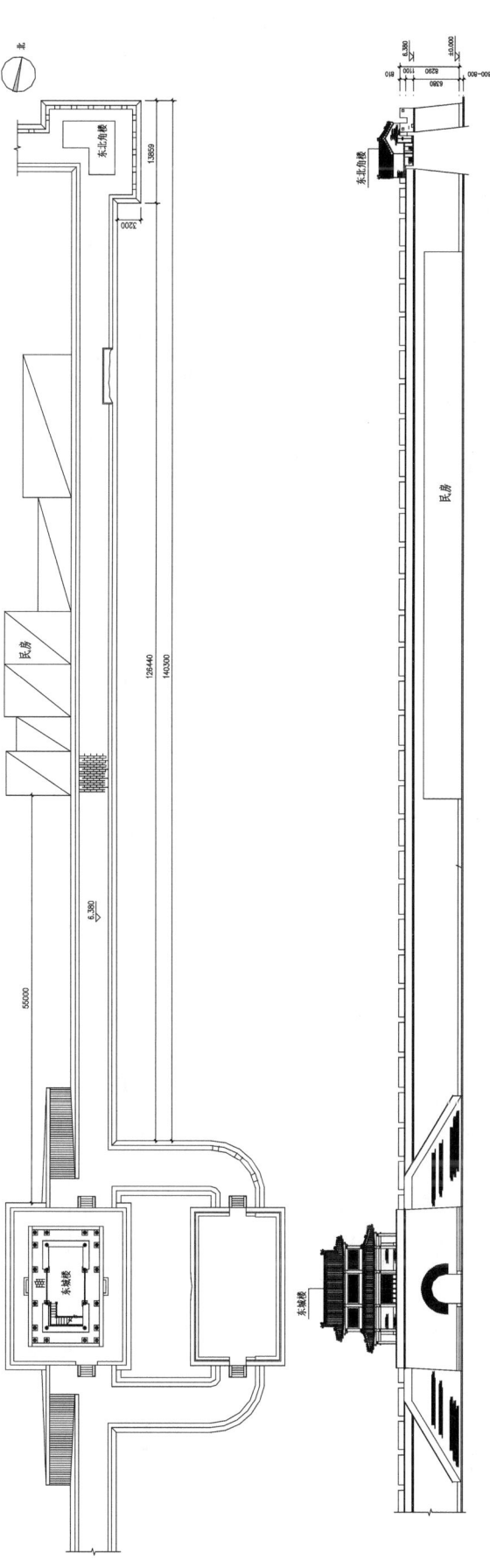

东城楼至东北角楼平面图及立面图

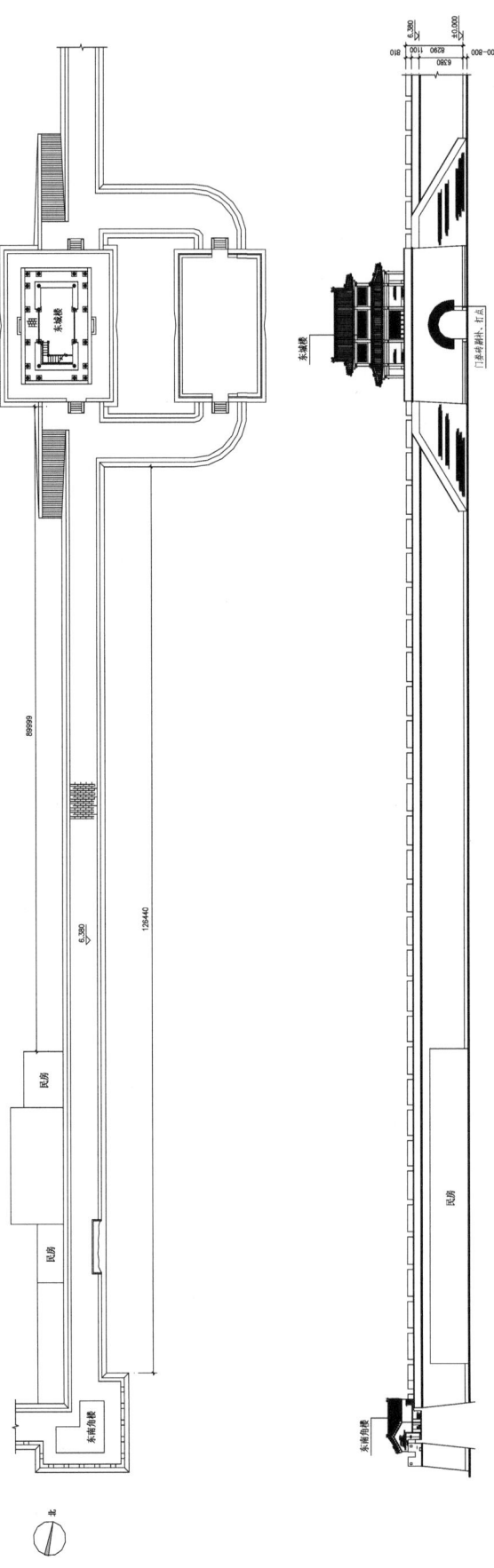

东南角楼至东城楼平面图及立面图

2. 检查鉴定依据与内容

2.1 检查鉴定依据

（1）《古建筑木结构维护与加固技术规范》（GB 50165—1992）

（2）《民用建筑可靠性鉴定标准》（GB 50292—2015）

（3）《危险房屋鉴定标准》（JGJ 125—2016）

（4）《建筑地基基础设计规范》（GB 50007—2011）

2.2 检查鉴定内容

外观检查建筑主体结构和主要承重构件的承载状况；查找结构中是否存在严重的残损部位；根据检查结果，评估在现有使用条件下，结构的安全状况，并提出合理可行的维护建议。

3. 地基基础勘查

建研地基基础工程有限责任公司承担了本工程的岩土工程详细勘察工作。内容详见建研地基基础工程有限责任公司的《岩土工程勘察报告》（编号：DK1300202）。

主要结论如下：

（1）根据本次岩土工程勘察资料，结合区域地质资料，判定建筑场地无影响建筑物稳定性的不良地质作用，为可进行建设的一般场地。

（2）场地均匀性评价：根据本次勘察现有钻探地层资料，建筑场区地基土层除人工填土外在水平方向分布均匀，成层性较好，判定为均匀地基。

（3）建筑场地上部人工填土层均匀性较差，压缩性较高，承载力较低。

（4）建筑场地抗震设防烈度为8度。场地土类型属于中硬土，建筑场地类别判定为Ⅱ类。当抗震设防烈度为8度时，本场地的地基土判定为不液化。

（5）由于地下水埋藏较深，故可不考虑地下水对混凝土和钢筋的腐蚀性。在干湿交替作用环境下，本场地土对混凝土结构具有微腐蚀性，对混凝土中的钢筋具有微腐蚀性，对钢结构具有微腐蚀性。

（6）建筑场地地基土的标准冻结深度按0.8米考虑。

4. 地基基础雷达探查

采用地质雷达对城墙墙体进行探查，雷达天线频率分别为150兆赫和300兆赫，路线1～10为雷达沿墙体外侧进行测试的结果，路线11～22为雷达沿墙顶海墁进行测试的结果，其中路线1～6，13～14使用150兆赫雷达测试，其余使用300兆赫雷达测试。

假定探测范围内介质基本均匀，介电常数取4。

（1）由路线1～6可见，雷达波1.5米厚度处出现明显分层，这与结构内部探查结果基本相符：

墙体外侧 1.5 米左右厚度处为砖墙，内侧为夯土；其中，路线 3～6 内侧夯土反射波与路线 1～2 相比，稍显杂乱，内侧夯土可能存在区别；路线 2 在距起始点 60 米，深度 4.5 米处有一处强反射区域（A 点），此处可能存在异常，其余雷达测试结果未发现明显异常。

（2）由路线 13～22 可见，雷达波在 1 米深度处出现明显分层，由探查结果可知，海墁表面约 0.3 米内为砌砖，内侧为灰土，表明在 1 米处上下灰土的做法可能存在区别。在 1 米往下的区域，未发现明显异常。

由于雷达测试区域无法全面开挖与雷达图像进行比对，解释结果仅作为参考。

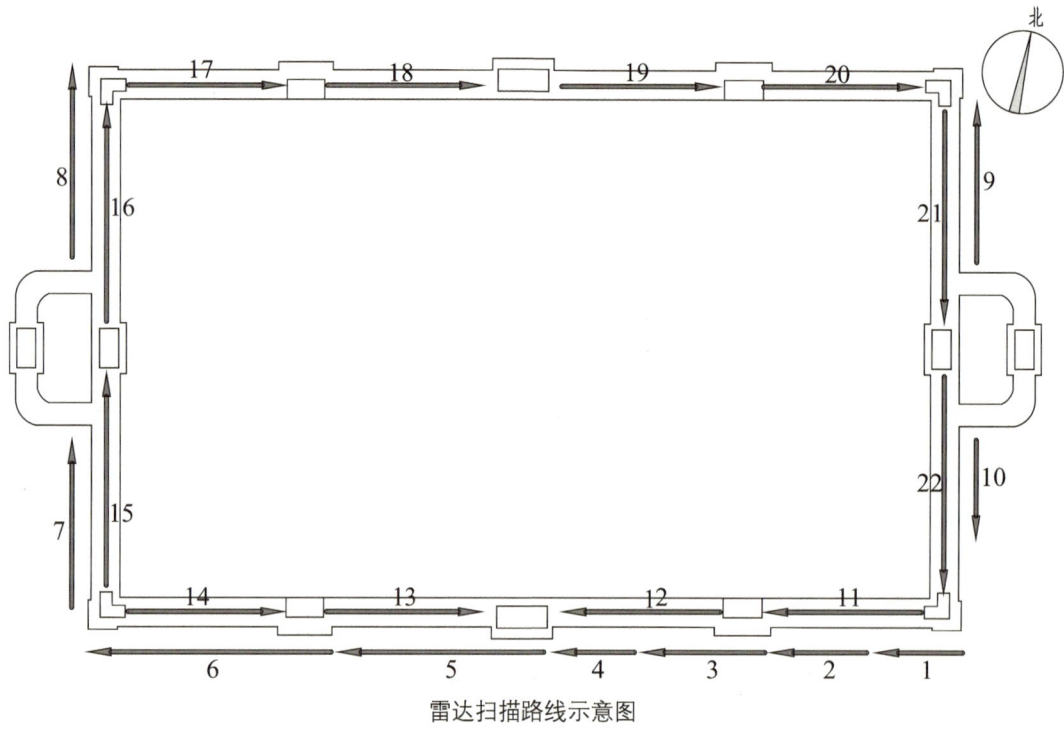

雷达扫描路线示意图

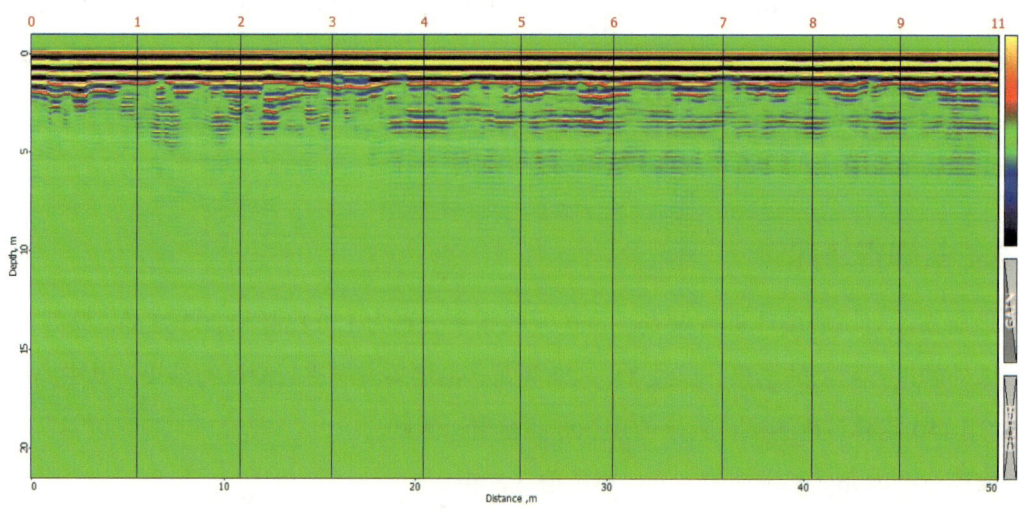

路线 1 雷达测试图

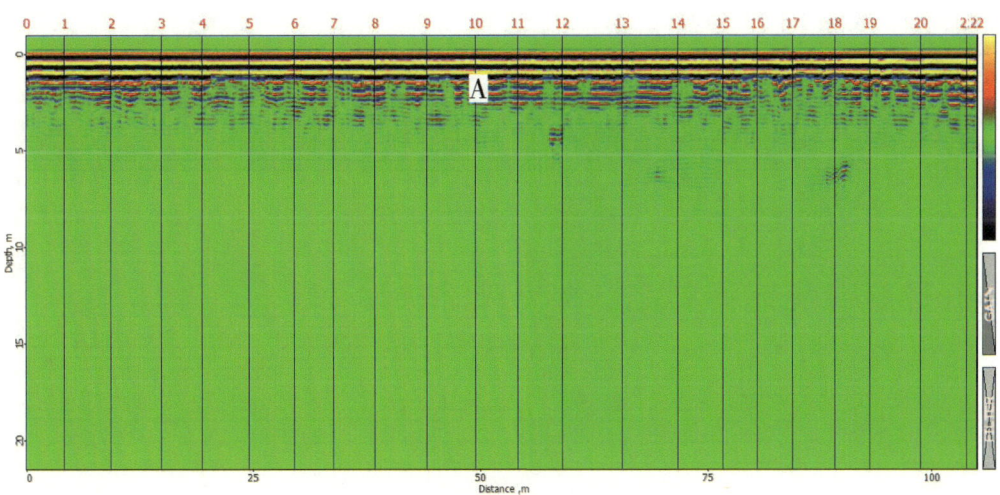

路线 2 雷达测试图

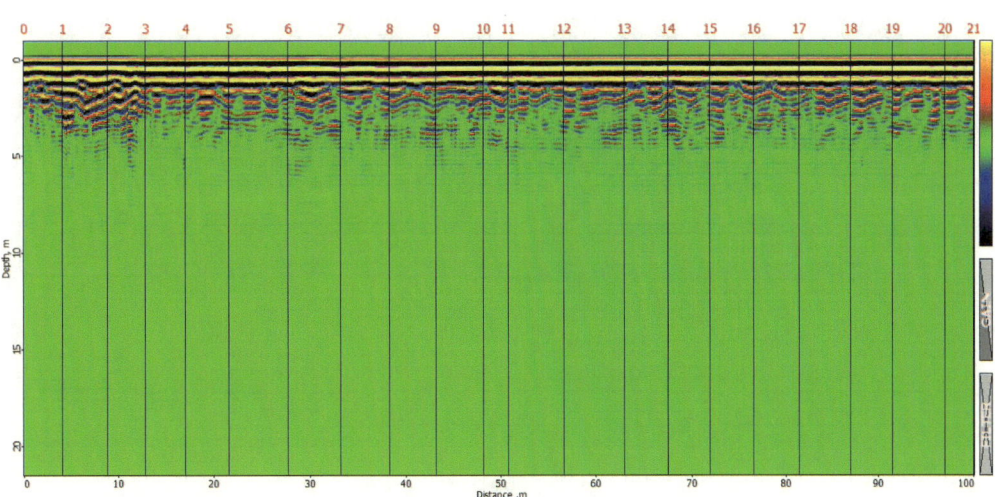

路线 3 雷达测试图

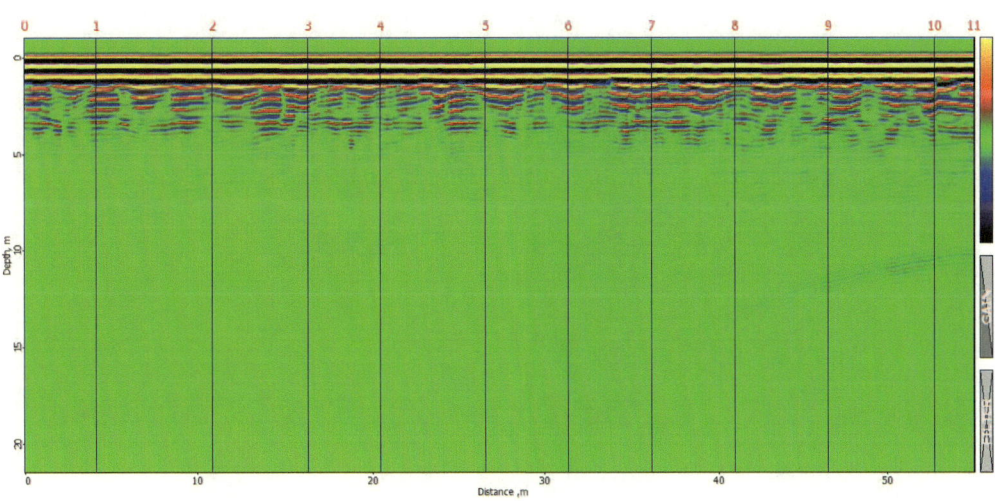

路线 4 雷达测试图

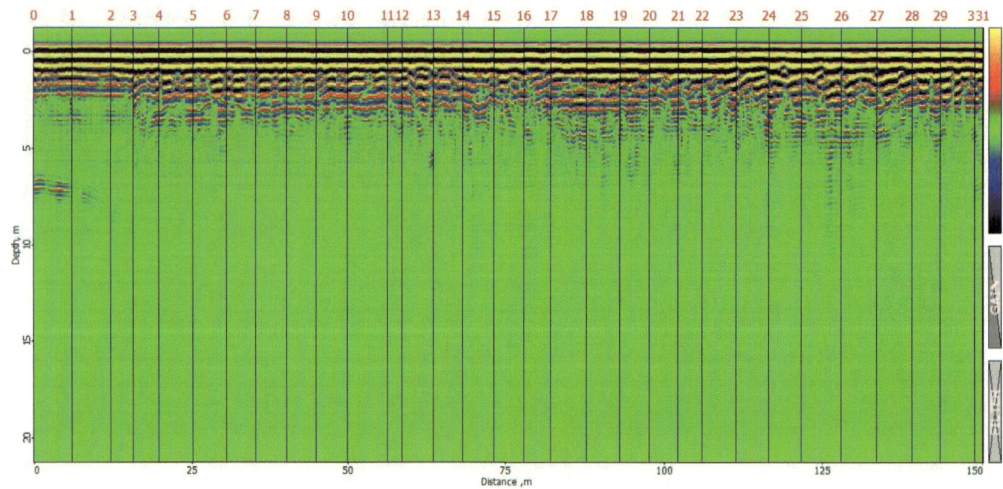

路线 5 雷达测试图

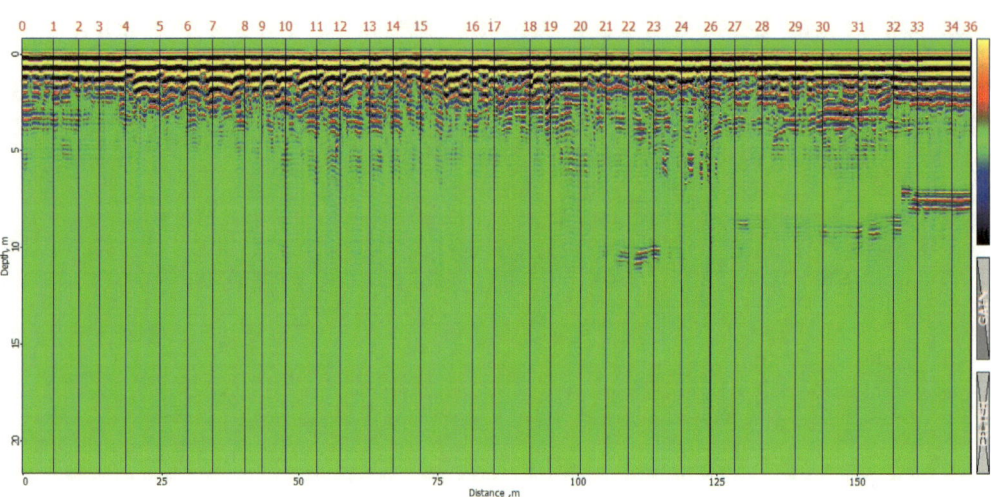

路线 6 雷达测试图

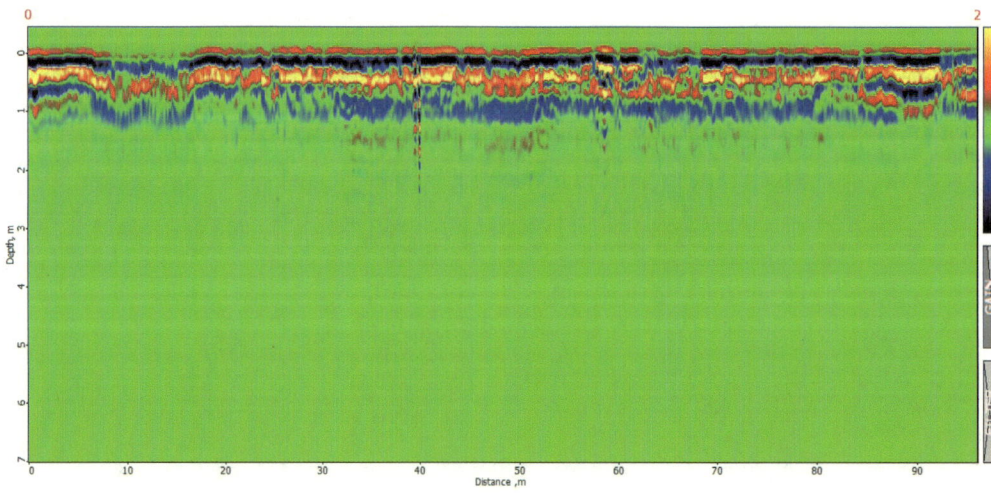

路线 7 雷达测试图

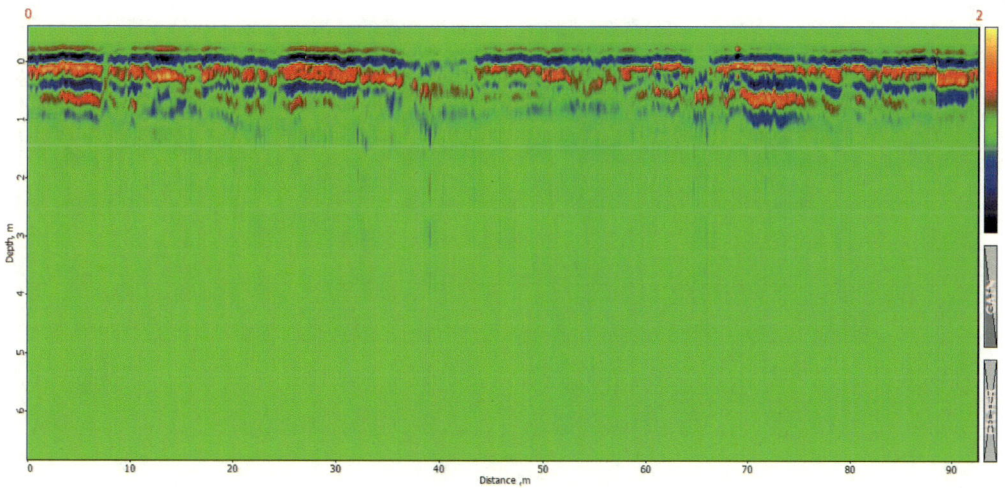

路线 8 雷达测试图

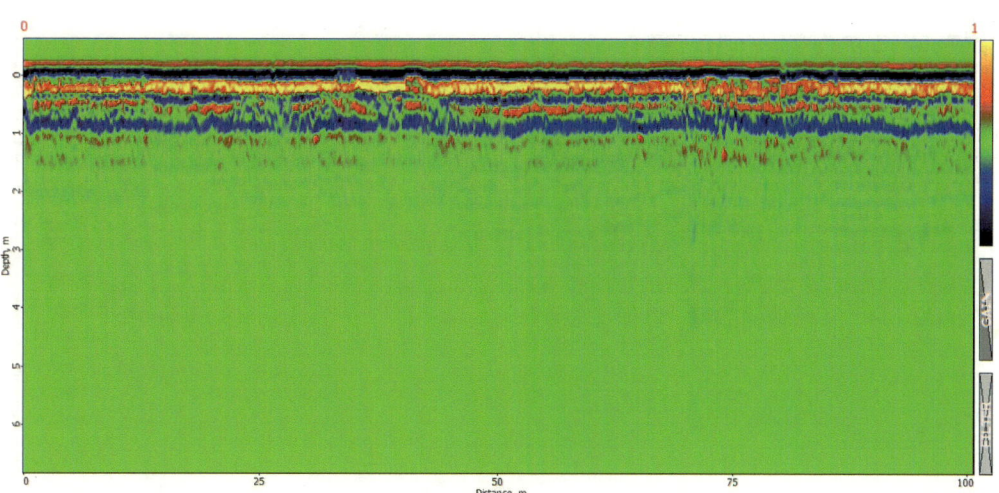

路线 9 雷达测试图

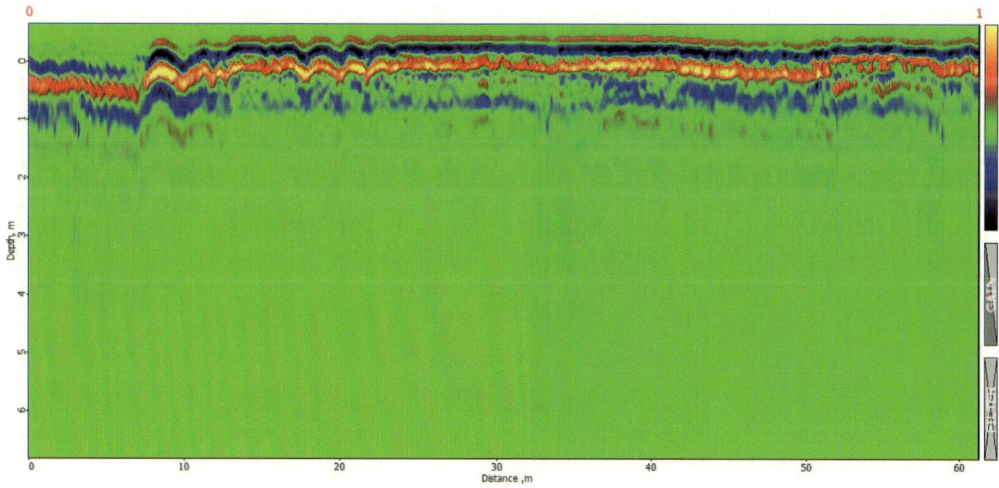

路线 10 雷达测试图

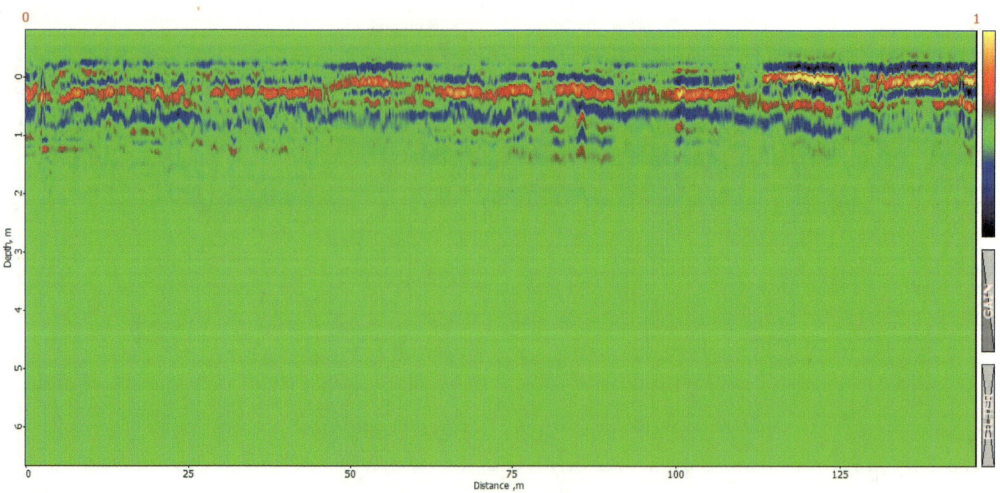

路线 11 雷达测试图

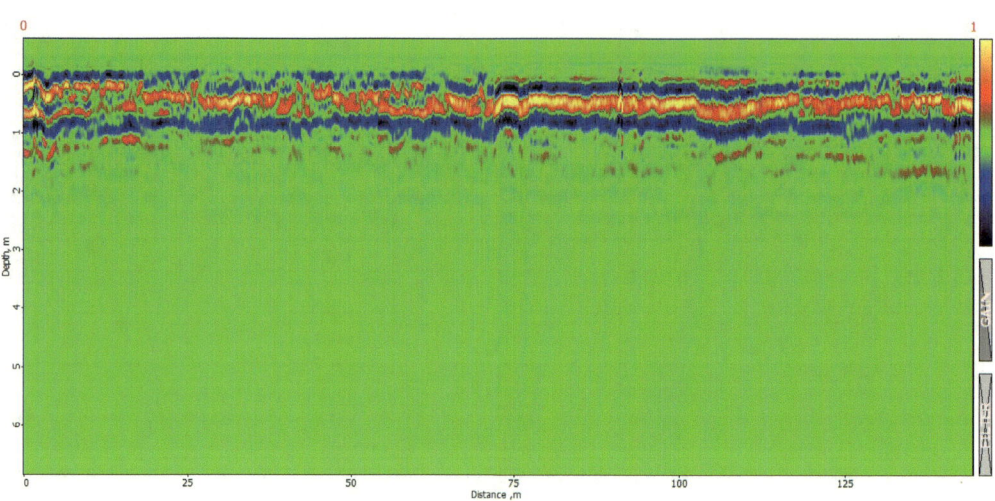

路线 12 雷达测试图

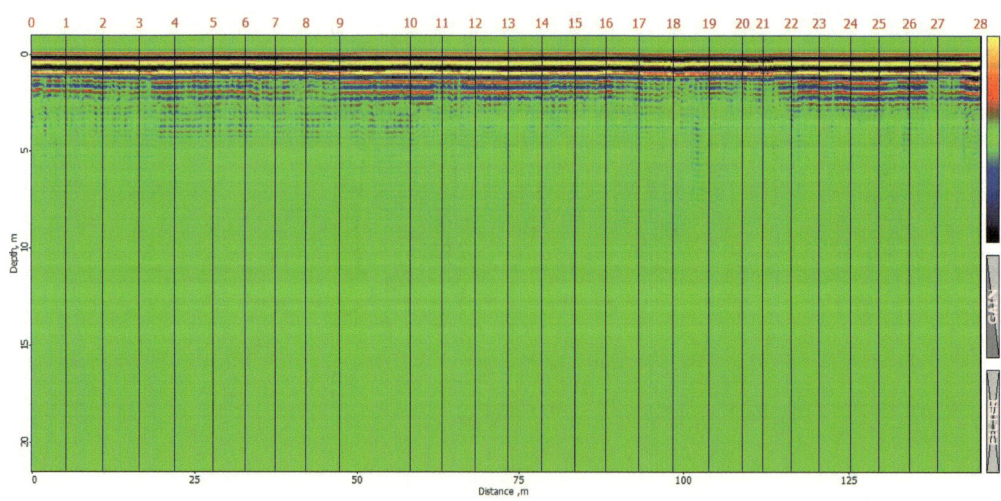

路线 13 雷达测试图

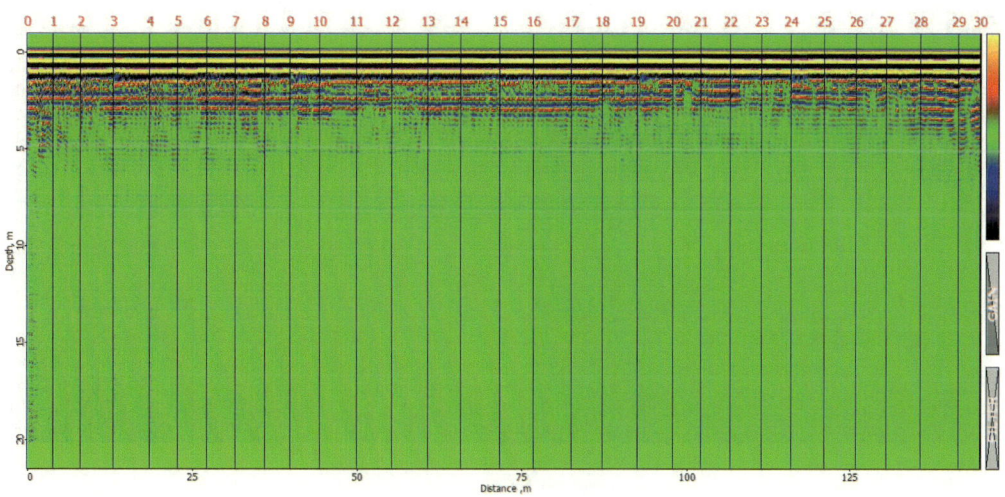

路线 14 雷达测试图

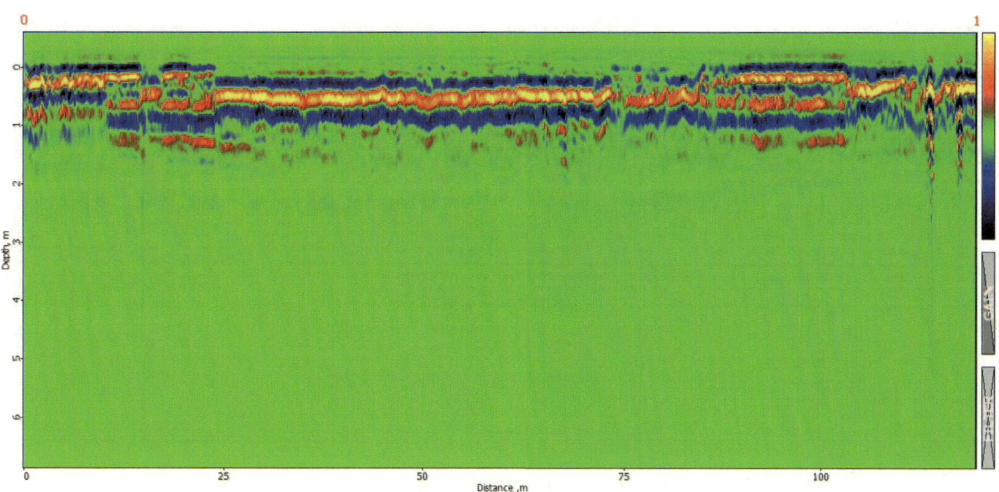

路线 15 雷达测试图

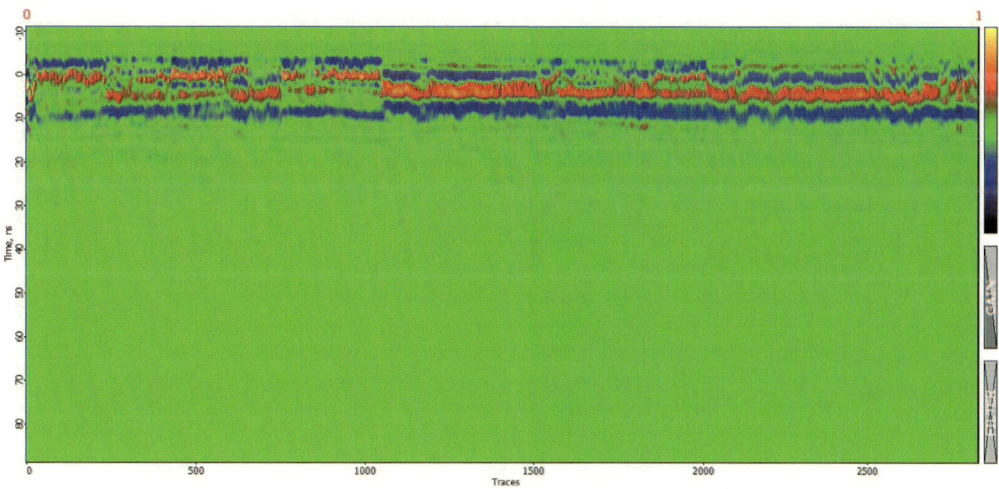

路线 16 雷达测试图

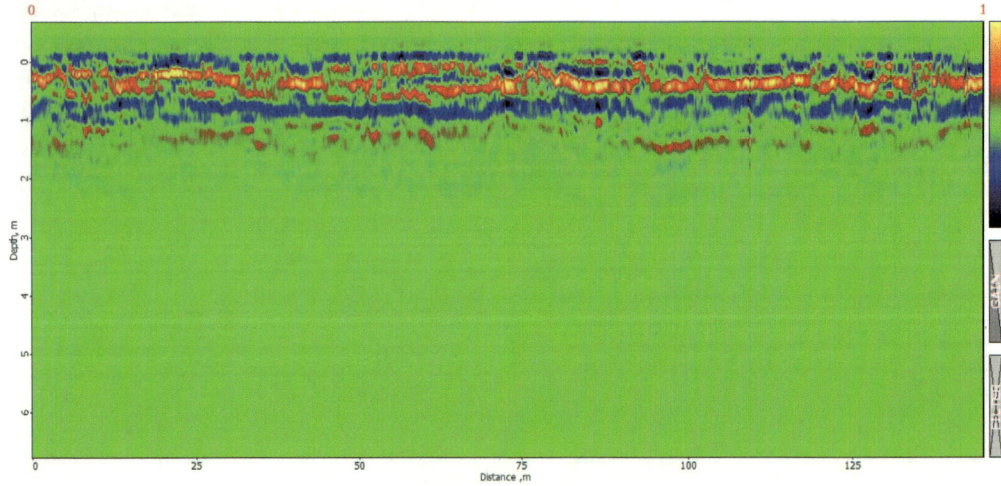

路线 17 雷达测试图

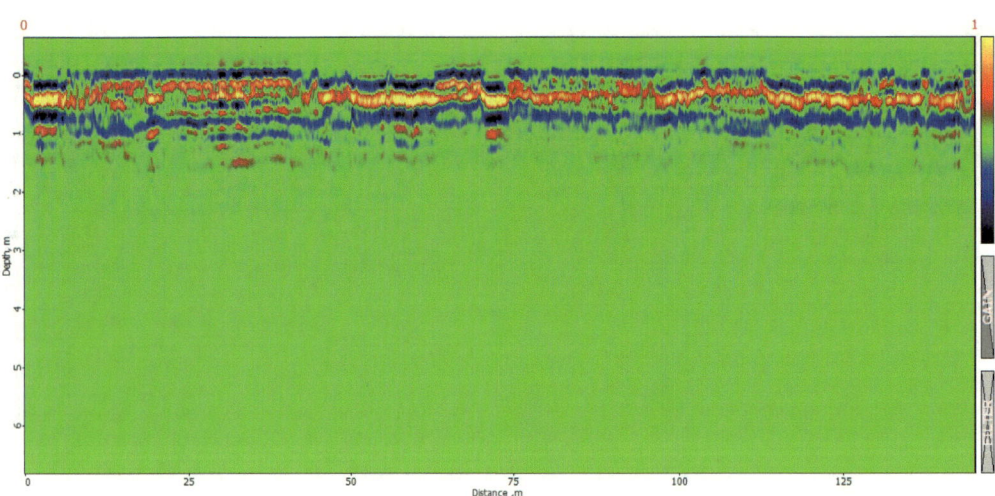

路线 18 雷达测试图

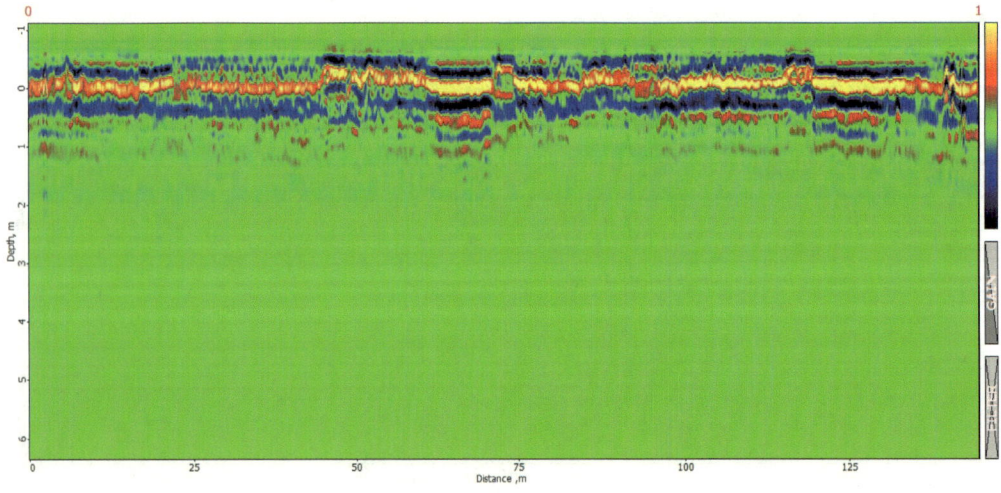

路线 19 雷达测试图

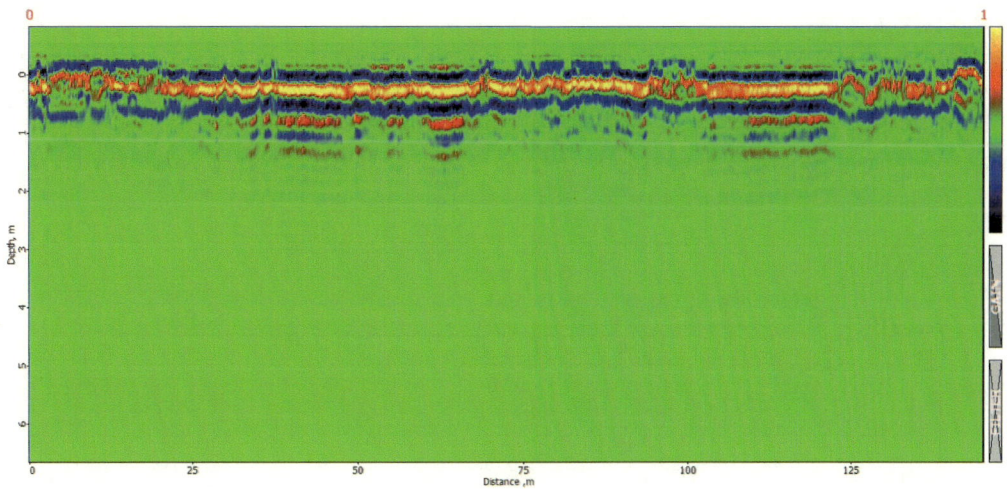

路线 20 雷达测试图

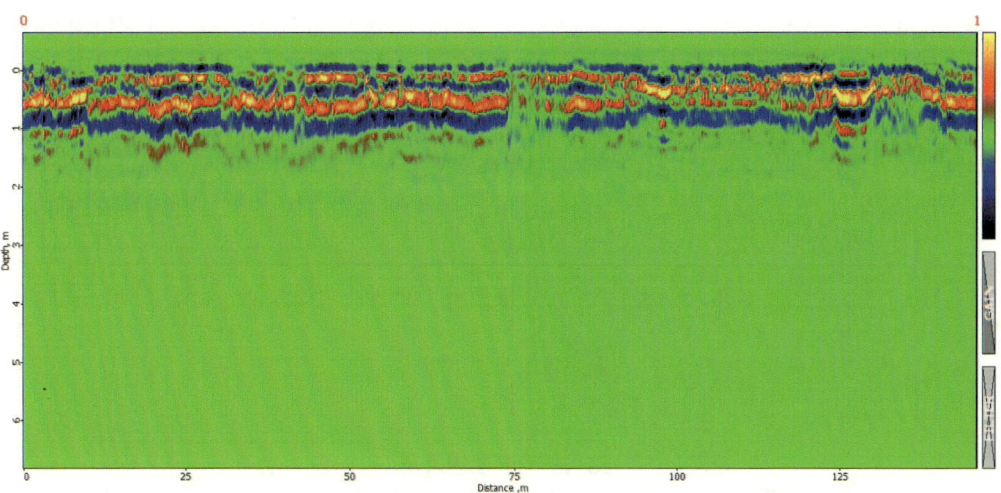

路线 21 雷达测试图

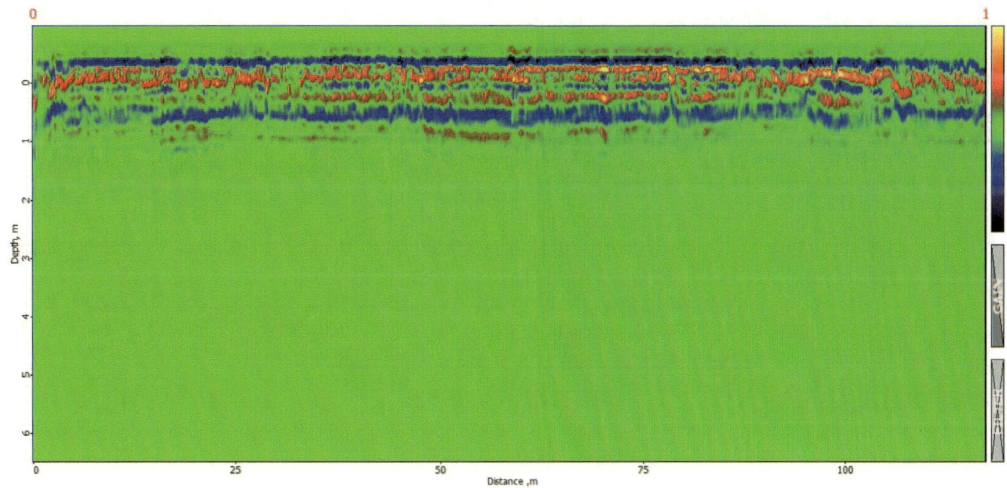

路线 22 雷达测试图

5. 结构振动测试

现场使用 941B 型超低频测振仪、Dasp 数据采集分析软件对结构进行振动测试，测振仪放置在墙顶海墁中间部位，主要测量各段墙体的固有频率，测点位置简图、测试结果统计表及详细测试结果如下图所示。

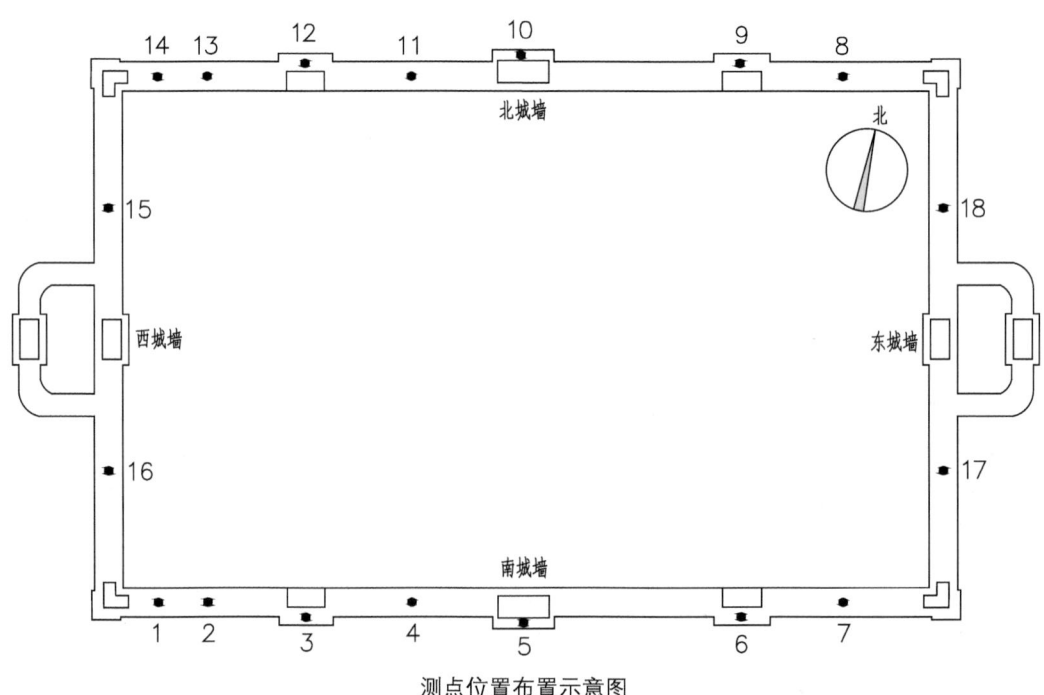

测点位置布置示意图

结构振动测试结果表

位置	方向	峰值频率（赫兹）
南城墙 1 号点	南北向	4.88
南城墙 2 号点	南北向	6.25
南城墙 3 号点	南北向	5.86
南城墙 4 号点	南北向	5.76
南城墙 5 号点	南北向	6.93
南城墙 6 号点	南北向	6.05
南城墙 7 号点	南北向	5.86
北城墙 8 号点	南北向	6.54
北城墙 9 号点	南北向	5.86

续表

位置	方向	峰值频率（赫兹）
北城墙 10 号点	南北向	6.05
北城墙 11 号点	南北向	5.66
北城墙 12 号点	南北向	5.66
北城墙 13 号点	南北向	5.27
北城墙 14 号点	南北向	5.27
西城墙 15 号点	东西向	6.64
西城墙 16 号点	东西向	5.86
东城墙 17 号点	东西向	6.84
东城墙 18 号点	东西向	6.54

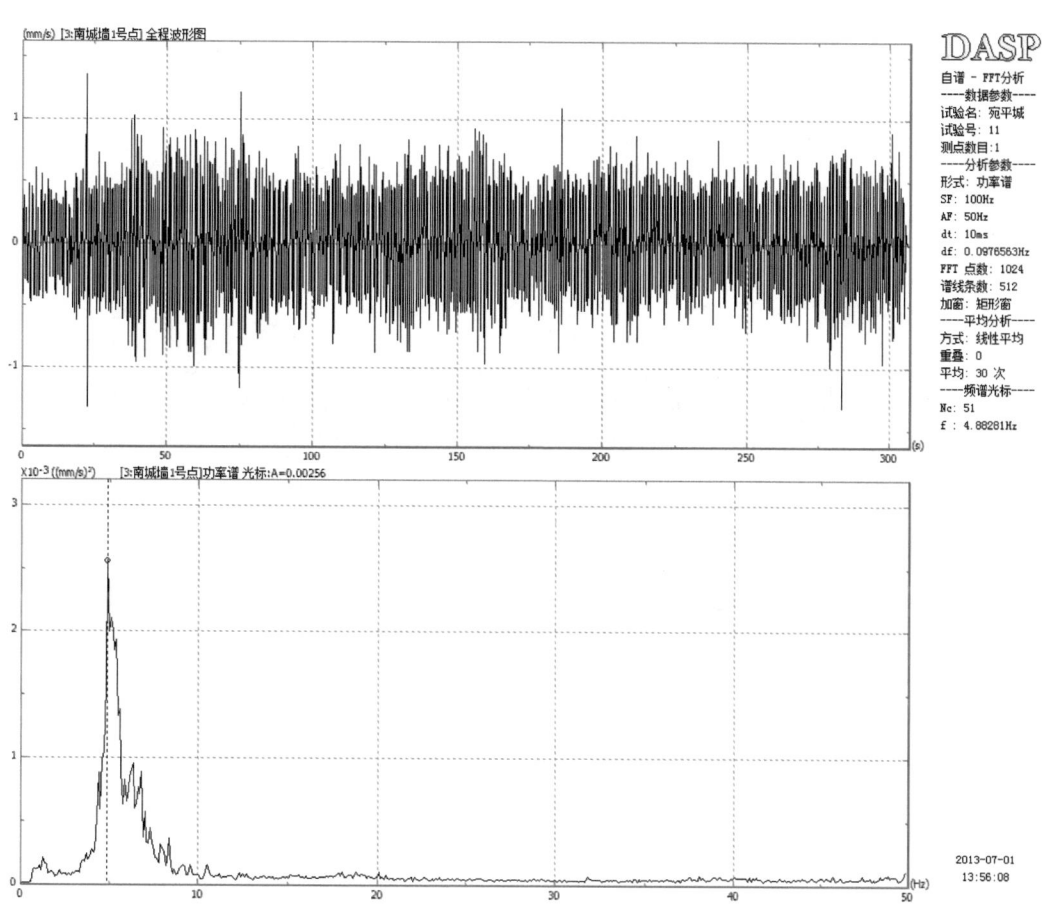

南城墙 1 号点南北向测试曲线图

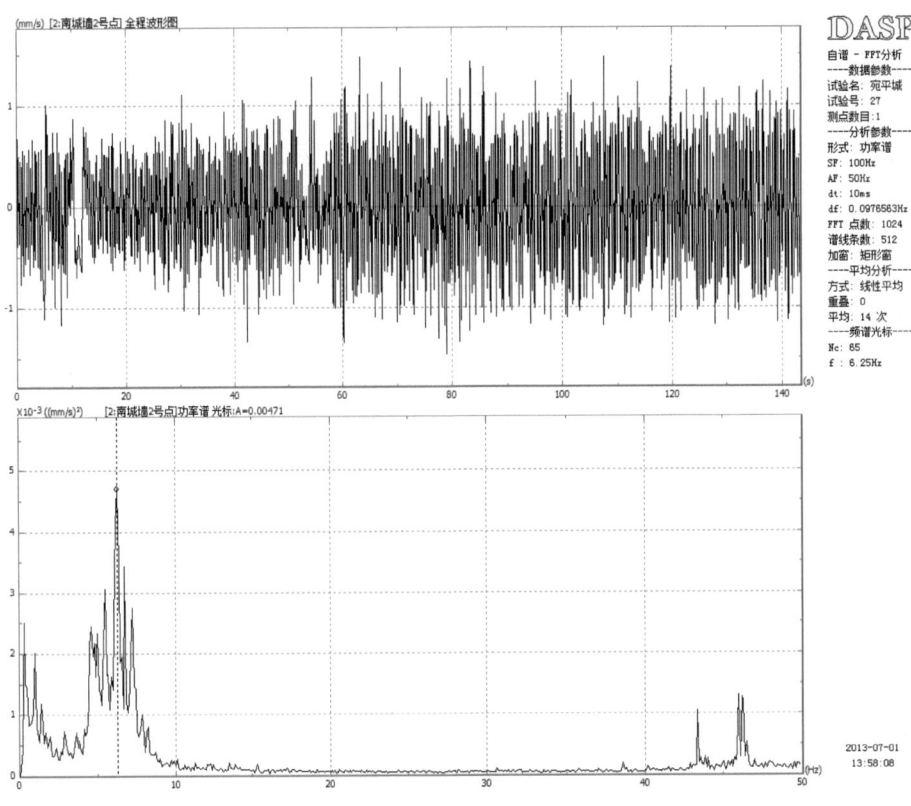

南城墙 2 号点南北向测试曲线图

南城墙 3 号点南北向测试曲线图

附录一 宛平城结构安全检测

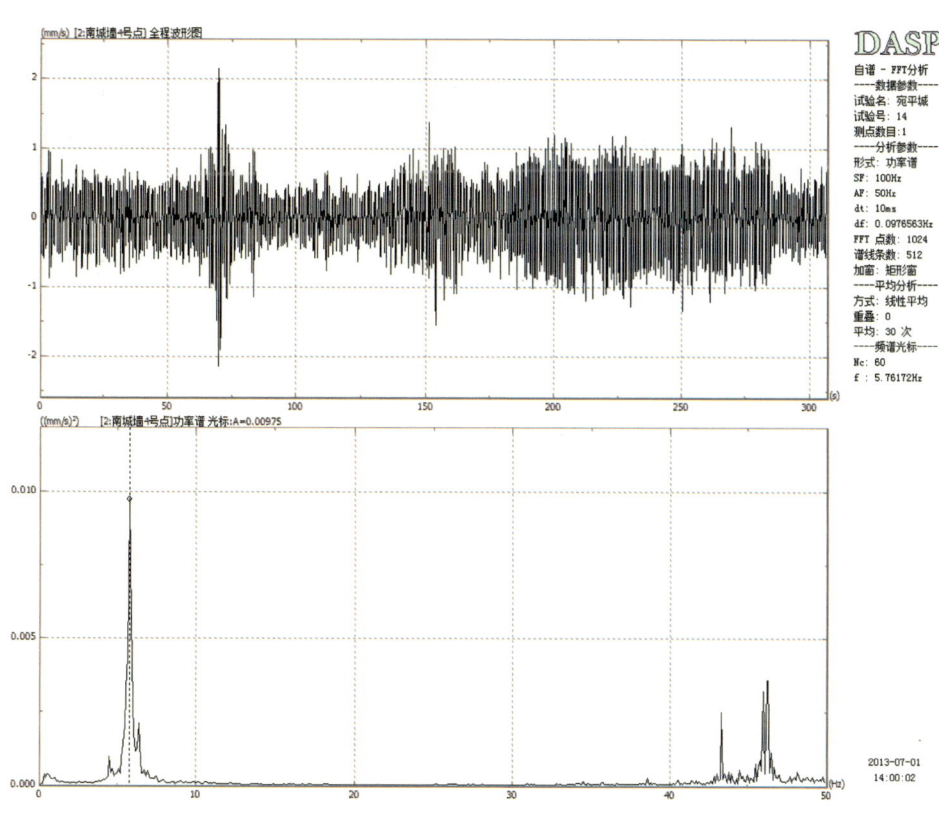

南城墙 4 号点南北向测试曲线图

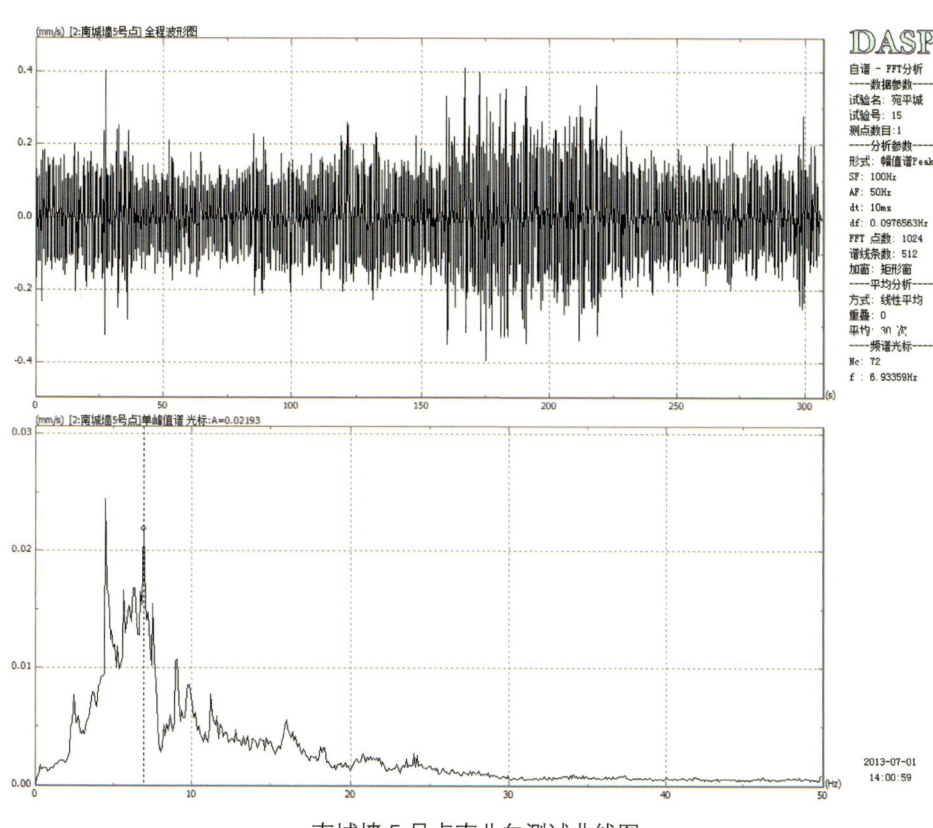

南城墙 5 号点南北向测试曲线图

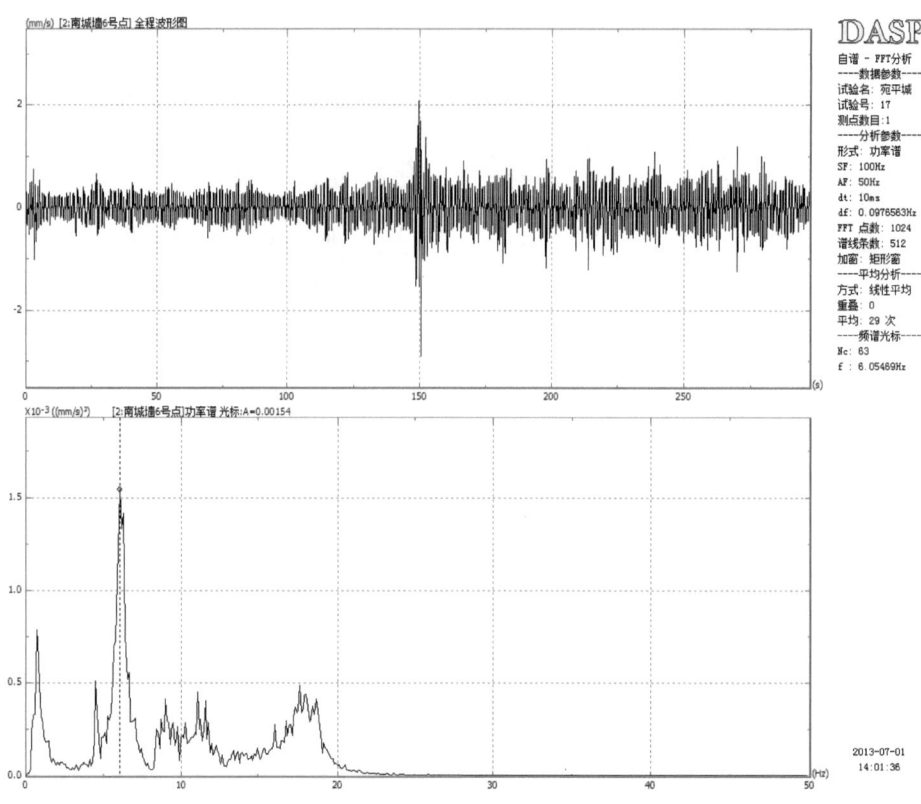

南城墙 6 号点南北向测试曲线图

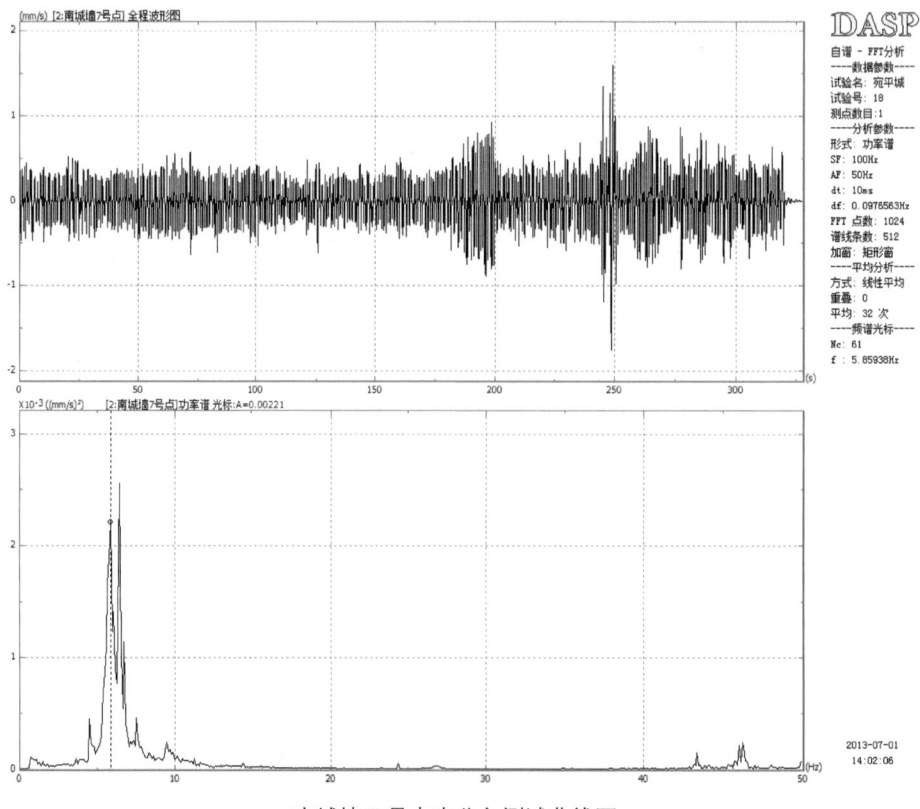

南城墙 7 号点南北向测试曲线图

附录一 宛平城结构安全检测

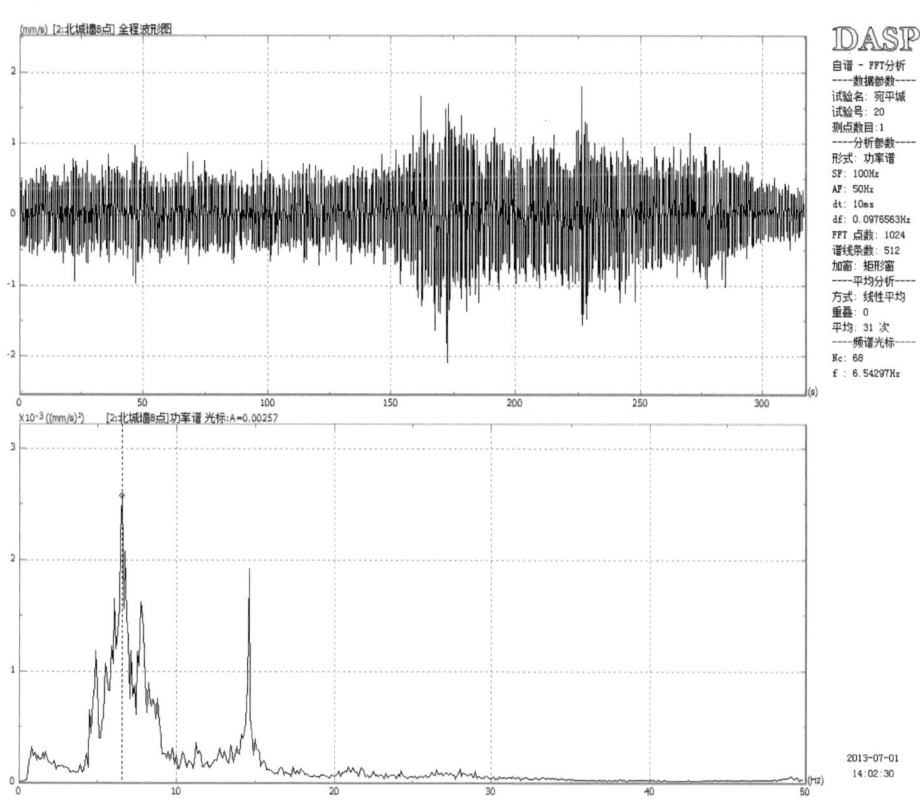

北城墙 8 号点南北向测试曲线图

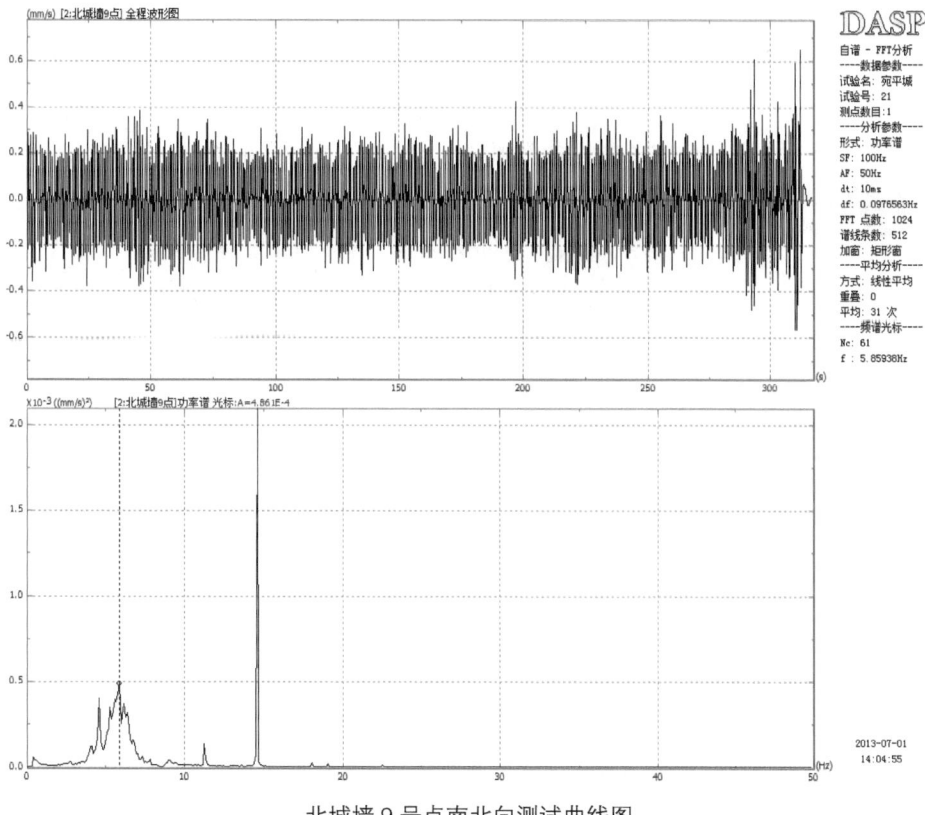

北城墙 9 号点南北向测试曲线图

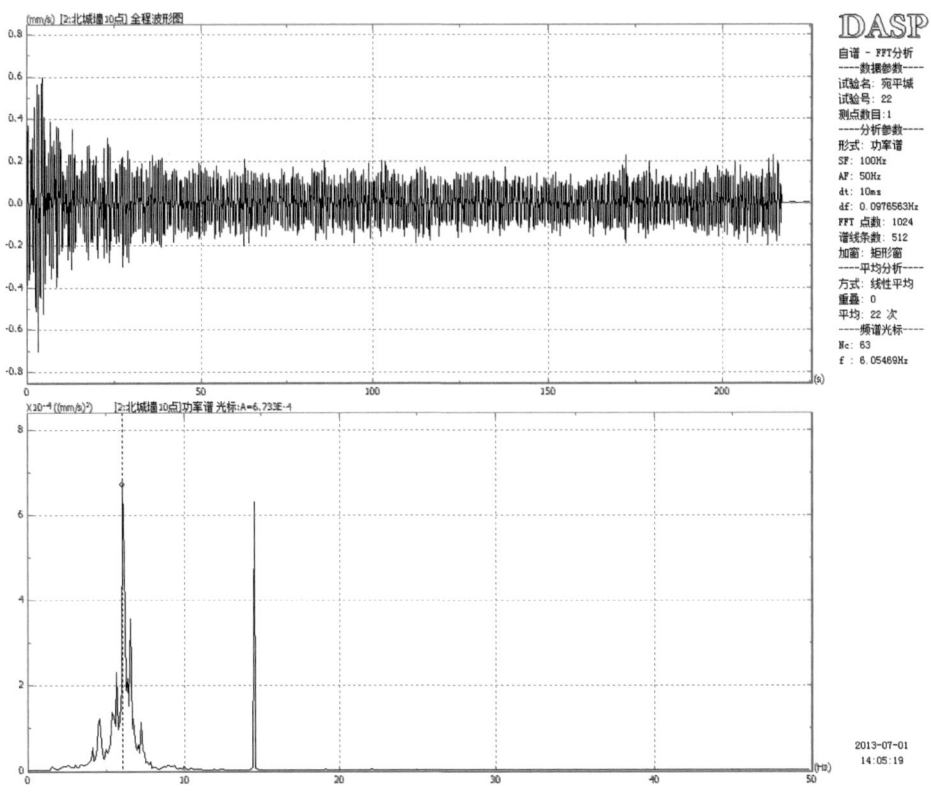

北城墙 10 号点南北向测试曲线图

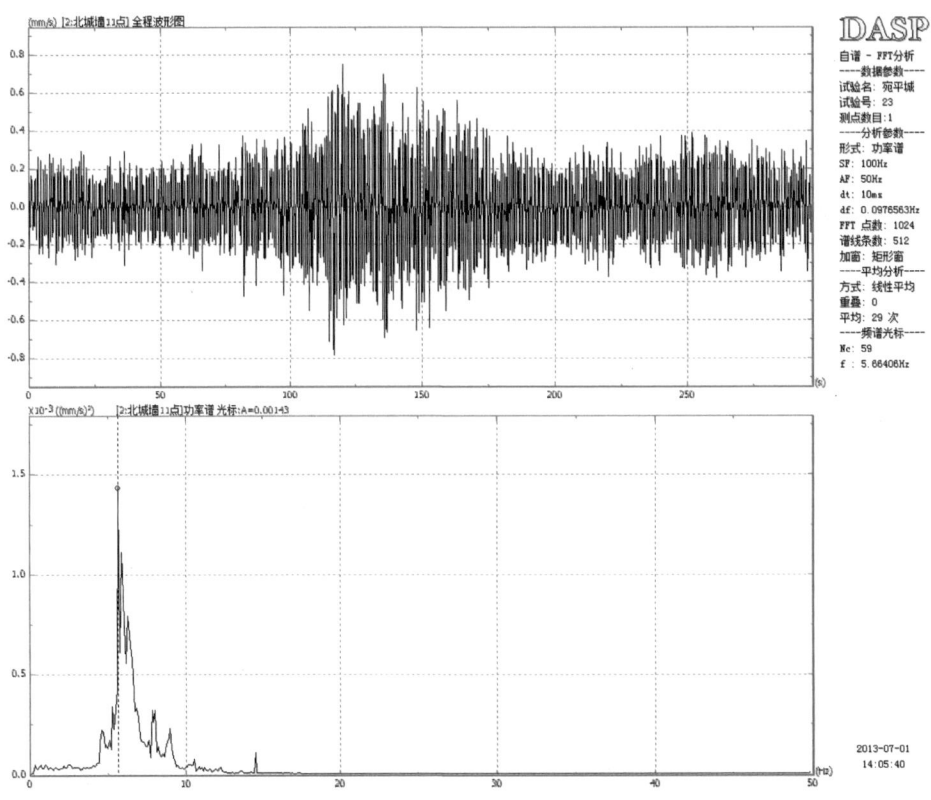

北城墙 11 号点南北向测试曲线图

附录一 宛平城结构安全检测

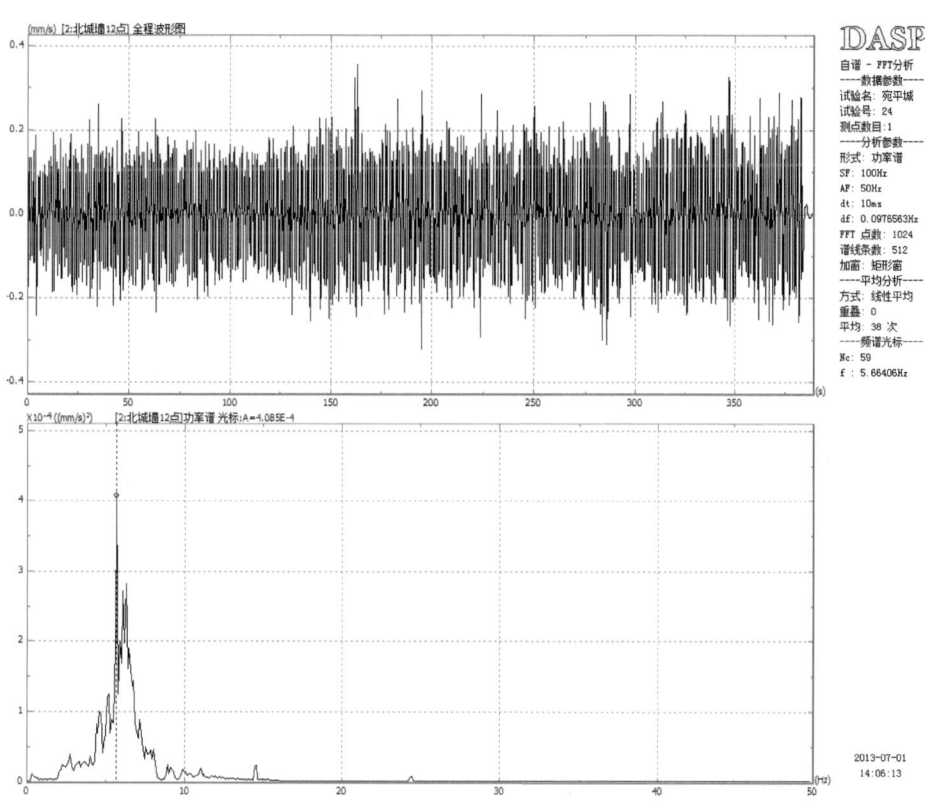

北城墙 12 号点南北向测试曲线图

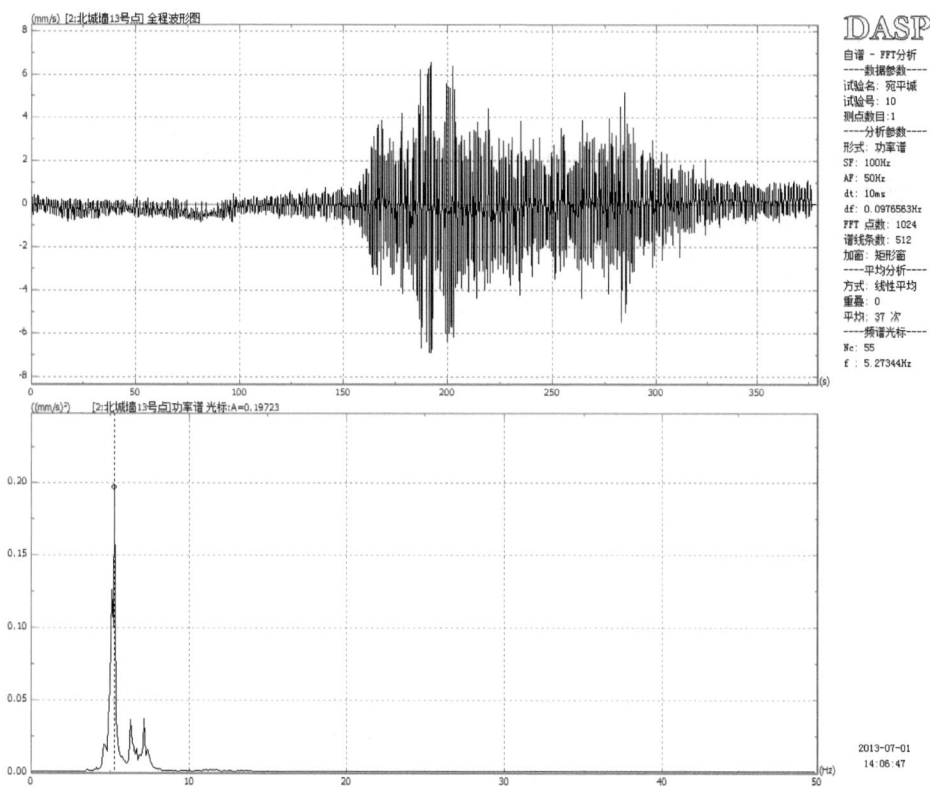

北城墙 13 号点南北向测试曲线图

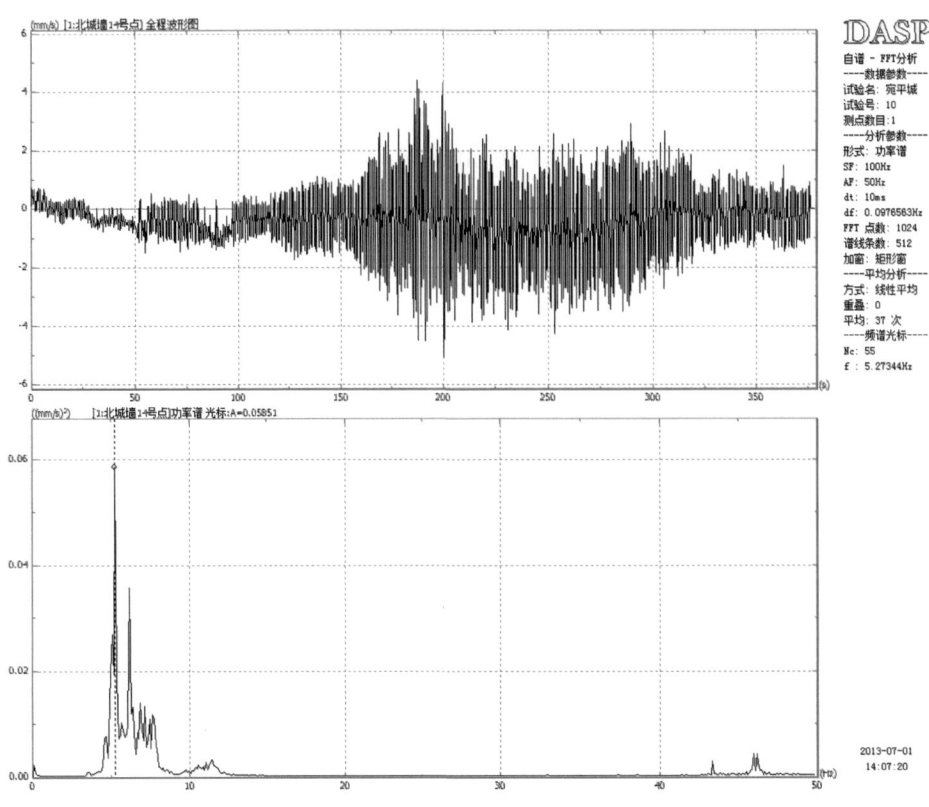

北城墙 14 号点南北向测试曲线图

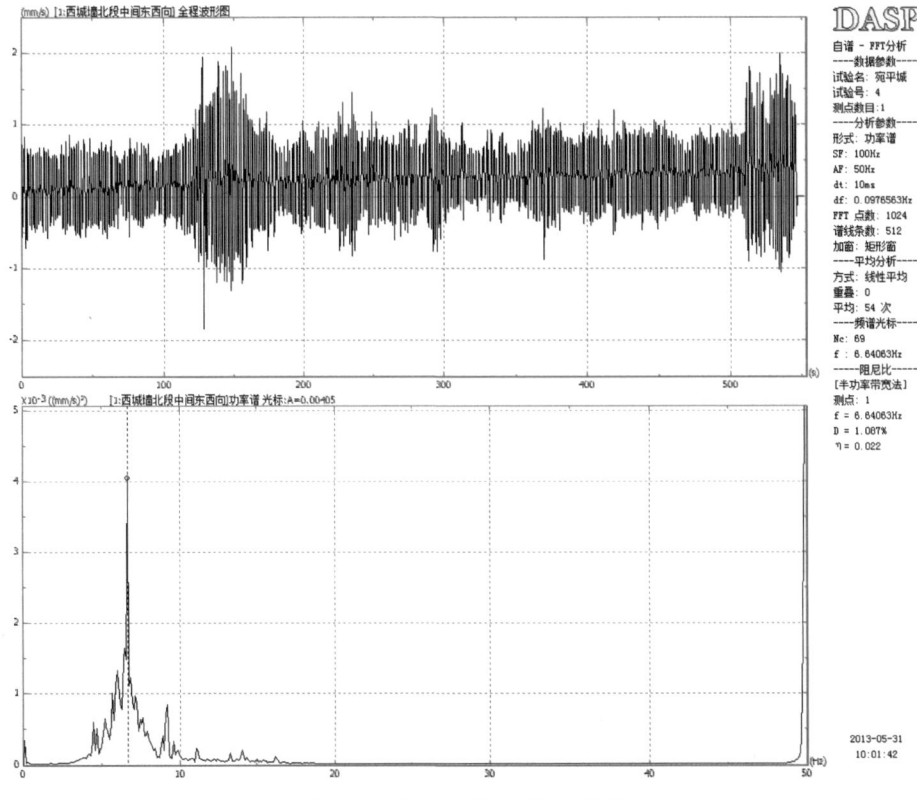

西城墙 15 号点东西向测试曲线图

附录一 宛平城结构安全检测

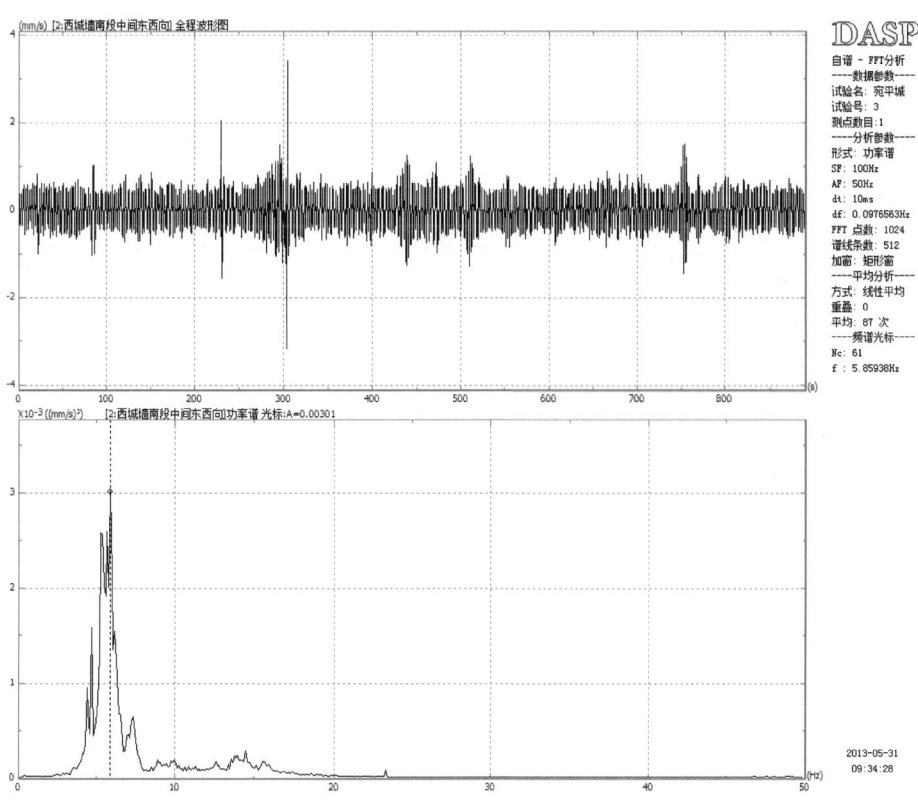

西城墙 16 号点东西向测试曲线图

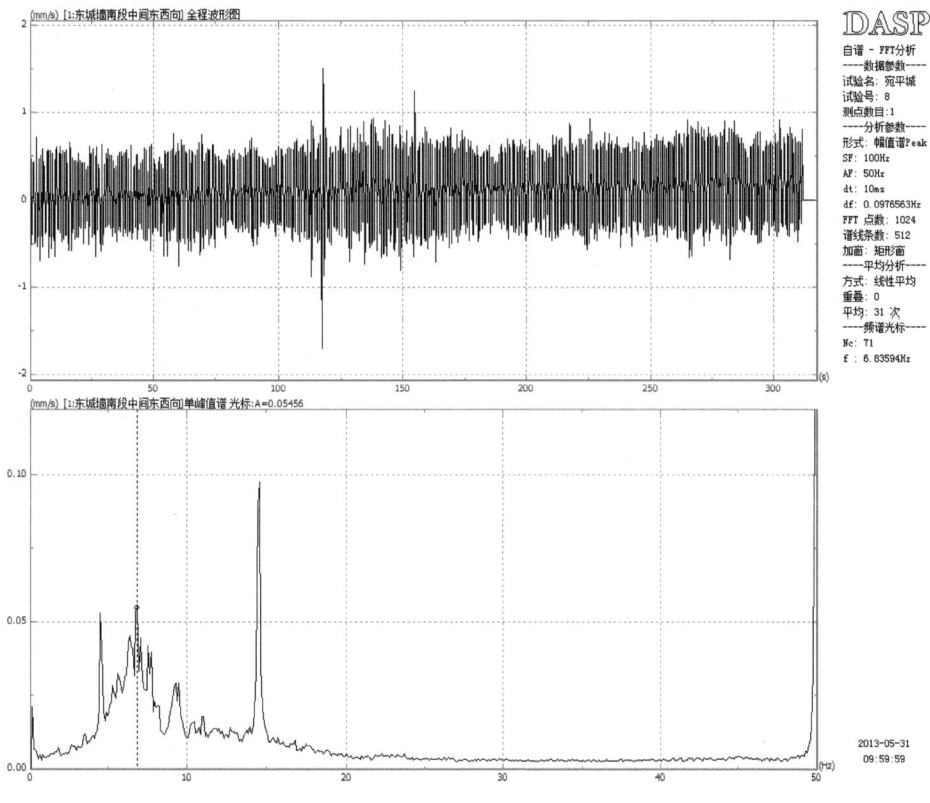

东城墙 17 号点东西向测试曲线图

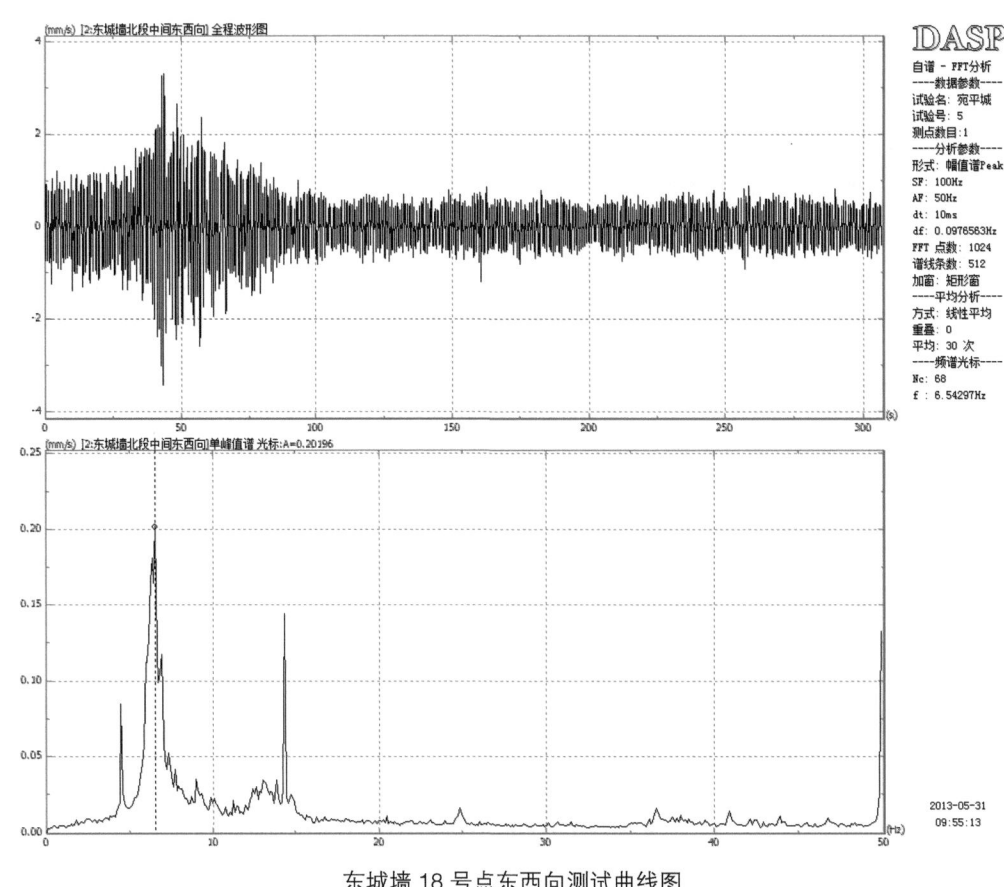

东城墙 18 号点东西向测试曲线图

自振频率是由质量和刚度共同决定的，其中，建筑平面体型、墙体布置、结构内部损伤等因素会影响结构的刚度。由检测结果可见，城墙各部位的频率在 4.88～6.93 赫兹，由于城墙为双向对称结构，对以下对称部位的测试结果进行比较分析：1）测点 2、7、8、13 为对称部位，其频率分别为 6.25 赫兹、5.86 赫兹、6.54 赫兹、5.27 赫兹，可见，测点 2 及测点 8 频率相对较高，其中，测点 2 处于后期修缮墙体处，测点 2 相邻位置的测点 1 频率最低，仅为 4.88 赫兹，此测点位于墙体臌胀处附近，见下图，此部分墙体质量可能存在差异；2）测点 3、6、9、12 为对称部位，其频率分别为 5.86 赫兹、6.05 赫兹、5.86 赫兹、5.66 赫兹，以上位置的频率差别不大；3）测点 15、16、17、18 为对称部位，其频率分别为 6.64 赫兹、5.86 赫兹、6.84 赫兹、6.54 赫兹，西城墙南段的频率较低，仅为 5.86，此部分墙体质量可能存在差异。

6. 外观质量检查

6.1 墙体内部结构探查

南侧城墙西侧第一段中间部分为后期修缮，经外观检查，后修的墙体及墙顶海墁与原墙体均存在明显的分界线，外侧约 45 米长墙体为后期修缮，墙顶同样部位的海墁也为后期修缮，内侧约 25 米长墙体为后期修缮，后期修缮墙体位置、外观照片见下图。

附录一　宛平城结构安全检测

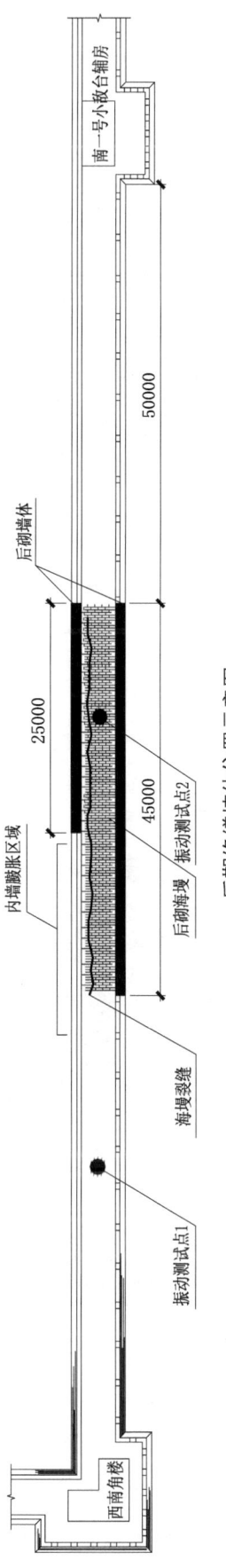

后期修缮墙体位置示意图

内侧后修墙体

外侧后修墙体

为了了解城墙的内部构造，采用水钻低速对城墙墙体进行了钻孔探查。钻探位置选择在墙体底部侧面及墙顶海墁处，主要对以下两个部位进行钻探分析比对：南段城墙的原墙体及后期修缮墙体；钻孔数量为4个，竖向钻孔2个（1、2号芯），水平钻孔2个（3、4号芯），竖向钻探深度约为0.5米，水平钻探深度约为1.8米，钻孔直径 φ=70毫米。钻孔位置、钻孔探查结果见下图。

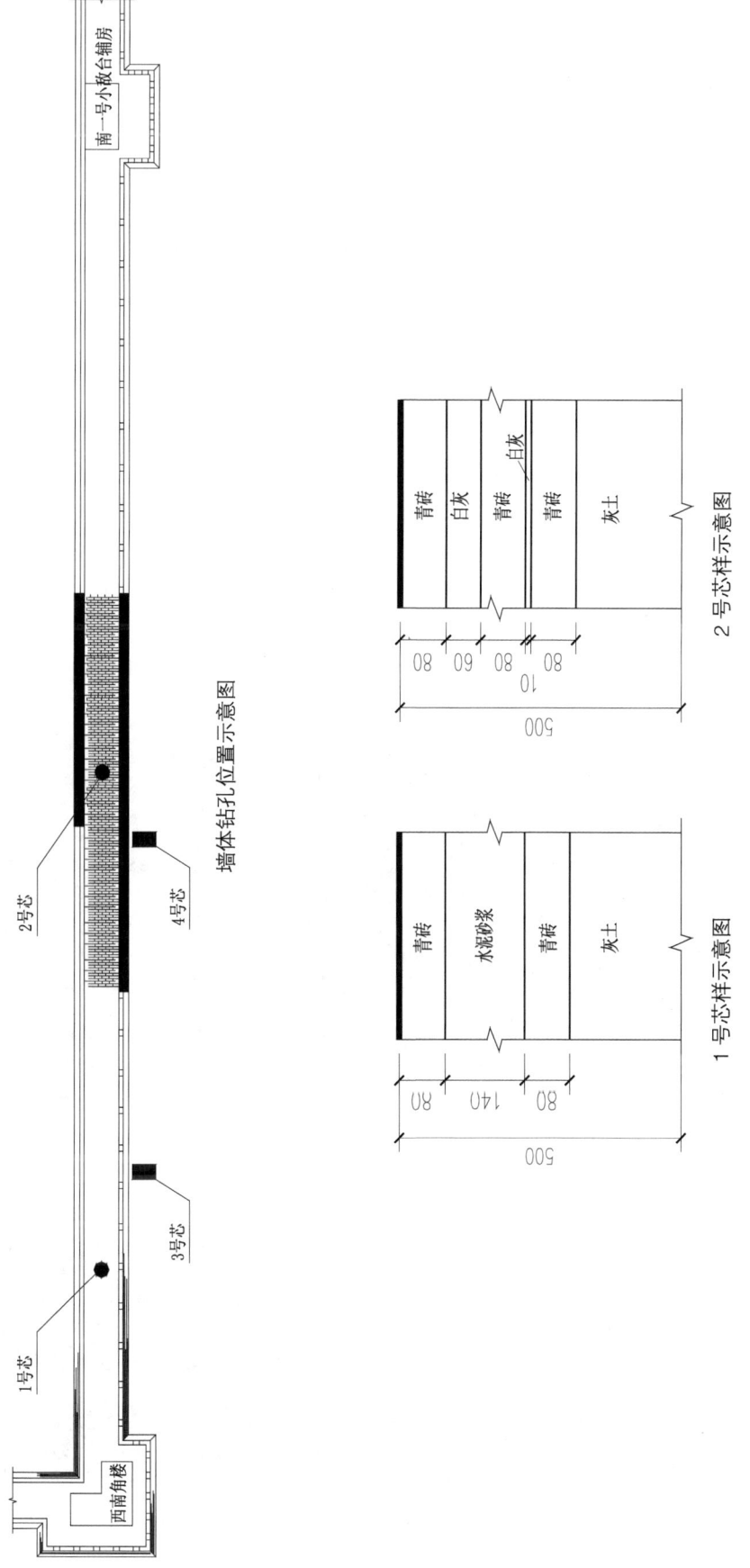

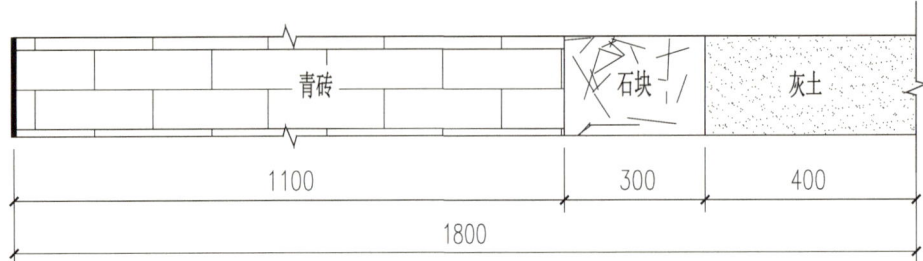

3号芯样示意图

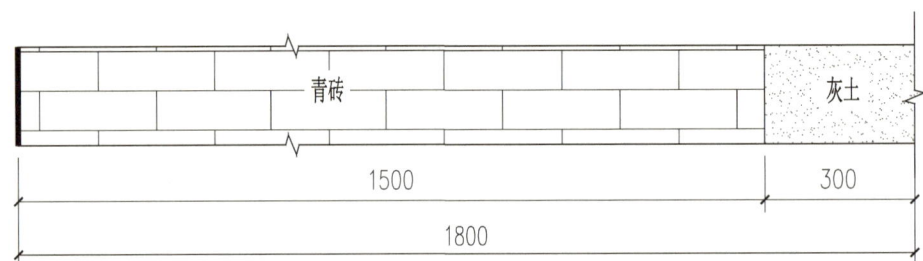

4号芯样示意图

1号芯样照片

2号芯样照片

3号芯样照片

4号芯样照片

探查结果表明：

（1）后修城墙与原城墙的结构存在一定的差异，水平钻孔探查的高度基本一致，通过钻孔发现，原城墙砖墙厚度约1.1米，里面约30厘米的石块，再往里即为灰土；而后修城墙砖墙厚度约1.5米，没有石块层，往里即为灰土。

（2）后修海墁与原海墁的结构存在一定的差异，通过钻孔发现，原海墁上部有两层青砖，青砖之间为水泥砂浆，青砖下方为灰土，后修海墁则为三层青砖，青砖之间为白灰砂浆，青砖下面为灰土。

（3）在钻取4号芯时发现，在距城墙外侧80厘米附近水钻阻力极小，非常轻松即可推进，且取出钻样的长度明显小于水钻推进的深度，表明砖墙的内部可能不密实或存在孔洞。

6.2 地基基础探查

经外观检查，原有基础损坏较严重，部分阶条石断裂缺失，表面开裂，风化酥碱严重，并导致部分墙体出现开裂，重修部位的阶条石基本完好。基础现状照片见下图。

基础风化酥碱

后修基础基本完好

墙体裂缝

通过局部开挖调查本结构基础情况,开挖位置在南侧城墙西侧第一段中间部位,现场开挖后的照片见下图。

北侧基础现场开挖照片

墙体基础为条石基础,条石基础中间有厚度约285毫米的黄土垫层,条石基础下方为200毫米的灰土垫层,灰土垫层从条基外放脚1250毫米。基础情况调查结果见下图。

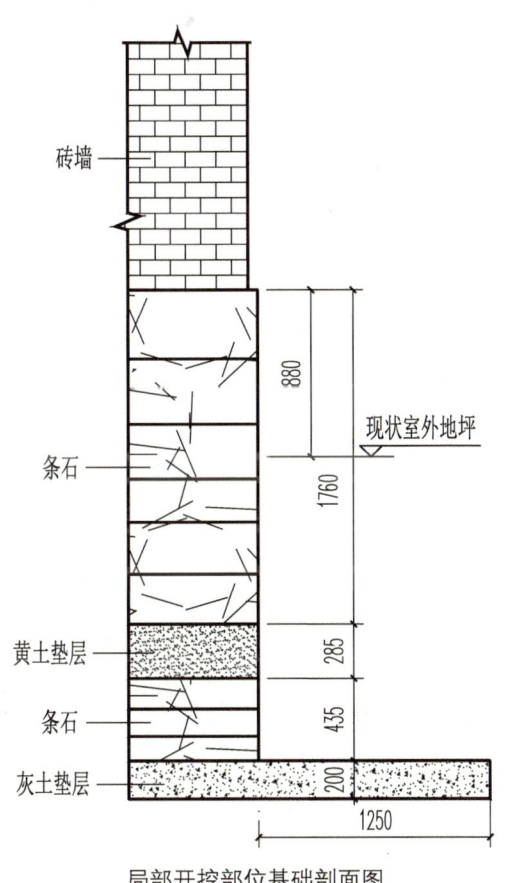

局部开挖部位基础剖面图

6.3 结构外观质量检查结果

经检查，结构存在的残损现象如下：

（1）风化侵蚀

城墙表面普遍存在风化侵蚀的现象，如砖表面层状、块状剥落，酥碱粉化，砌缝冲刷脱空等；部分破损的墙面曾进行过修补；目前，内墙的风化破坏程度比外墙严重，北墙、东墙的风化破坏程度比南墙严重，瓮城由于是后期修建，大部分现状良好，仅在内瓮城北侧墙体中间部位存在风化侵蚀现象。

风化侵蚀现象多发生于墙体的中部和下部部位，照片见下图。

北墙东侧内部墙面风化侵蚀

东瓮城北墙中部风化侵蚀

马面风化侵蚀

东墙南侧内部墙面风化侵蚀

（2）历史破坏痕迹

外墙多处存在历史战争遗留的弹坑和墙体豁口，照片见下图。

历史战争遗留弹坑　　　　　　　　　　　　历史战争遗留豁口

（3）植物根系影响

在城墙上部、底部及墙面存在一些杂草杂树，植物根系深入城墙导致砖墙胀裂，造成城墙局部破坏，照片见下图。

植物根系生长致城墙胀裂（一）

植物根系生长致城墙胀裂

（4）墙体表面裂缝

墙体表面多处存在竖向裂缝，裂缝主要存在于南侧城墙的外侧，约有十余条，裂缝形态有上下贯通的，自上部往下延伸的，自下部往上延伸的，墙体中部的，大部分裂缝都经过封闭处理，没有进一步开裂，其中，东南侧马面存在的裂缝宽度较大，有进一步发展的趋势。裂缝位置示意、裂缝照片见下图。

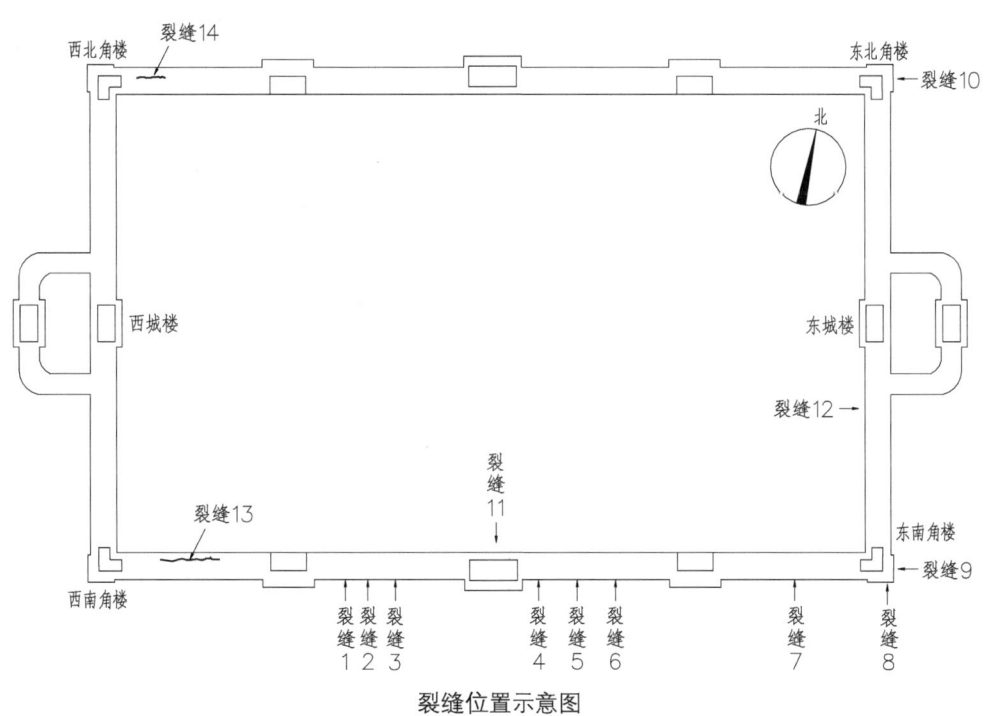

裂缝位置示意图

墙体裂缝（一）

墙体裂缝（二）

附录一　宛平城结构安全检测

墙体裂缝（三）

墙体裂缝（四）

墙体裂缝（五）

墙体裂缝（六）

附录一　宛平城结构安全检测

墙体裂缝（七）

墙体裂缝（八）

墙体裂缝（十）

墙体裂缝（九）

墙体裂缝（十）

附录一　宛平城结构安全检测

墙体裂缝（十一）

墙体裂缝（十二）

（5）墙顶海墁裂缝

南城墙西段局部海墁为后修，在后修海墁上存在水平裂缝，裂缝距离内侧墙体约 1 米左右，裂缝长度约 40 米，开裂海墁处内侧墙体局部出现臌胀现象，发生臌胀的墙体为旧墙；在北城墙西段海墁上也存在水平裂缝，裂缝长度约 20 米。裂缝照片和膨胀照片见下图。

墙体裂缝（十三）

墙体裂缝（十四）

墙体臌胀

（6）东西城门拱券受到外力撞击产生局部破损，见下图。

拱券破损

（7）拱券局部渗水，拱券内表面存在碱迹，见下图。

拱券碱迹

（8）南墙西段后修墙体与原墙体接缝处起伏不平，由于此部分墙体为后期修缮，后修墙体与原墙体在接缝处存在施工上的偏差，导致表面起伏不平，照片见下图。

后修城墙与原城墙接缝处起伏不平

6.4 主体结构倾斜情况

由于条件限制,只测量城墙外侧墙面的倾斜程度,测量使用吊坠进行,吊坠从外侧垛口悬出,测量砖墙上部、中部以及下部部位距吊线的距离 h1、h2、h3,测量方法示意图和城墙倾斜测点位置平面图如下。

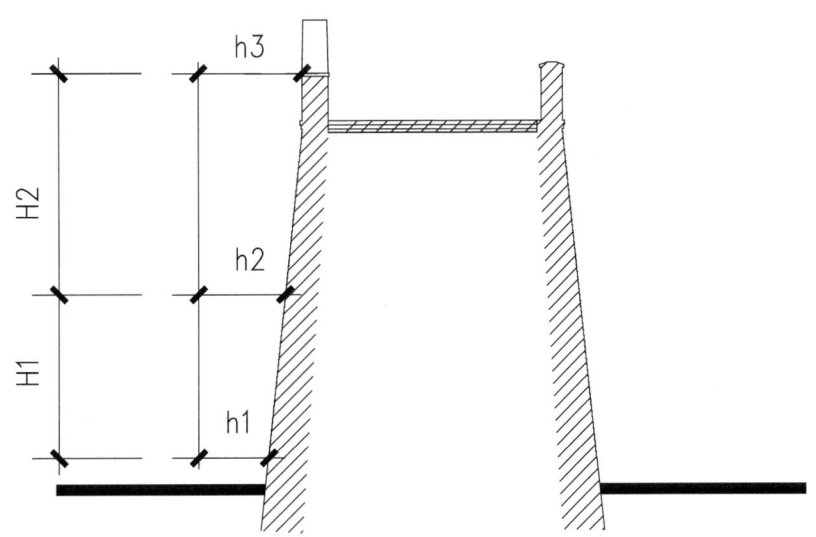

墙体倾斜测量示意图

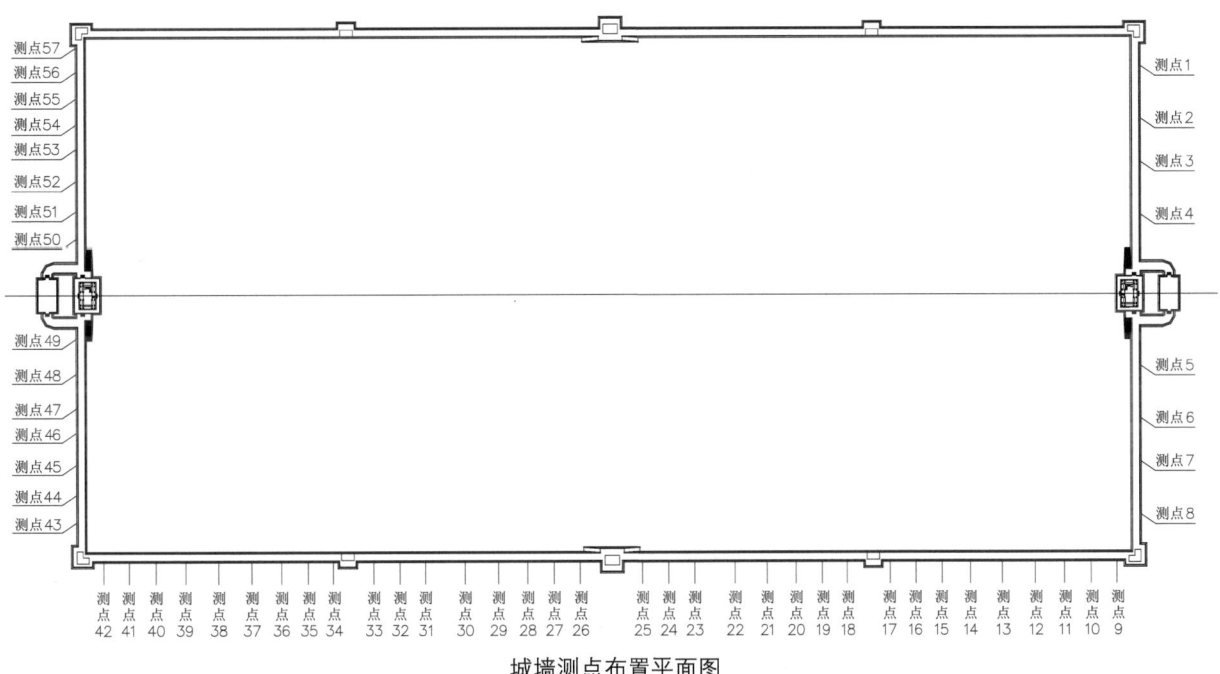

城墙测点布置平面图

城墙倾斜测量结果见下表。

城墙倾斜测量结果表

测量位置	水平距离			H1段倾斜率（%）
	h1（厘米）	h2（厘米）	h3（厘米）	
测点1	69	45	13	9
测点2	65.5	42	14.1	8
测点3	67	49	14.5	9
测点4	68	46	12	9
测点5	75	45	15	8
测点6	75	44	16	8
测点7	73	51	21	8
测点8	64.5	42	15	7
测点9	70	46	16	8
测点10	66.5	53	20	9
测点11	67	47	15	9
测点12	74	56	19	10
测点13	65	50	17	9
测点14	66	46	13	9
测点15	65.5	45	16	8
测点16	65	44	13	8
测点17	67.5	42	13	8
测点18	68	41	13	8
测点19	65	41	10	8
测点20	70	43	16	7
测点21	69	42	19	6
测点22	70	37	18	5
测点23	67	40	9	8
测点24	66.5	39	6	9
测点25	65	40	11	8
测点26	66	40	8	9
测点27	67.5	42	12	8
测点28	64.5	40	10	8

续表

测量位置	水平距离			H1 段倾斜率（%）
	h1（厘米）	h2（厘米）	h3（厘米）	
测点 29	67	38	10	8
测点 30	62	41	9	9
测点 31	69.5	43	11	9
测点 32	66	38	12	7
测点 33	68.5	43	15	8
测点 34	66	39	10	8
测点 35	64	41	12	8
测点 36	64	39	13	7
测点 37	64	41	16	7
测点 38	63	39	22	5
测点 39	63	38	21	5
测点 40	63	43	25	5
测点 41	65	44	23	6
测点 42	65	43	17	7
测点 43	63.5	36.5	6	8
测点 44	64.5	39	12	7
测点 45	64.5	38	10	8
测点 46	64	42	11	8
测点 47	63	46	7	11
测点 48	60	45	11	9
测点 49	63.5	44	12	9
测点 50	65	43	15	8
测点 51	63.5	41	9	9
测点 52	65.5	43	6	10
测点 53	68	45	14	8
测点 54	65.5	38	9	8
测点 55	66.5	40	9	8
测点 56	65	41	12	8
测点 57	62	43	18	7

墙体倾斜测量结果见上表，墙体由下往上渐收，下半部分的倾斜率基本一致，南墙后修部分墙体（测点38～40）的倾斜率比原有墙体稍有不同，坡度更陡一点，这也是导致上部接缝处呈现起伏不平的原因。

6.5 砂浆和砖强度等级检测

砌体砖墙强度检验结果

采用回弹法检测砌体砖抗压强度，由检测结果可见，砖回弹数据比较离散，这主要是由于城墙经过多次修缮，部分破损的砖块已经过修补和替换，导致不同时期的砖均同时出现。经现场检查发现，南墙及西墙砖面相对比较新，瓮城由于是八十年代后修，瓮城砖面也比较新，上述部位砖的回弹数值较高，而东墙外侧及北墙内外侧砖面状况比较差，大部分都属于未修补前的旧砖，回弹数值比较低。东城墙北段存在一处豁口，内侧重新砌了新墙，在外侧的旧墙上抽取部分砖样进行了抗压强度试验，为方便比较，将砖回弹数据按表面新旧状况分两批进行统计，并与砖试验抗压强度值进行比较分析。

砖回弹检测测点位置平面图见下图。

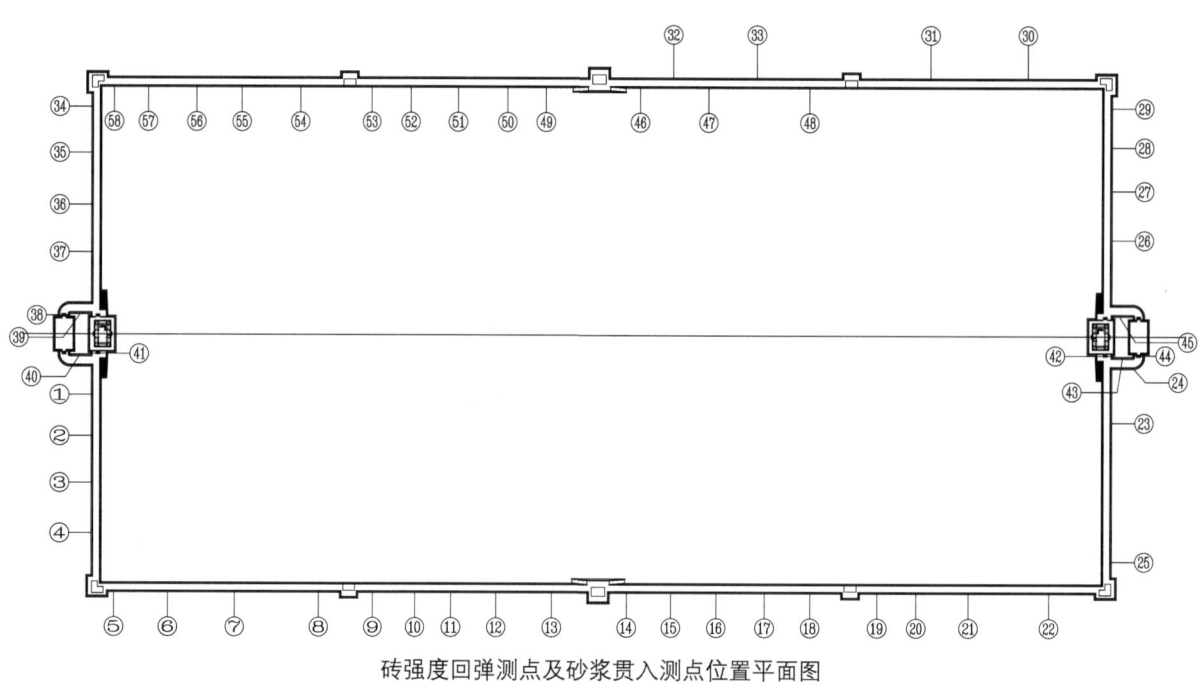

砖强度回弹测点及砂浆贯入测点位置平面图

根据《GB/T 50315—2011》，回弹检测计算结果统计、砖试件抗压强度试验结果见下表，砖试件照片见下图。

墙砖强度具体检测表

批次	测点编号	回弹值	换算值（兆帕）	平均值	备注
1	1	32.8	8.1	6.3	南墙、西墙及瓮城墙面；砖测区表面状况相对较好
	2	31.3	6.8		
	3	31.1	6.7		
	4	28.8	4.9		
	5	29.3	5.3		
	6	28.3	4.6		
	8	30.3	6.0		
	9	30.7	6.4		
	10	29.4	5.4		
	12	30.4	6.1		
	13	31.8	7.2		
	15	30.2	5.9		
	16	29.8	5.7		
	20	30	5.9		
	21	28	4.7		
	22	30.2	6		
	34	31.2	6.8		
	35	29.8	5.6		
	36	28.4	4.8		
	37	28.5	4.7		
	40	32.6	7.8		
	41	32.6	7.9		
	43	33.7	9.0		
	44	33.4	8.6		
	45	31.7	7.2		

续表

批次	测点编号	回弹值	换算值（兆帕）	平均值	备注
2	23	27.1	3.9	4.1	北墙及东墙墙面；砖测区表面状况相对较差
	25	27.2	3.9		
	26	29.6	5.5		
	27	29.4	5.5		
	28	27	3.8		
	29	28.4	4.6		
	30	26.5	3.4		
	33	26.1	3.2		
	49	28	4.4		
	50	27.8	4.4		
	51	26.9	3.7		
	52	27	3.7		
	54	25.9	3.3		
	55	25.8	3.4		

砖试件抗压强度试验结果表

砖试件编号	砖试件抗压强度（兆帕）	试验结果	备注
1	4.7	平均值 6.6 标准差 1.38 变异系数 0.21 最小值 4.7	取样部位在东墙北段
2	6.5		
3	8.0		
4	7.0		

部分砖试件照片

由检测结果可知,各构件的回弹强度换算值为 3.20～9.00 兆帕,其中,较旧批次砖的回弹值均值为 4.1 兆帕,对应的砖试件抗压强度平均值为 6.6 兆帕,较新批次砖的回弹值均值为 6.3 兆帕。

砂浆强度检验结果

由于城墙经过多次修缮,城墙上存在多种类型的砂浆如白灰砂浆、青灰砂浆以及水泥砂浆,采取灌入法检测砌体墙的砂浆强度,根据《JGJ/T 136—2001》,由于变异系数偏大,不能按批评定,仅给出单个构件的评定结果,各构件地灌入强度换算值为 0.50～4.60 兆帕。砂浆灌入检测结果、砖墙的砂浆强度具体检测数据见下表。

砂浆强度灌入检测表

平均值(兆帕)	标准差(兆帕)	变异系数
1.86	1.05	0.56

砂浆强度检测表

测点编号	灌入深度 d_i(毫米)	换算值(兆帕)
1	10.76	0.90
2	9.92	1.10
3	8.54	1.50
4	6.97	2.30
5	7.48	2.00
6	5.11	4.60
7	9.07	1.30
8	5.70	3.60
9	7.48	2.00
10	7.01	2.30
11	6.75	2.50
12	6.63	2.60
13	5.14	4.60
14	6.49	2.70
15	6.88	2.40
16	7.77	1.80
17	6.44	2.80

续表

测点编号	灌入深度 d_i（毫米）	换算值（兆帕）
18	8.38	1.50
19	10.25	1.00
20	8.44	1.50
21	9.29	1.20
22	9.80	1.10
23	10.29	1.00
37	10.52	1.00
36	13.96	0.50
35	14.46	0.50
34	12.26	0.70
46	7.84	1.80
47	9.90	1.10
48	9.16	1.30
49	6.76	2.40

6.6 地面高差测量

南城墙西南角楼至南一号小敌台辅房地面高差测量结果见下图，南一号小敌台辅房至南中台敌楼地面高差测量见下图，+0处为每段的最低点。由测量结果发现，城墙海墁呈现东侧低西侧高的趋势，详细测量最西段城墙海墁，海墁为双向放坡，海墁每个测点沿横截面测量3个数（最外侧，中间，最内侧），将3个位置之间的高差两两进行比较，统计结果见下表，可以发现6、8、9测点的最内侧与中间点的高差明显高于其他位置，且处于后修海墁裂缝内侧，表明此部位可能存在一定程度的塌陷。

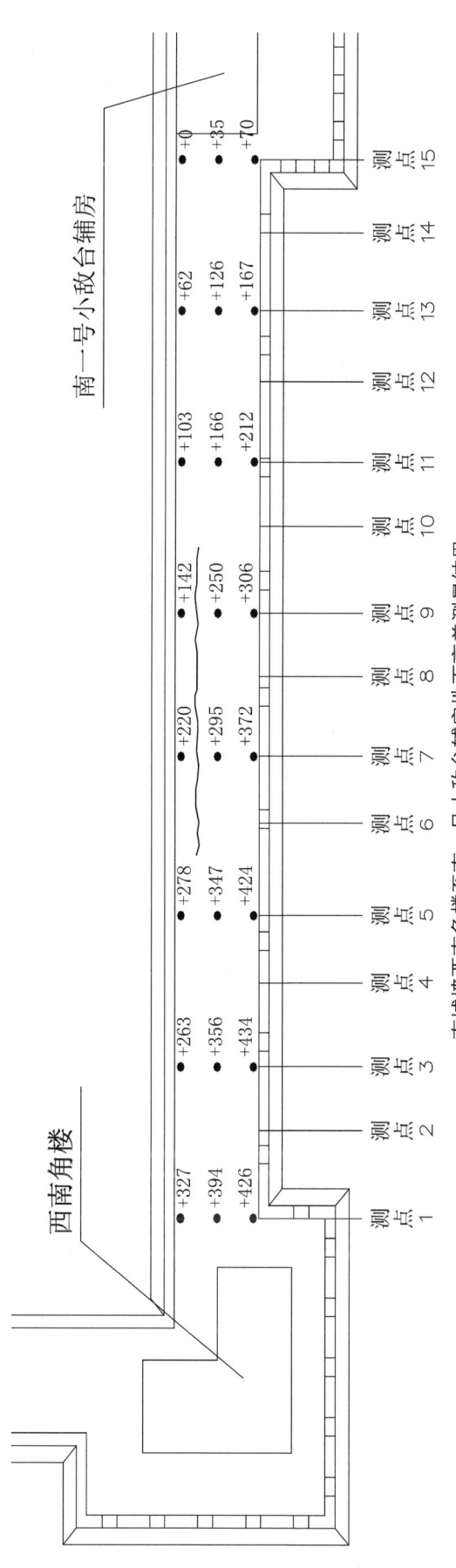

南城墙西南角楼至南一号小敌台辅房地面高差测量结果

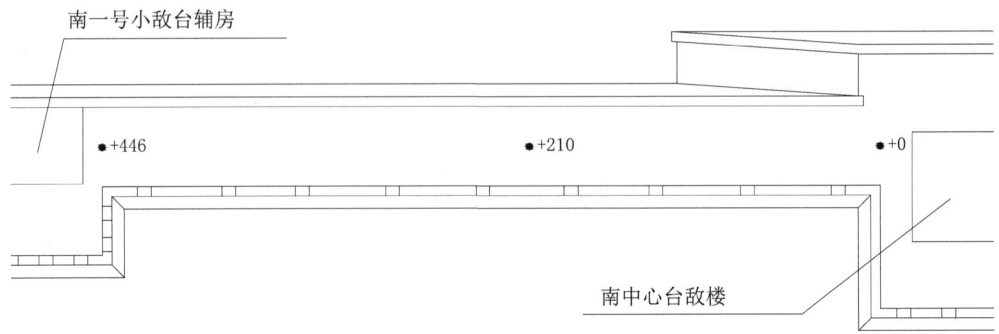

南一号小敌台辅房至南中台敌楼地面高差测量结果

地面高差详细测量表

测点编号	最内侧地面相对高差	中间地面相对高差	最外侧地面相对高差	高差1（中间地面高度减去最内侧地面高度）	高差2（最外侧地面高度减去中间地面高度）
1	+327	+394	+426	+67	+32
2	+309	+384	+445	+75	+61
3	+263	+356	+434	+93	+78
4	+264	+351	+449	+87	+98
5	+278	+347	+424	+69	+77
6	+245	+352	+427	+107	+75
7	+220	+295	+372	+75	+77
8	+167	+268	+328	+101	+60
9	+142	+250	+306	+108	+56
10	+135	+219	+270	+84	+51
11	+103	+166	+212	+63	+46
12	+82	+140	+171	+58	+31
13	+62	+126	+167	+64	+41
14	+10	+72	+127	+62	+55
15	0	+35	+70	+35	+35

7. 墙体损坏原因分析

风化侵蚀

风化侵蚀主要是由于城墙砖砌体在自然界中受温度变化、大气和水的侵蚀及生物作用等外界因素的影响，发生的物理、化学和生物变化，如砖表面层状、块状剥落，酥碱粉化，砌缝冲刷脱空等，导致结构的承载力和耐久性降低的现象。

本结构风化侵蚀现象多发生于墙体的中部和下部部位，此部分墙体较易受到雨水的影响，导致这些部位的砖砌体含水率较大，风化侵蚀的程度比较明显。

墙体裂缝

本结构出现的裂缝主要有以下几种类型：

（1）沉降裂缝

由地基不均匀沉降以及原有基础损坏导致了部分墙体出现沉降裂缝，此种裂缝的形态一般为自下往上发展，如裂缝2；部分裂缝后期经过修补，通过观察后抹砌缝发现，大部分砌缝没有继续开裂，裂缝没有明显的发展趋势，判断裂缝为陈旧性裂缝，地基沉降已基本稳定。

此类裂缝建议进行定期观察，如发现裂缝有发展的趋势或出现新的裂缝，应及时进行处理。

（2）温度裂缝

温度变化会引起材料的热胀冷缩，当材料随温度变化发生变形时，墙体内部会产生应力，由于城墙长度较长且北方气候温差较大，在温度的反复作用下，墙体将会发产生较大的拉压应力，当拉应力大于其抗拉强度时，墙体即会发生开裂。

城墙上出现的裂缝有较多的温度裂缝，此种裂缝主要发生于南侧墙体，分析原因是南侧墙体为向阳面，温差相对更大一些；裂缝多发于墙体的中部，向上下两个方向延伸，且基本呈等间距布置，如裂缝3、4、5、6、7。此类裂缝一般不影响结构安全使用，但对结构的耐久性有一定影响。

（3）受力裂缝

东南马面存在两条竖向裂缝（裂缝8和裂缝9），裂缝示意图见下图，分析原因是马面顶面建有角楼，受载较大，且东侧马面由于存在弹坑及风化侵蚀造成墙体表面损坏较严重，并存在水分侵入夯土内的可能，致使墙体有效截面变小，结构承载力降低。

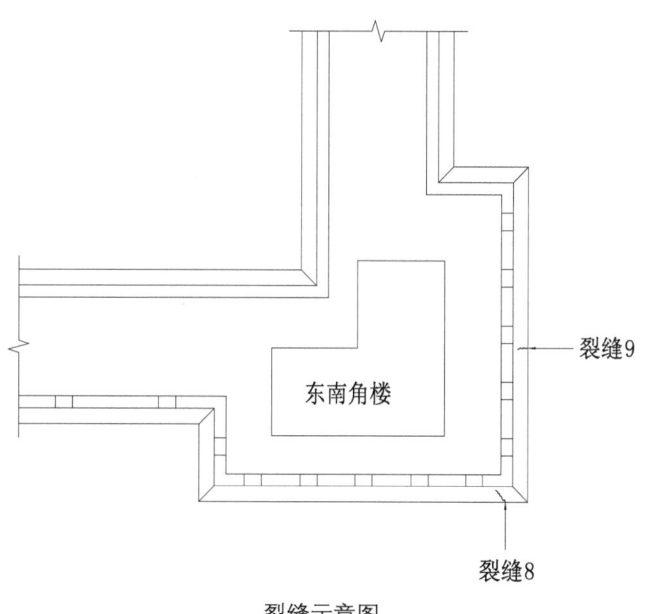

裂缝示意图

此类裂缝宽度较大，容易造成马面角部墙体部位的坍塌，对于城墙的安全影响较大。

海墁裂缝

经检查，南侧后修海墁上存在水平裂缝（裂缝 11），且裂缝内侧地面与周围地面相比存在一定程度的塌陷，裂缝内侧墙体局部存在一定的臌胀。

为了解墙体臌胀的原因，采用 ANSYS 结构计算程序模拟城墙结构，分析两侧城墙的受力特点。由于城墙长度较长，按平面应变问题考虑。砖墙采用 Plane42 单元，土体的模型采用了 DP 本构模型，按经验取砖墙的弹性模量为 0.93×10^9 帕，泊松系数为 0.15，密度为 1700 千克/立方米，土体的弹性模量为 2×10^8 帕，黏聚力为 19 千帕，摩擦角和膨胀角均为 30°。

通过分析应力云图可知，X 方向应力在城墙底部内侧产生压应力集中现象，最大压应力为 0.05 兆帕，Y 方向应力在城墙底部产生应力集中现象，外侧受压，内侧受拉，最大压应力为 0.33 兆帕，最大拉应力为 0.21 兆帕。

由于城墙内侧底部存在拉应力，当上部后修海墁存在雨水渗入时，导致夯土内部存在水分，水分会使土体膨胀，增大墙体的负荷，同时降低夯土的力学性能，当底部拉应力超过了墙体的承载能力，就会导致墙体发生损坏。

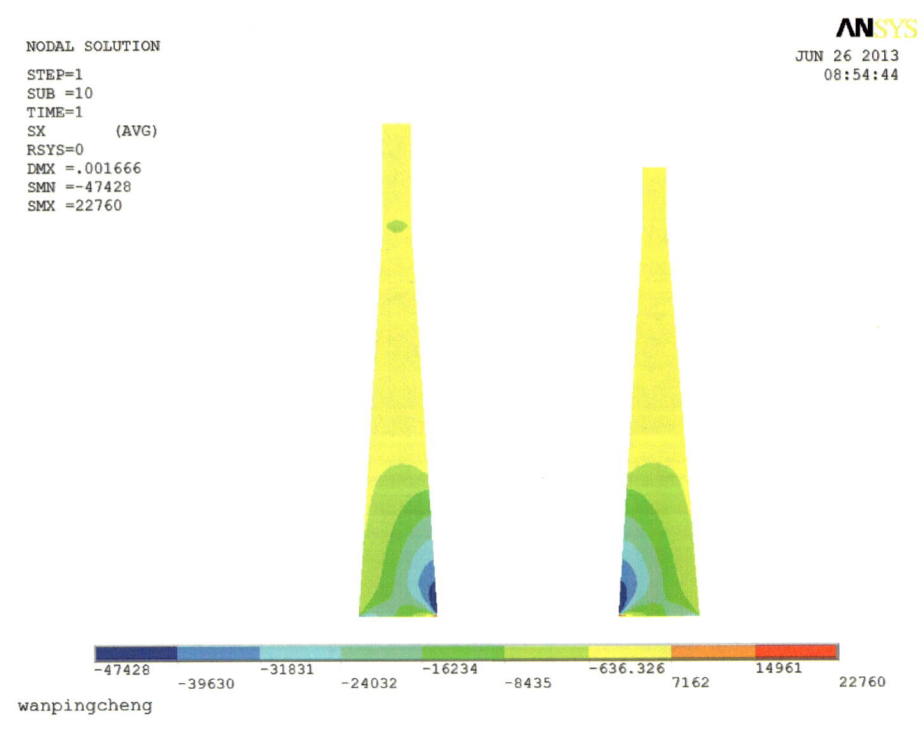

X 方向节点应力图

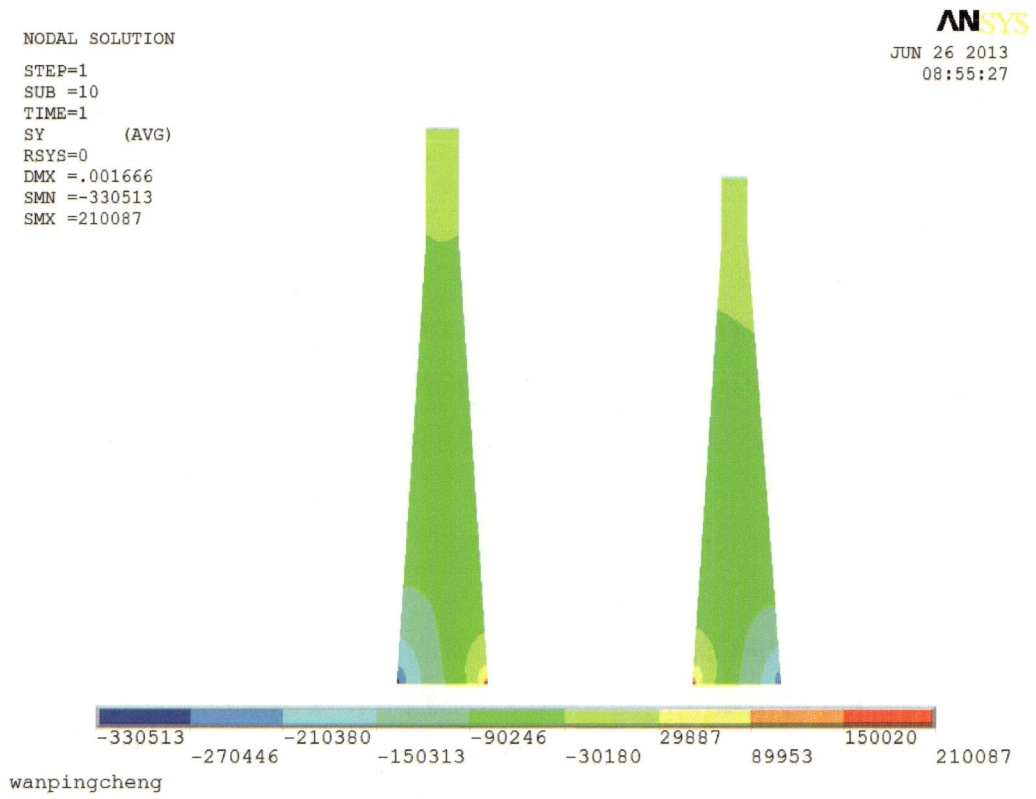

Y方向节点应力图

8. 结构外观检查

（1）原有基础损坏较严重，部分阶条石断裂缺失，表面开裂，风化酥碱严重。

（2）城墙表面普遍存在风化侵蚀的现象，如砖表面层状、块状剥落，酥碱粉化，砌缝冲刷脱落。

（3）外墙多处存在历史战争遗留的弹坑及豁口。

（4）城墙表面存在植物生长，植物根系深入城墙导致砖墙胀裂，造成城墙局部破坏。

（5）东西城门拱券受到外力撞击产生局部破损。

（6）拱券局部渗水，拱券内表面存在碱迹。

（7）南墙后修墙体与原墙体在接缝处存在施工上的偏差，呈现起伏不平。

（8）经检测，墙体砖的回弹强度换算值为 3.20～9.00 兆帕；墙体砂浆的灌入强度换算值为 0.50～4.60 兆帕。

（9）墙体表面多处存在竖向裂缝，裂缝主要存在于南侧城墙的外侧，其中，东南角马面处裂缝存在进一步发展的趋势，存在安全隐患，有角部墙体坍塌的可能性。

（10）北城墙西段海墁上存在水平裂缝，南城墙西段海墁也存在水平裂缝且裂缝内侧墙体下部出现臌胀现象，裂缝内侧海墁存在一定程度的塌陷，此部位墙体存在安全隐患，有砖墙鼓闪及边坡失稳的可能性。

9. 结构安全性鉴定

宛平城城墙存在较多坏损现象，其中，南城墙西段及东南角马面墙体的坏损已影响结构的安全和正常使用，有必要采取加固或修理措施。

10. 处理建议

（1）建议对表面开裂及风化侵蚀程度严重的砖墙面、阶条石进行修补，灰缝脱落处重新勾缝。

（2）彻底清除城墙上的杂草杂树，避免其根系的生长造成城墙砌体的破坏。

（3）建议对砌体墙的裂缝进行封闭处理；对于裂缝开展比较严重的部位，还应当结合墙体的实际损坏情况进行修补加固处理。

（4）城墙顶部开裂处海墁建议重新铺砌，并设置防水层，以防止雨水渗入城墙内部侵蚀墙体。

（5）对破损处拱券进行修补，恢复原状。

（6）建议将拱券碱迹部位进行清除，涂防水剂，并对顶部路面进行防水处理。

（7）由于南侧后修墙体与原墙体在接缝处存在施工上的偏差，如有条件可以重新砌筑。

（8）对南城墙西段臌胀处及东南角马面墙体开裂处，建议进行加固处理，并进行变形监测，变形监测应包括墙体水平位移监测、倾斜监测、裂缝监测等内容，测点宜按相关规范要求进行布置，采用全站仪等设备进行定期观测，尤其是连阴雨和暴雨季节，如果发现异常，应及时向相关单位进行报告，如有条件以上部位可以重新砌筑。

附录二

卢沟桥结构安全检测鉴定

1. 建筑概况

1.1 建筑简况

卢沟桥位于北京西南 20 千米的丰台区永定河上，始建于金大定二十九年（1189 年），建成于金章宗明昌三年（1192 年）。卢沟桥为十一孔联拱石桥。桥总长 266.5 米，桥身总宽 9.3 米，面宽 7.5 米。共有桥墩 10 个，桥孔 11 个。

卢沟桥从建成开始，经历了多次修缮。明代自永乐十年（1412 年）到嘉靖三十四年（1555 年）共修桥 6 次，6 次均无大工程。清代自康熙元年（1662 年）至光绪年间，共修桥 7 次，其中 5 次工程不大，只有两次工程稍大一些。新中国成立后，于 1967 年 8 月，加宽了步道，建立了混凝土挑梁，更换了部分望柱、栏板增加了狮子的数量；1971 年，北京市政府决定在距卢沟古桥约 1000 米远处再建造一座"卢沟新桥"，并于 1985 年建成，旧卢沟桥从此成为文物，保留下来。1986 年，北京市政府专门成立了"卢沟桥历史文物修复委员会"，全面修缮了古桥。拆除了 1967 年加宽的步道和混凝土挑梁，完全恢复了古桥原貌。2018～2019 年实施了卢沟桥保护修缮工程。修缮工程范围为卢沟桥本体、四座华表、二座卢沟桥碑、卢沟晓月碑及碑亭、永定河碑及碑亭、西端小广场地面及院墙。

1.2 现状立面照片

卢沟桥西侧

卢沟桥东侧

附录二　卢沟桥结构安全检测鉴定

卢沟桥南立面

卢沟桥北立面

卢沟桥 1 号拱券北侧

卢沟桥 1 号拱券南侧

卢沟桥 2 号拱券北侧

卢沟桥 2 号拱券南侧

卢沟桥 3 号拱券北侧

卢沟桥 3 号拱券南侧

卢沟桥 4 号拱券北侧

卢沟桥 4 号拱券南侧

卢沟桥 5 号拱券北侧

卢沟桥 5 号拱券南侧

卢沟桥 6 号拱券北侧

卢沟桥 6 号拱券南侧

卢沟桥 7 号拱券北侧

卢沟桥 7 号拱券南侧

卢沟桥 8 号拱券北侧

卢沟桥 8 号拱券南侧

卢沟桥 9 号拱券北侧

卢沟桥 9 号拱券南侧

卢沟桥 10 号拱券北侧

卢沟桥 10 号拱券南侧

卢沟桥 11 号拱券北侧

卢沟桥 11 号拱券南侧

1.3 建筑测绘图纸

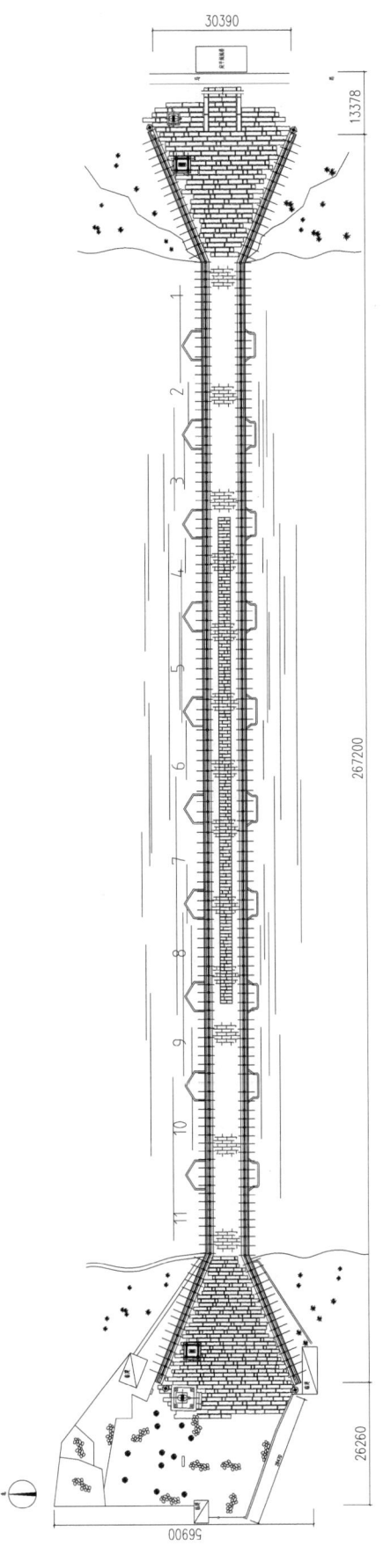

卢沟桥平面图

卢沟桥南立面图

附录二 卢沟桥结构安全检测鉴定

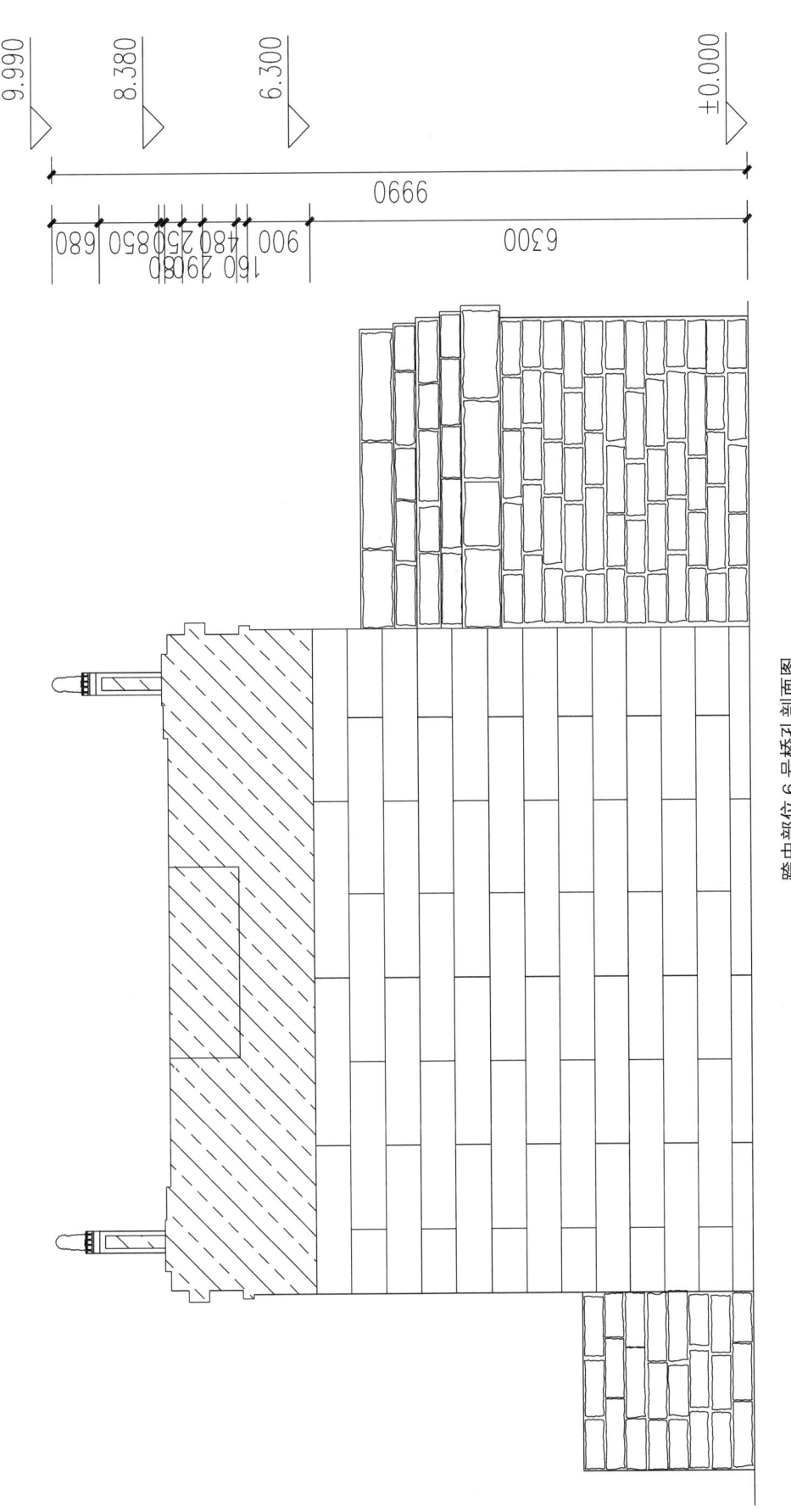

跨中部位 6 号桥孔剖面图

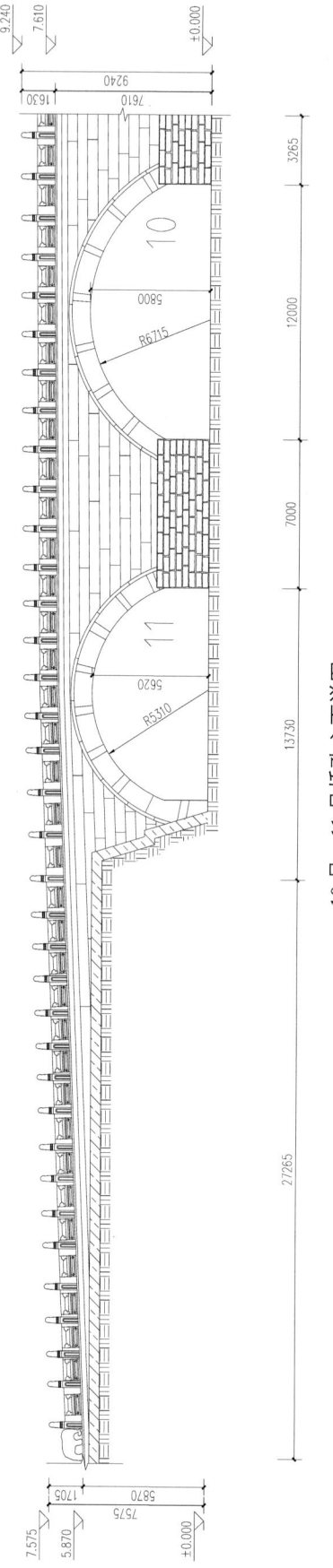

10号、11号桥孔立面详图

附录二 卢沟桥结构安全检测鉴定

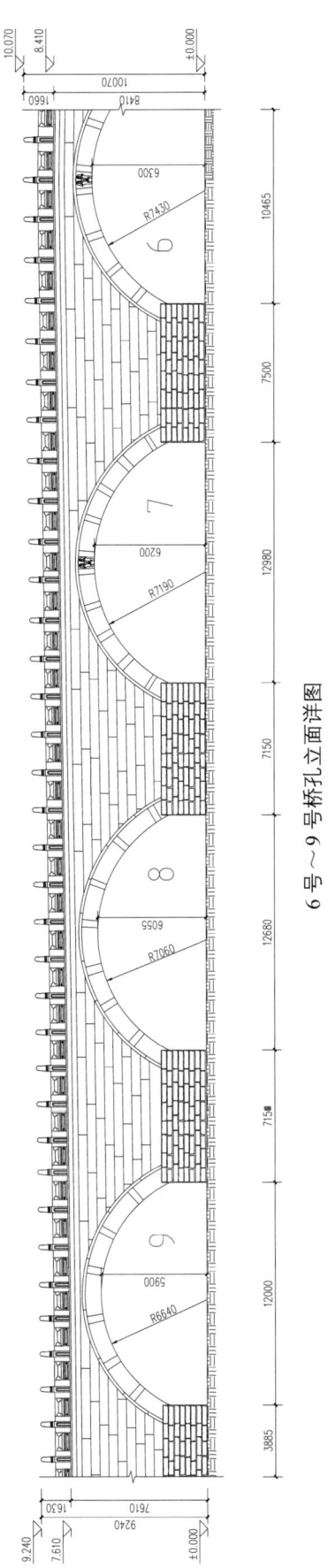

6 号～9 号桥孔立面详图

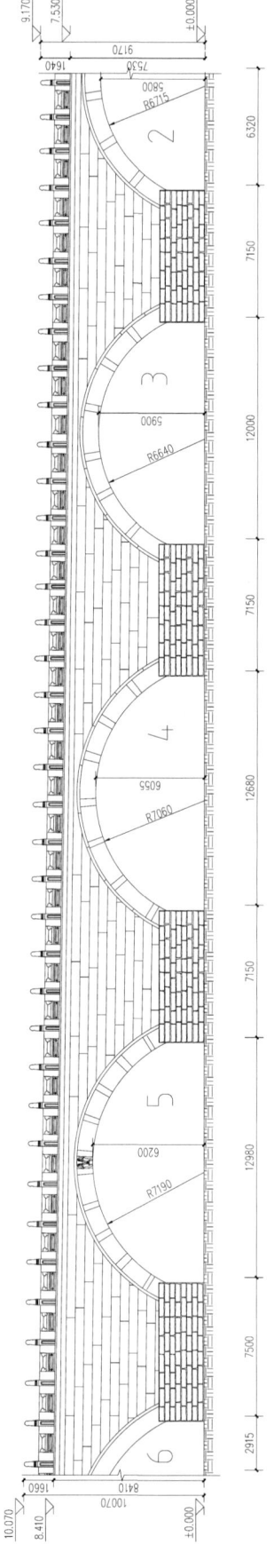

2号～6号桥孔立面详图

附录二 卢沟桥结构安全检测鉴定

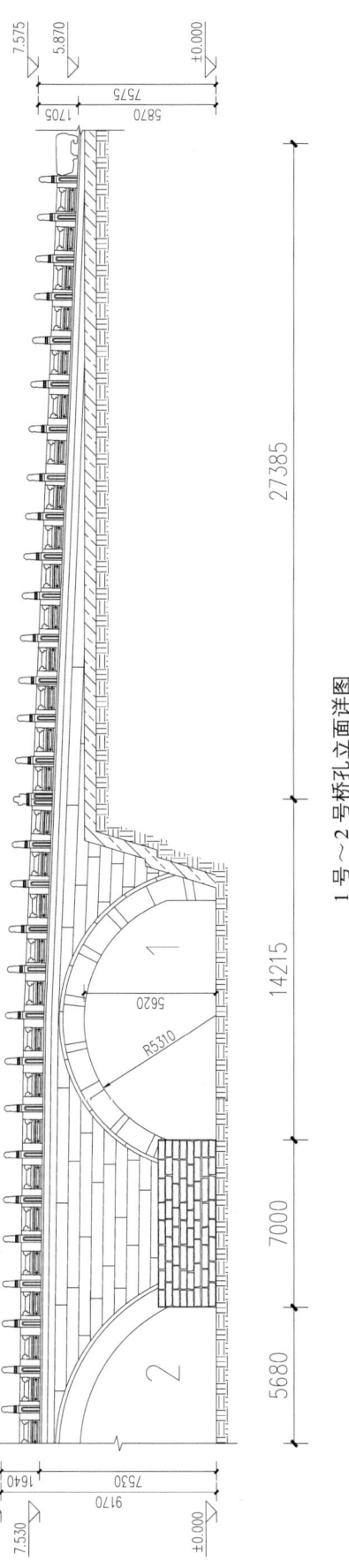

1号~2号桥孔立面详图

2. 检测依据与内容

2.1 检测依据

（1）《城市工程地球物理探测规范》（CJJ7—2017）；

（2）《公路桥梁承载能力检测评定规程》（JTG/T J21—2011）；

（3）《公路工程质量检验评定标准 第一册 土建部分》（JTG F80/1—2017）；

（4）《公路桥涵养护规范》（JTG H11—2004）；

（5）《公路桥梁技术状况评定标准》（JTG/T H21—2011）；

（6）《公路桥涵设计通用规范》（JTG D60—2015）等；

（7）相关技术资料。

2.2 检测内容

桥梁外观质量检查

（1）桥面系及其他附属设施损坏状况详细调查，主要针对桥面铺装，护栏、伸缩缝及桥面排水设施等进行检查评定。

（2）桥跨结构表观病害及裂缝损伤评定。

（3）下部结构检查，主要针对桥墩、桥台、基础、河床等构件技术状况评定。

结构技术状况评定

根据《公路桥梁技术状况评定标准》（JTG/T H21—2011），公路桥梁技术状况评定包括桥梁构件、部件、桥面系、上部结构、下部结构和全桥评定。公路桥梁技术状况评定应采用分层综合评定与5类桥梁单项控制指标相结合的方法，先对桥梁各构件进行评定，然后对桥梁各部件进行评定，再对桥面系、上部结构和下部结构分别进行评定，最后进行桥梁总体技术状况的评定。

公路桥梁技术状况评定工作流程包含如下内容：

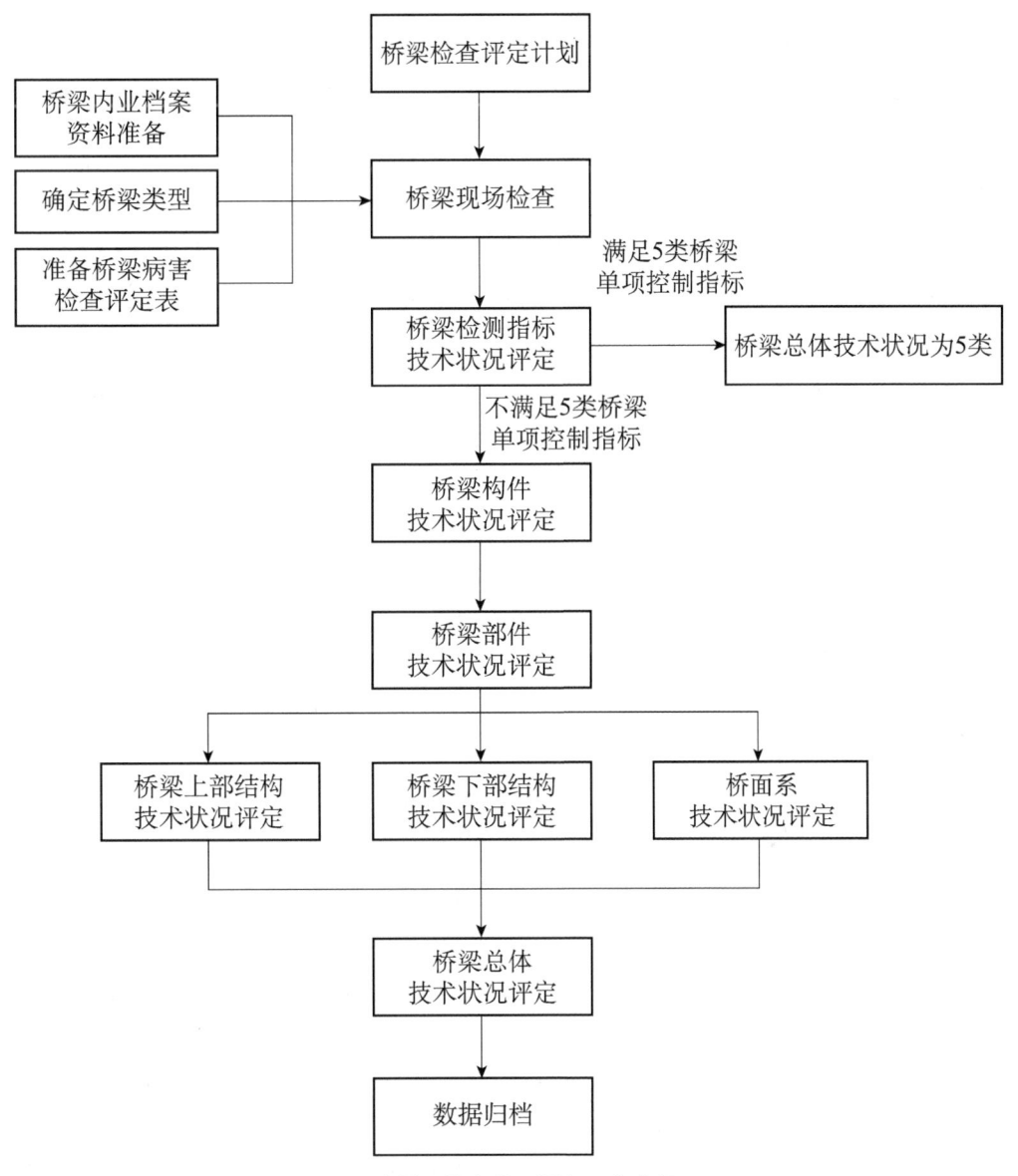

公路桥梁技术状况评定工作流程

桥梁内部及基础探查

通过地质雷达方法检测指定区域是否存在不密实、空洞和水囊等不良地质体，查明异常所在位置、大小、埋深等基本参数，为建设、设计、施工等单位提供基础资料，以便采取有效措施消除安全隐患，确保该工程涉及区域内道路、建筑及周边环境安全。

三维激光扫描数字化测量

为实现卢沟桥桥梁结构安全评估，需要获取桥梁精确的现状结构信息，利用现代三维激光扫描技术可以满足要求，获取桥梁的三维点云模型进而通过建模剖切分析等操作，获取到桥梁的现状结构信息，在此基础上实现卢沟桥整体桥身数字化测量及病害评估。

此次主要测量卢沟桥现状结构及桥身、拱券的变形等病害状况。通过三维扫描获取的整体数据，对桥面及桥身的变形程度，拱券的相对变形现状及南北两侧桥墩的沉降状况进行分析。

2.3 仪器设备

地质雷达检测仪器

地质雷达检测采用拉脱维亚 Zond-12 地质雷达与 300 兆赫天线。Zond-12 地质雷达是一款可单人操作的便携式的数字地质雷达，整个地质雷达由中心控制器、应用软件、附件和计算机和用于不同频率范围的天线系列组成。

在勘探过程中，将得到剖面的实时测量数据，同时将数据存储在计算机中以便今后的处理。Zond-12e 探地雷达的 Prism 软件可以人工设置异常物体为高亮状态，从而可以快速、容易地将目标与周围环境区分开来。Prism 软件同样可以显示目标深度、距离、信号强度以及其他更多的信息。主机性能如下：

Zond-12 型地质雷达主机性能指标表

通道数	2
探测时间范围	1 至 2000ns，步长 1ns
扫描速率（max）	56/秒（单通道）；80/秒（双通道）
探测采样率	128，256，512/s
分辨率	16 bit
增益范围	用户可根据不同的增益选择线性增益或指数增益
增益控制范围	0 to 80 dB
动态范围	128 dB
滤波器	用户可选择高通滤波器：0；400；800Hz
探测模式	连续或步进堆叠

三维激光扫描数字化测量

卢沟桥数据采集主要分为桥面和桥身两部分，其中桥面部分可直接设站获取，桥身部分在冬季河面结冰情况下，在河面两侧布设扫描站点，获取卢沟桥三维激光扫描，由于桥面与桥身结构不通视，需要结合控制点进行整体连接，本项目采用 RTK 控制点。

现场设站扫描桥体的最远距离一般小于 50 米，采用使用 FARO 相位式三维激光扫描仪分别对卢沟桥底部及桥面进行三维激光扫描，其基本参数如下：

Faro Focus3D X130 扫描仪主要技术指标表

配置	ER_XS
测程（米）	0.5～130+
距离精度指标（毫米@米）	0.6 毫米@10 米
扫描视角	360 度（水平）×120 度（垂直）
最小扫描分辨率	0.1 毫米/50 米
数据获取速率	120 万点/秒
50 米处的线性误差	≤3 毫米
20 米处的误差噪音范围 ＞反射率 80% 时（白色）：	均方根误差 2.0 毫米 RMS
100 米处的误差噪音范围 ＞反射率 80% 时（白色）：	均方根误差 5.0 毫米 RMS
激光点云平均建模精度	2 毫米
激光安全等级	一级激光

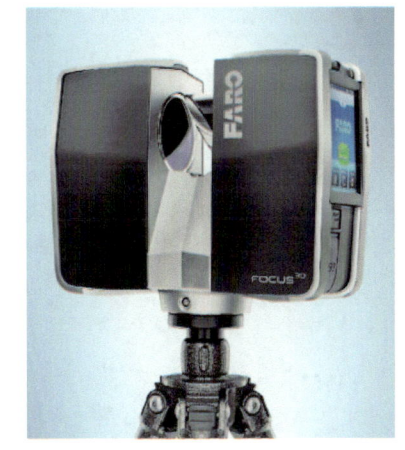

共扫描 72 站，其中桥体南侧共扫描 22 站，北侧共扫描 21 站，桥面共扫描 29 站。现场控制及扫描如下：

三维激光扫描现场

每两站之间通过标靶球进行粗拼接，之后采用基于重叠点云条件的拼接方式，点云条件中误差优于 ±6 毫米，拼接精度基本符合要求。

3. 地质雷达检测

此次卢沟桥雷达检测沿桥面上侧共布设 2 条测线，测线 1 为沿桥面北侧由东到西，测线 2 为沿桥面南侧由西到东，雷达扫描路线示意图、结构详细测试结果如下：

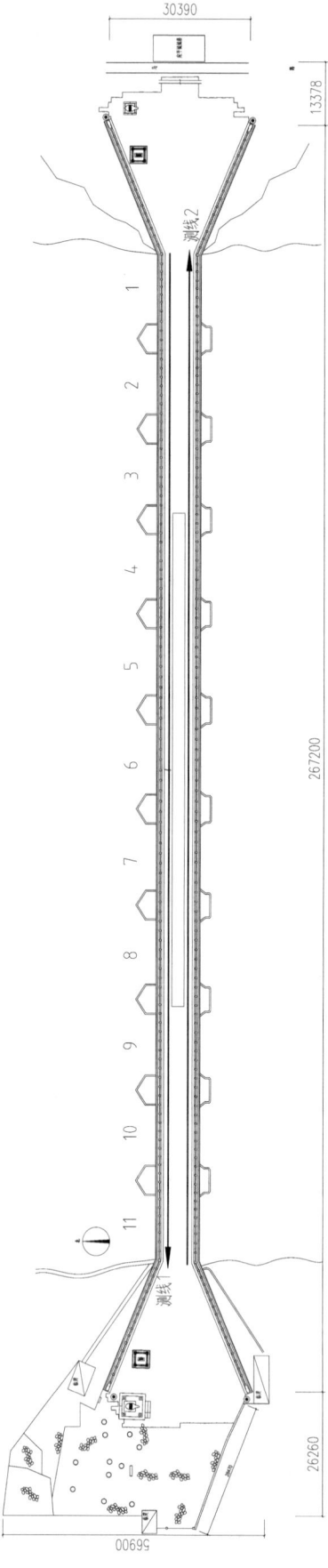

桥面地质雷达检测线布置图

附录二 卢沟桥结构安全检测鉴定

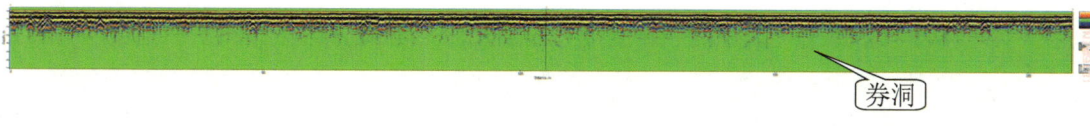

测线 1 雷达测试图

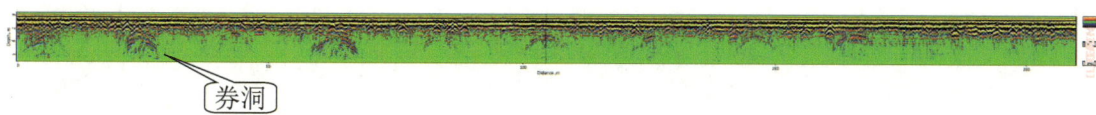

测线 2 雷达测试图

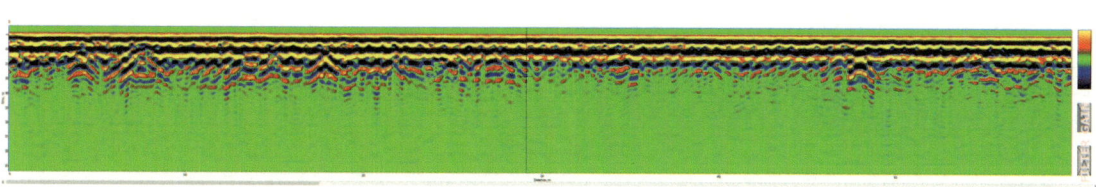

测线 1（0～50 米）雷达测试图

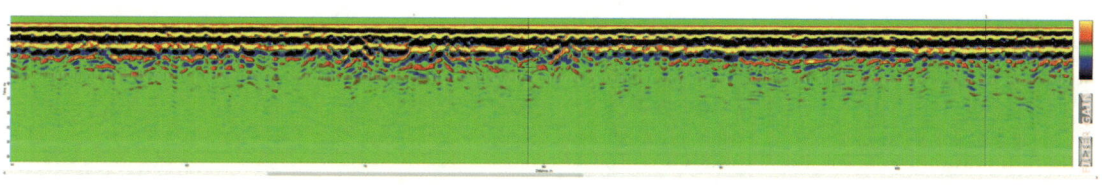

测线 1（50～100 米）雷达测试图

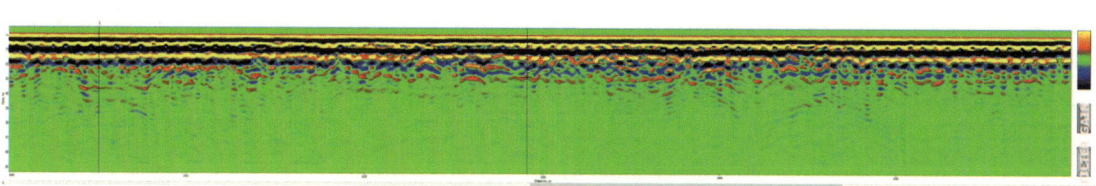

测线 1（100～150 米）雷达测试图

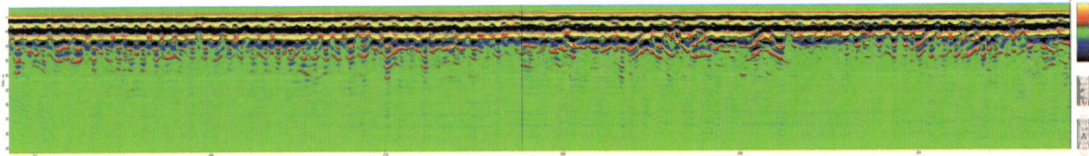

测线1（150～210米）雷达测试图

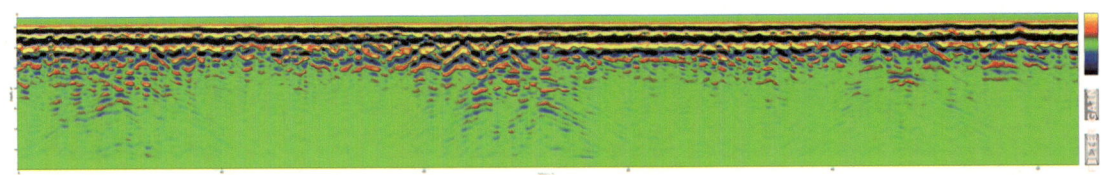

测线2（0～50米）雷达测试图

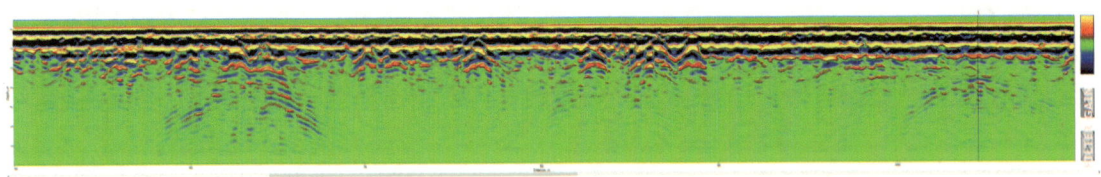

测线2（50～100米）雷达测试图

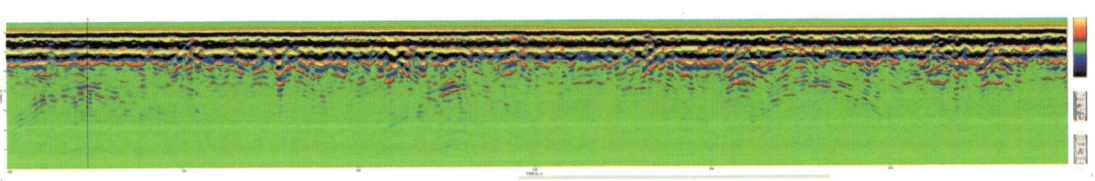

测线2（100～150米）雷达测试图

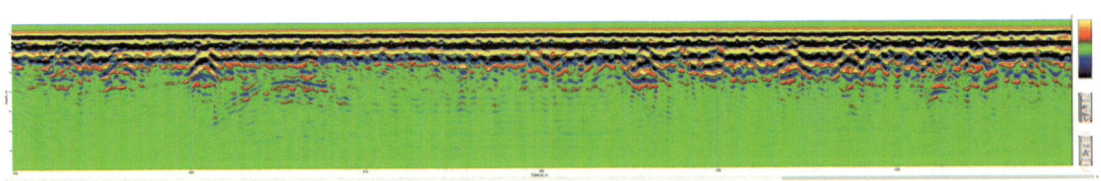

测线2（150～210米）雷达测试图

通过现场数据采集、室内资料处理及分析，得出如下结论：

在卢沟桥上方布设的测线上未发现明显的异常，测区范围内桥体密实，桥面道路结构层无空洞和水囊等不良地质体。

由于地面无法开挖与雷达图像进行比对，解释结果仅作为参考。

4. 三维激光扫描数字化测量

卢沟桥结构病害分析主要包含桥身、拱券、桥面及桥墩等相关部位的相对形变、沉降等状况。项目分析拟采用整体分析，结合单点分析方法进行病害分析。其中单点分析方法中，需要以下7点（A～G点）的坐标数据，如下：

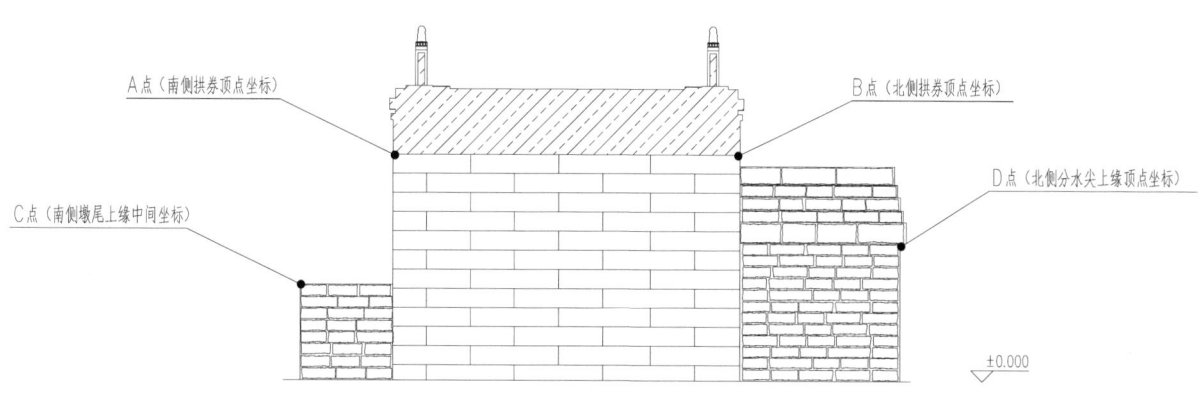

单点分析特征点采集（一）

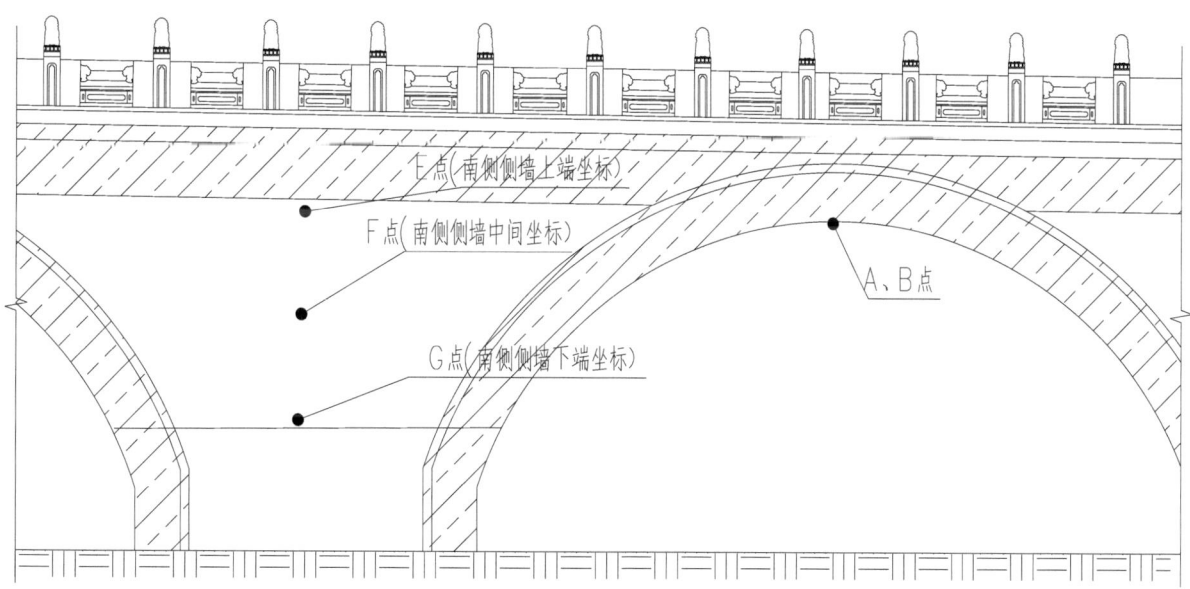

单点分析特征点采集（二）

其中 A、B 点数据用于判断各拱券顶部相对下沉变形状况；C、D 点数据用于判断各桥墩相对不均匀沉降状况；E、F、G 点数据用于判断各侧墙歪闪状况。

4.1 拱券变形分析

采取单点分析的方法进行拱券的下沉分析

对 11 个拱券的 A、B 两点进行测量的结果如下所示，其中存在较大变形的拱券是 7 号拱券，南北高差为 0.251 米（南高北低），其次是 10 号以及 9 号拱券变形较大。

卢沟桥拱券顶部相对沉降分析表

桥孔编号	A 点（南侧）			B 点（北侧）			AB 高差
	X	Y	Z	X	Y	Z	dZ
1	238.392	37.842	4.824	238.393	46.227	4.796	−0.028
2	219.575	37.862	4.946	219.572	46.196	5.045	0.099
3	200.308	38.716	5.002	200.313	46.129	5.073	0.071
4	180.450	37.745	5.155	180.445	46.096	5.182	0.028
5	159.902	37.595	5.357	159.897	46.356	5.357	0.001
6	138.788	37.807	5.429	138.778	46.476	5.467	0.038
7	117.709	37.866	5.082	117.696	46.535	5.333	0.251
8	97.113	37.737	5.298	97.108	46.186	5.321	0.023
9	77.257	37.871	5.122	77.240	46.303	5.314	0.191
10	57.934	37.946	5.145	57.896	46.450	5.311	0.166
11	39.219	38.055	5.034	39.222	46.482	5.061	0.026
max		38.716	5.429		46.535	5.467	

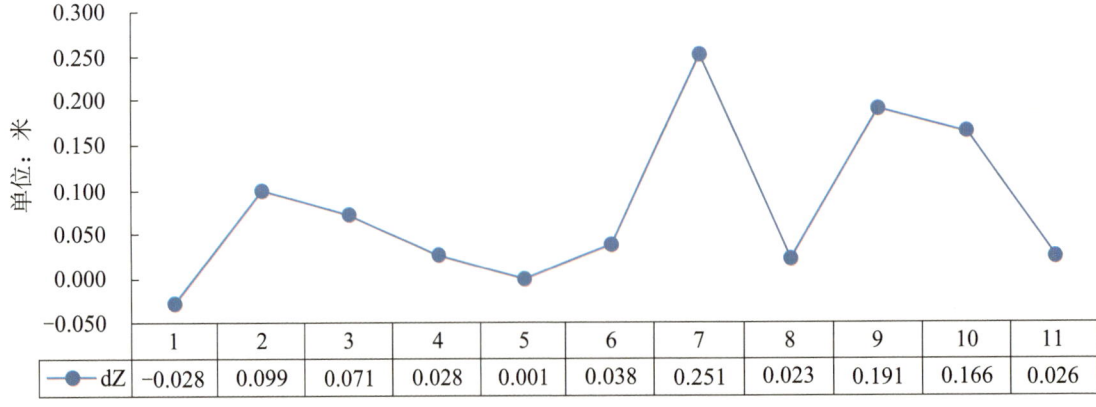

拱券定点相对沉降（AB点高差）

AB 两点位置高差

利用桥拱券的整体点云数据进行拱券的形状分析

标准面选取：根据拱券断面点云拟合的标准弧线，沿拱券方向拉伸而生成的标准弧面作为拱券变形的参照基准。具体拟合标准参照拱券面如下：

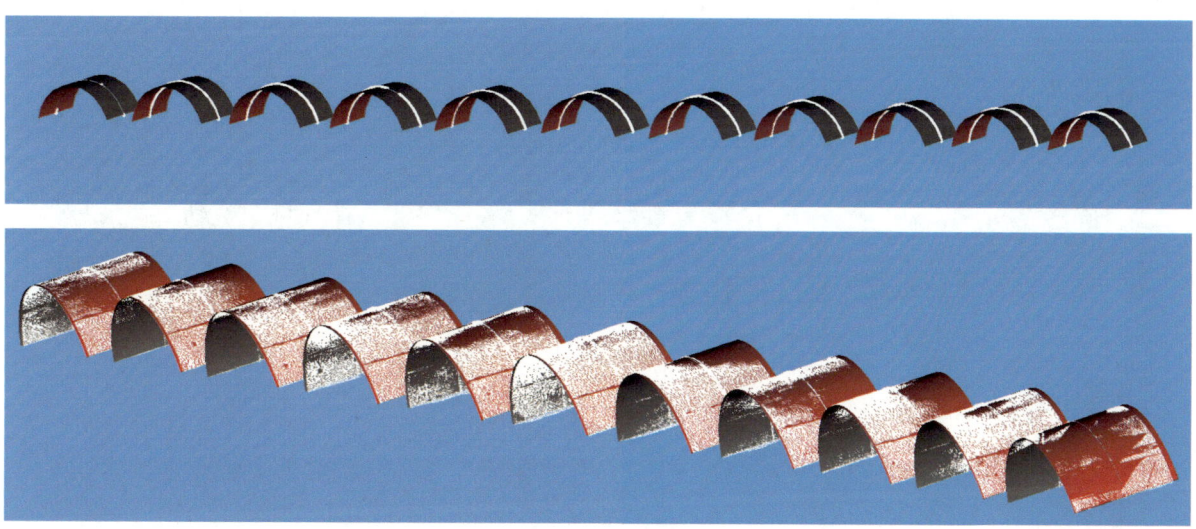

拱券参照面拟合

以拱券参照面为基准，分割各个拱券点云，与参照面对比进行 3D 变形分析，得到整体拱券变形状况如下图所示，可见拱券整体变形在 ±200 毫米内，大部分区域相对参考基准面偏差优于 20 毫米，考虑到拱桥材料及构造偏差，可认为这些区域基本无变形，局部区域变形超过 100 毫米，这些区域可能存在较大形变。

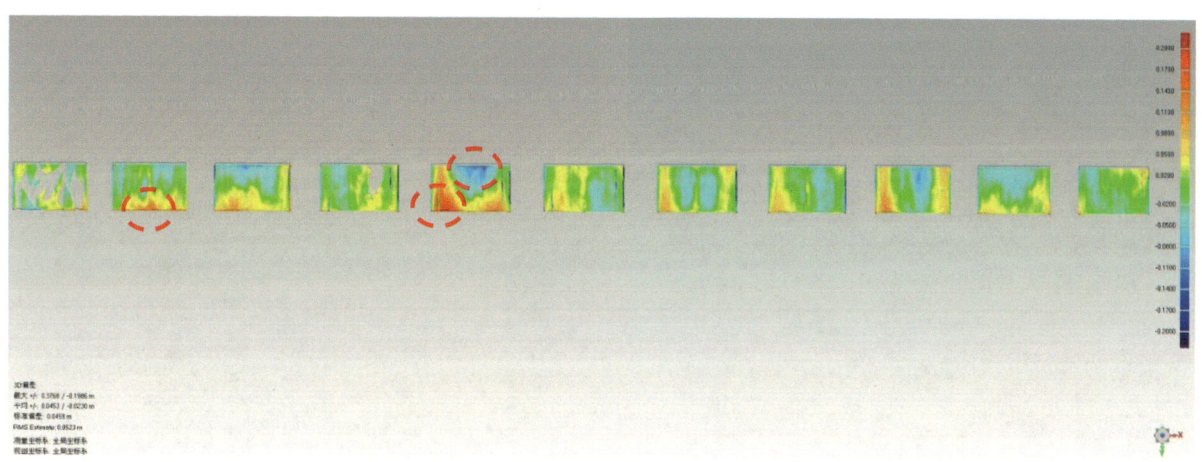

卢沟桥拱券 3D 变形分析整体（左一为第 11 号拱券）

针对每个拱券进行典型偏差标注结果序列图如下图所示：

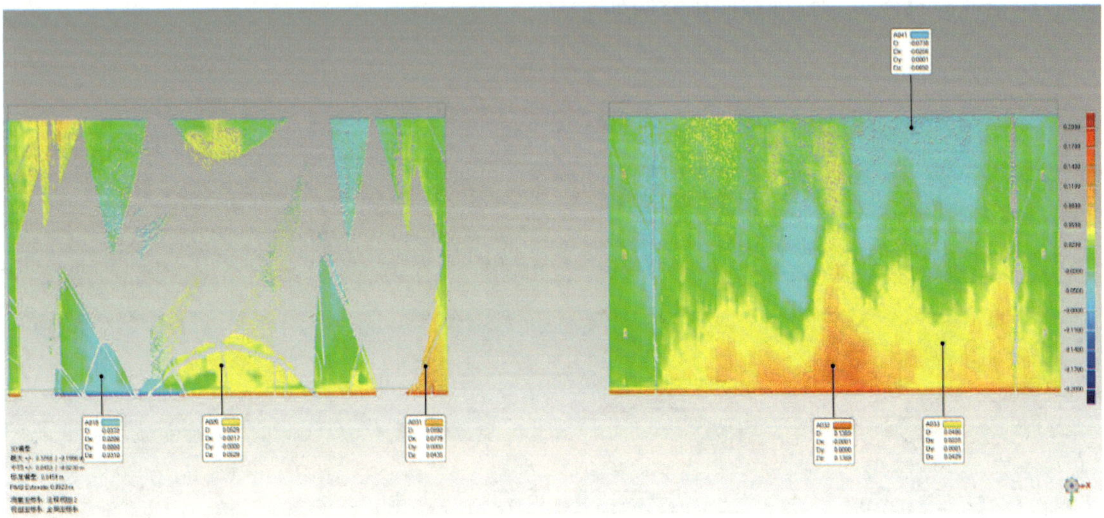

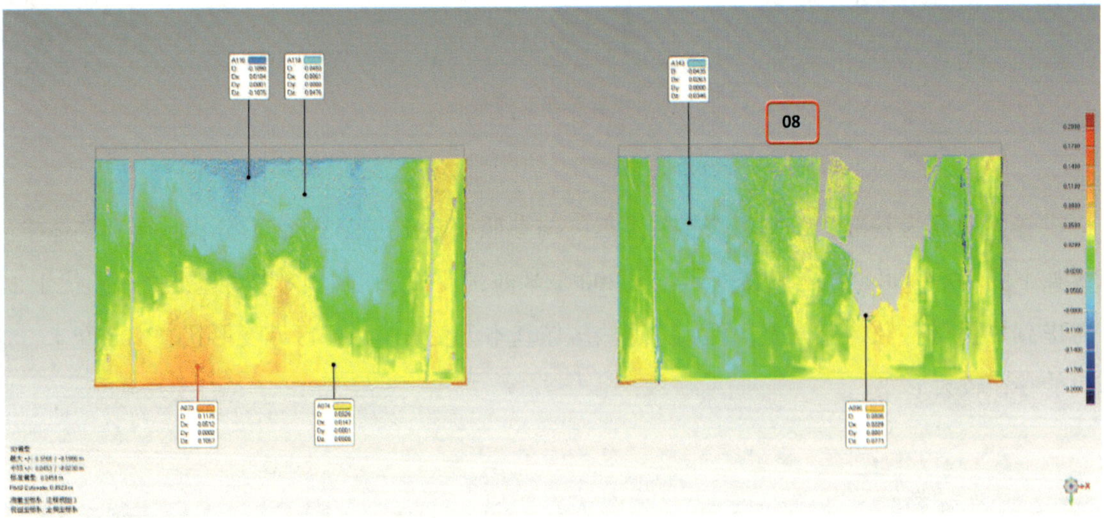

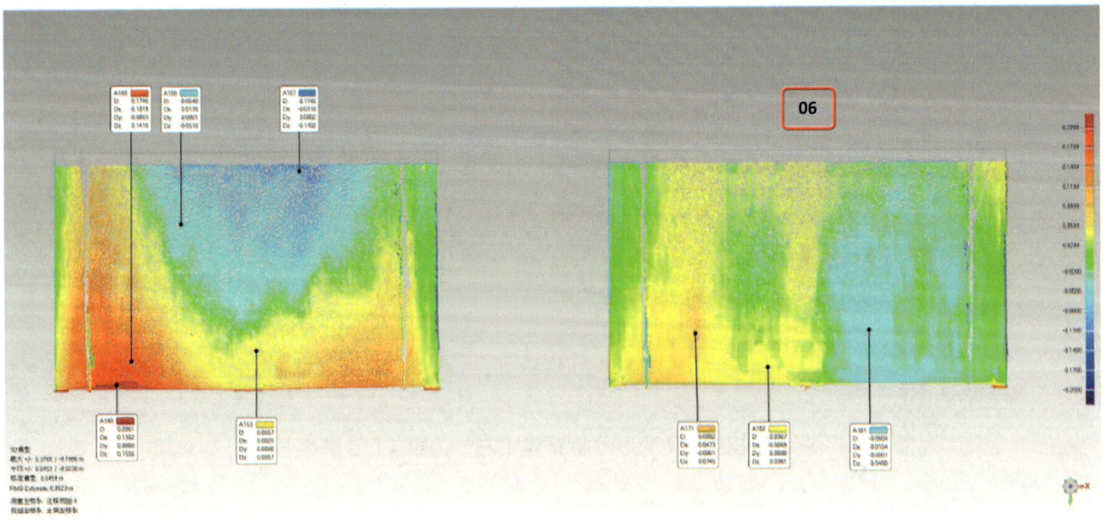

附录二 卢沟桥结构安全检测鉴定

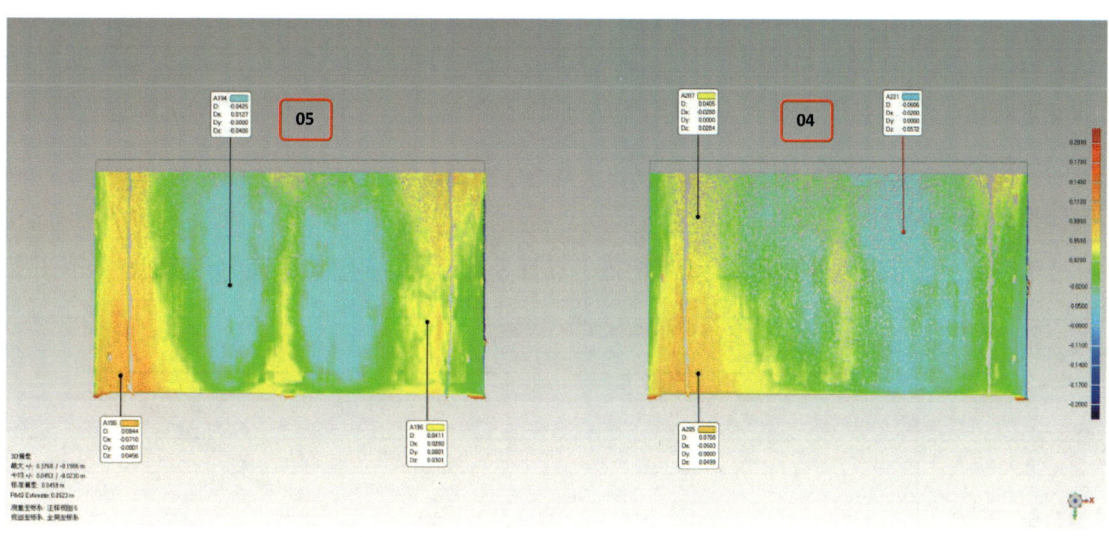

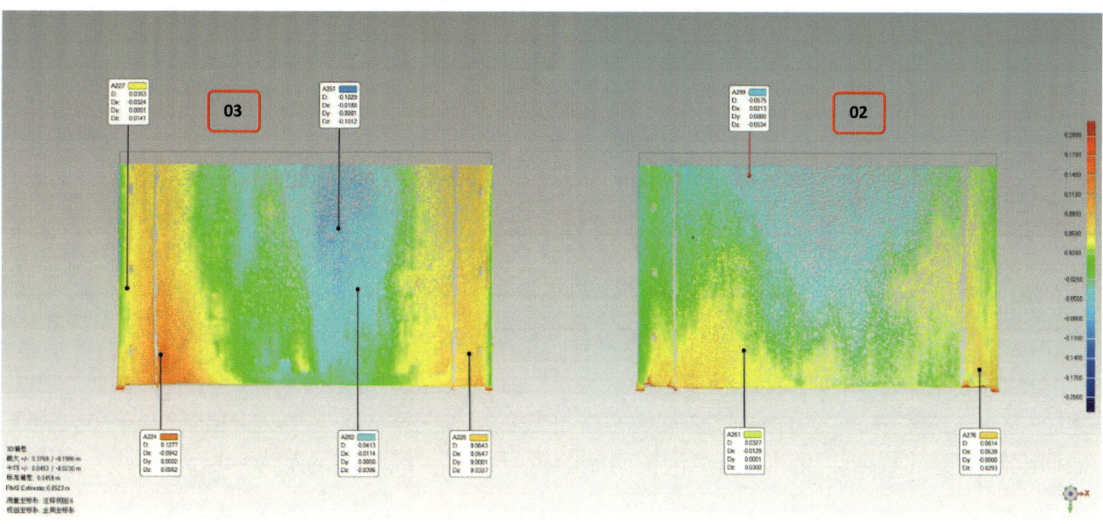

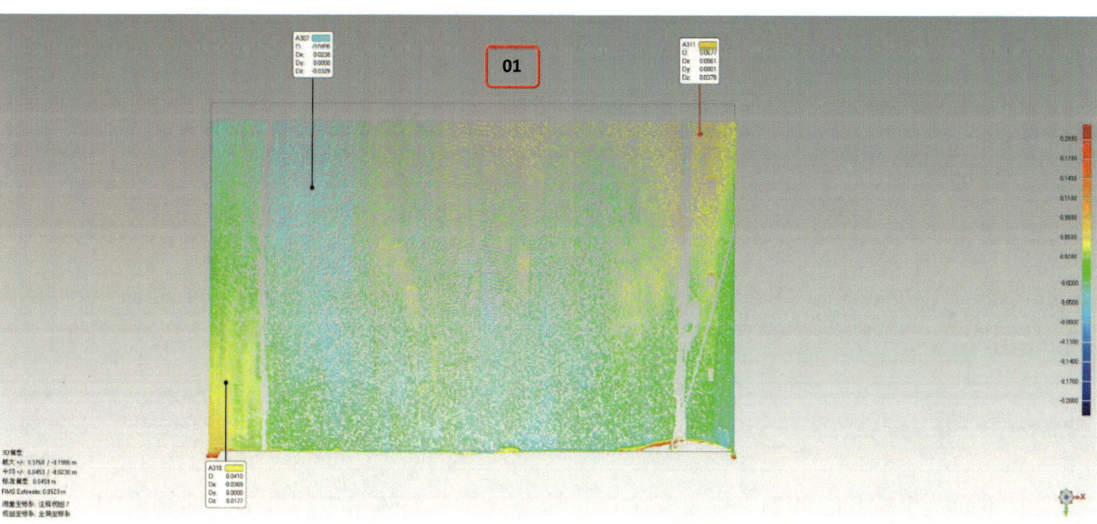

4.2 桥身变形分析

在进行分析的过程中，分别对卢沟桥的南北侧面桥身的相对倾斜程度、桥孔的形状变形程度、桥面的变形程度、各拱券顶部是否有相对下沉变形以及各桥墩是否有相对不均匀沉降进行分析，得到以下的分析结果。

南侧桥身的歪闪分析

标准面选取：以穿过桥身侧面靠近墙壁内侧一点且垂直于 Y 轴的竖直平面为参照面，如下图所示：

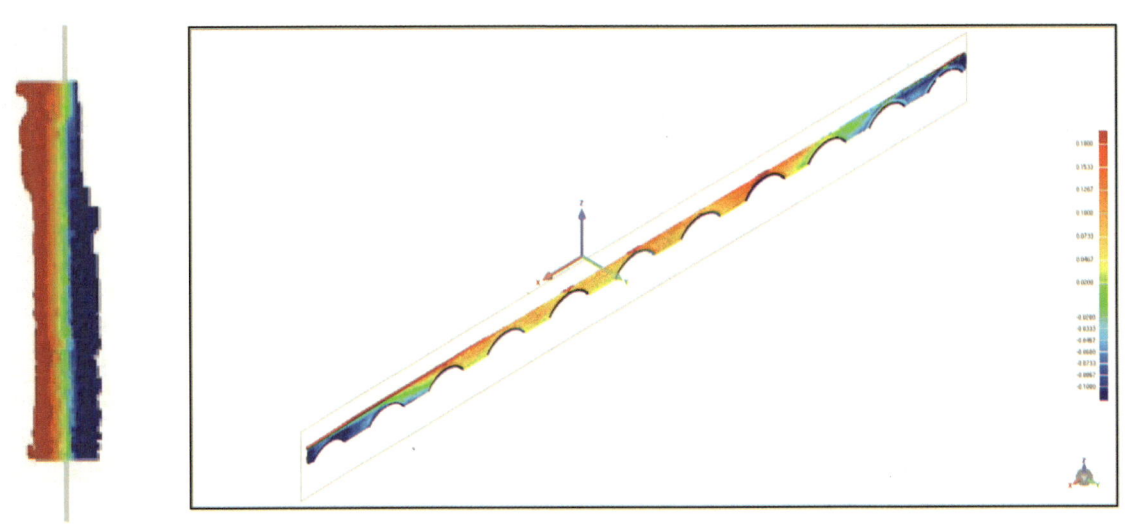

桥身侧面参照面

根据南侧桥身的数据，可以看出卢沟桥南侧的桥身存在，最大的偏差为 –0.15 米。

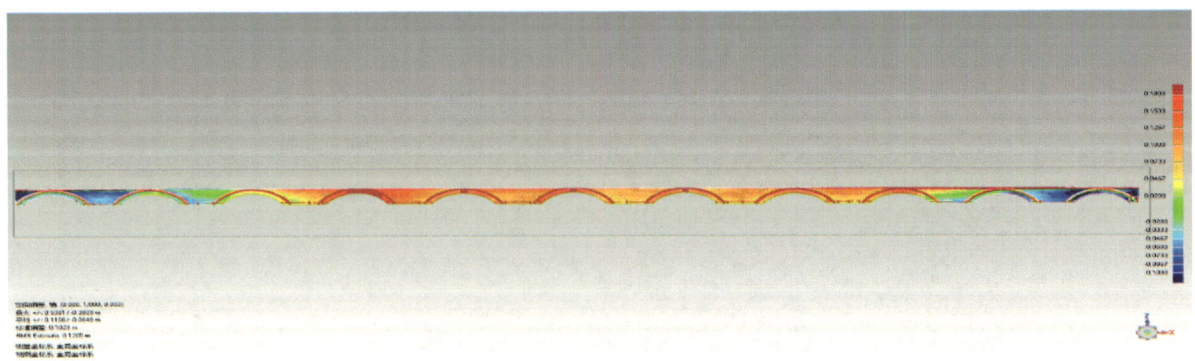

卢沟桥南侧桥身歪闪分析图

分别取桥面两个桥孔之间的上中下三个进行偏差分析：整体呈中间外凸，两侧内凹；外凸部分与内凹部分最大都在 100 毫米左右。

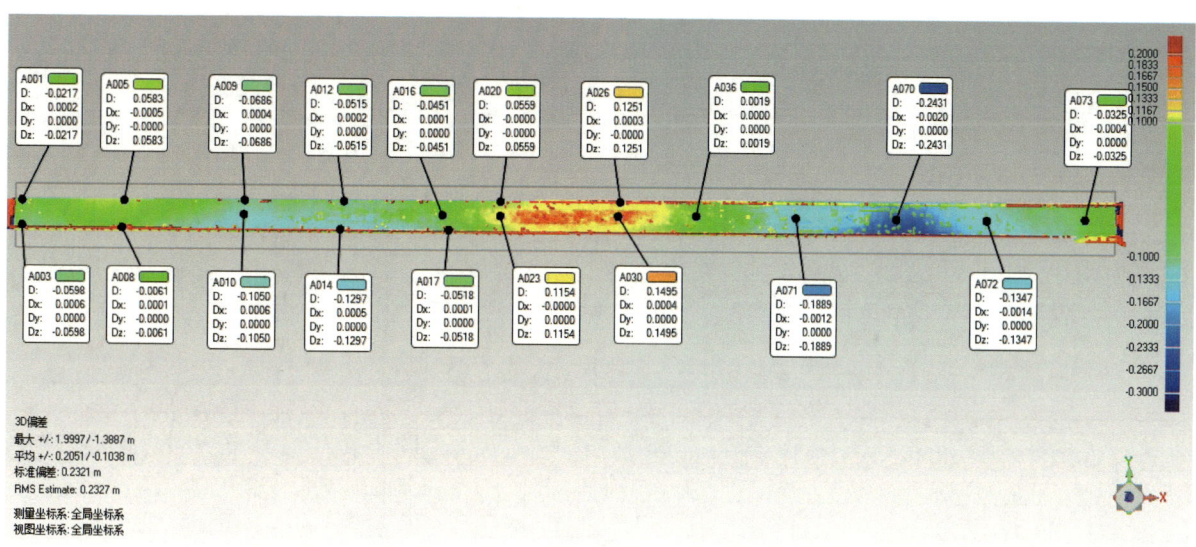

北侧桥身歪闪分析

根据北侧桥身的数据，可以看出卢沟桥南侧的桥身歪闪，最大的偏差在 0.23 米左右。

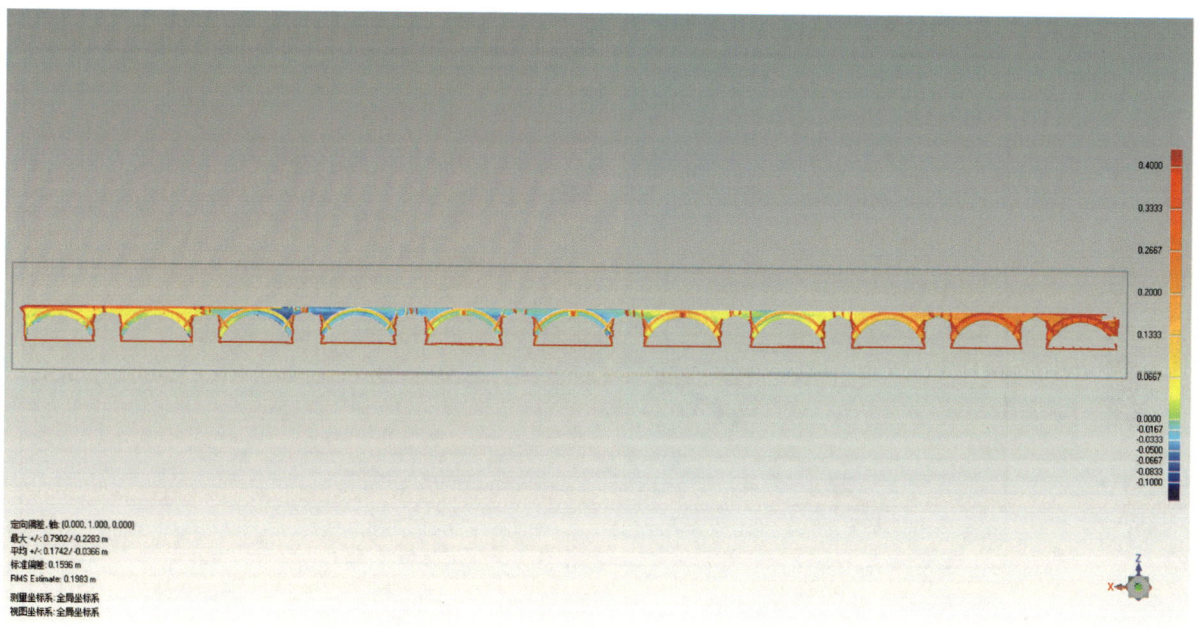

分别取桥面两个桥孔之间的上、中、下三个进行偏差分析，可见桥身整体呈中间（6～9拱）微向内凹，右侧微凸形态；外凸部分多呈右侧，在 0.3 米左右，内凹部分集中在 3～6 拱孔之间，在 −0.05 米左右。

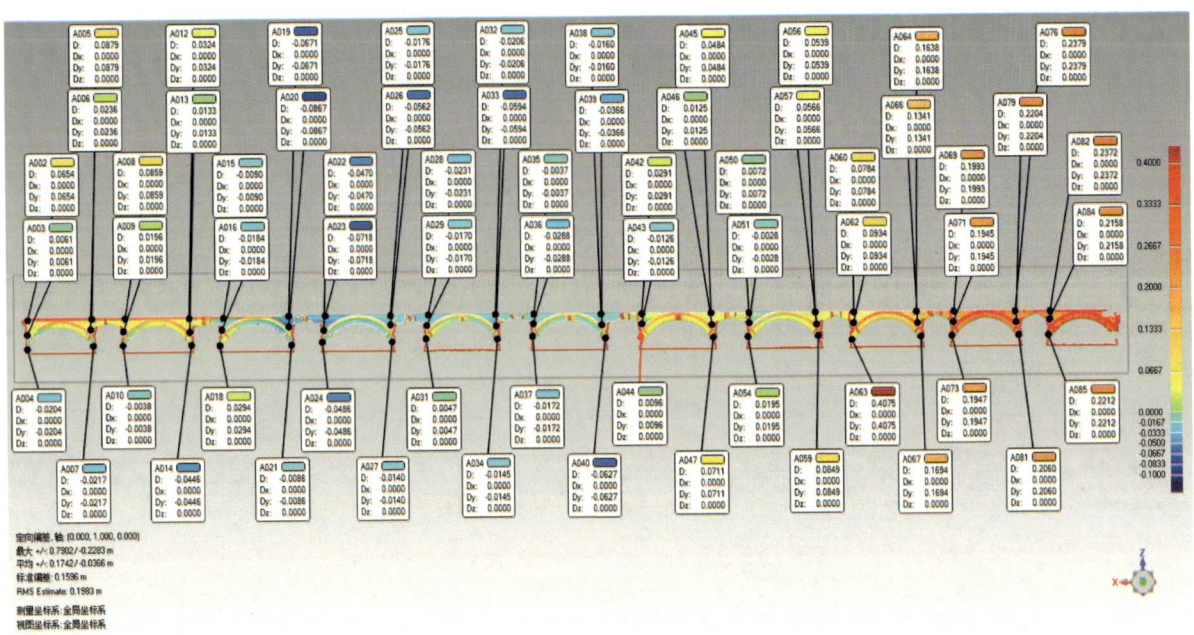

标准面选取：选取靠近墙壁一点，平行于墙面做一平面为标准面，如下图所示：

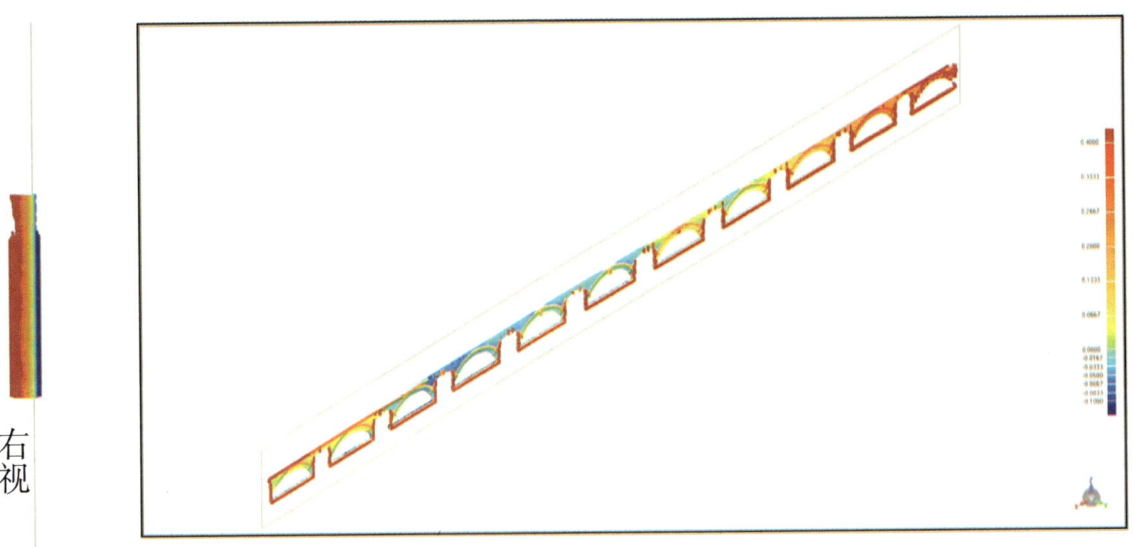

4.3 桥面变形分析

根据顶部数据，可以看出桥面存在一定偏斜，最大偏差在 -0.24 米左右。

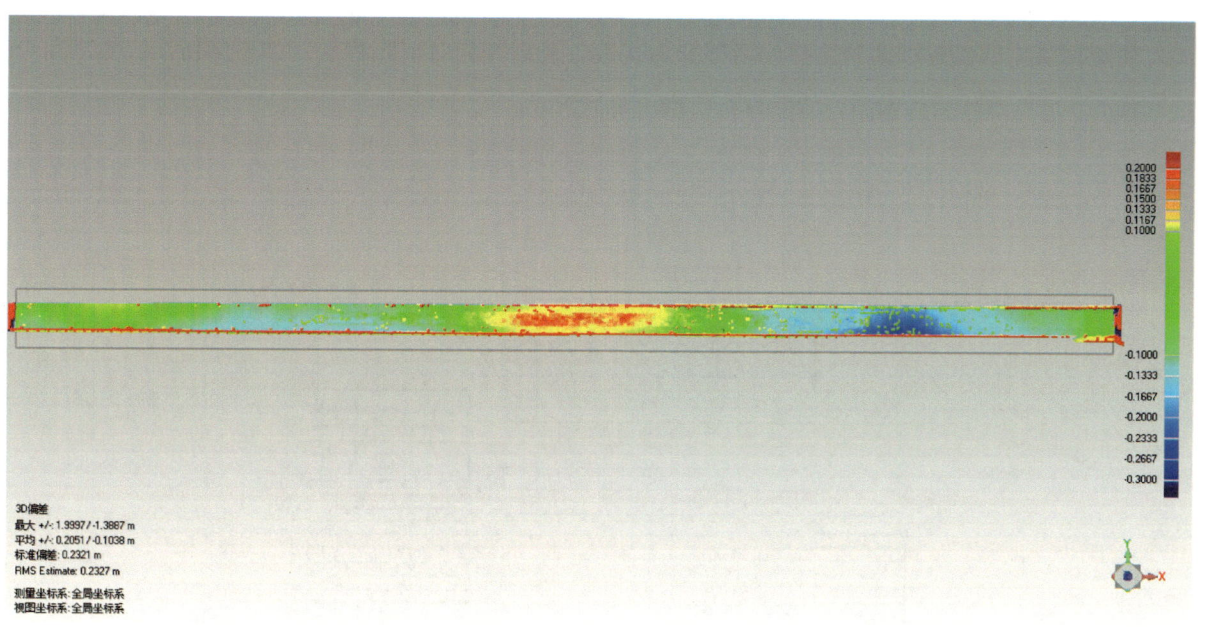

在桥面上选择不同位置进行偏差分析：中间凸起，两侧凹陷。整体桥面分析结果如下图所示：

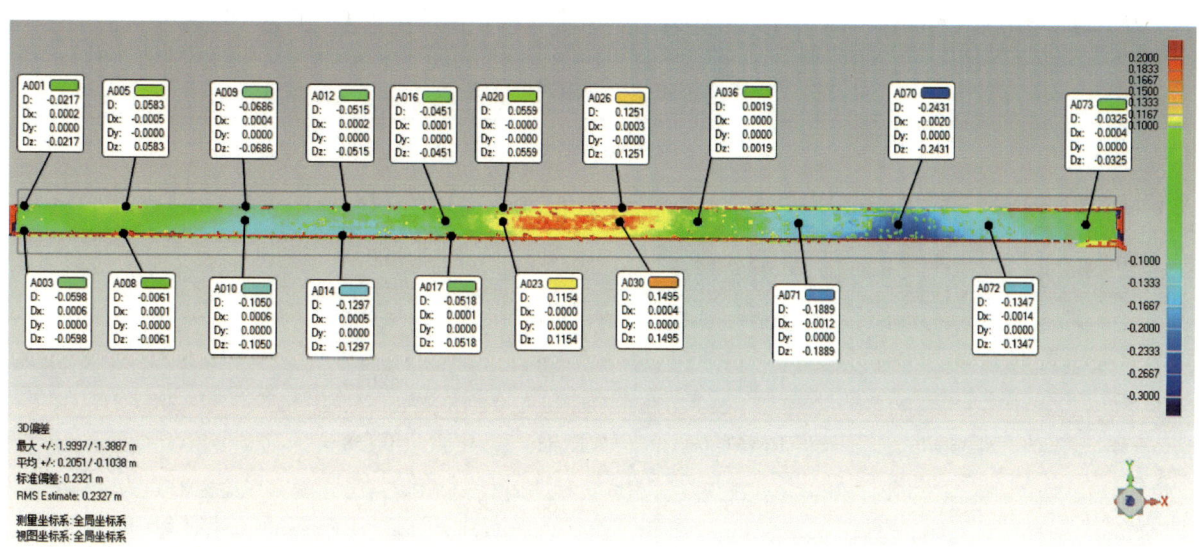

从分析结果可见，以参照弧形桥面分析桥面沉降状况，表面起伏在 +0.2～-0.3 米间，考虑桥面铺设石块起伏误差，桥面本身相对于理论拟合曲面偏差在 ±0.1 米。

4.4 桥墩沉降分析

桥墩沉降主要以桥墩两侧选择典型特征为代表，分析其相对沉降程度，如下图所示，本项目分别选择 C、D 两点作为桥墩高程特征分析桥墩沉降状况。

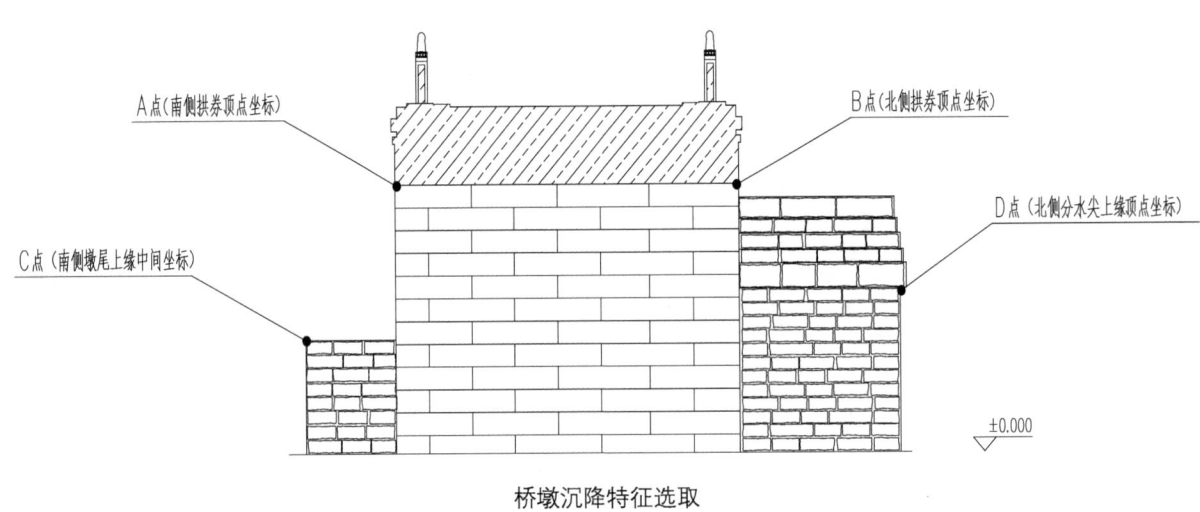

桥墩沉降特征选取

从三维扫描点云采集特征点坐标，对比分析其沉降状况，南北两侧 C、D 点状况如下：

卢沟桥南侧桥墩相对沉降表

南侧 C 点坐标					
桥墩编号	X	Y	Z	dz	
1	-94.486	10.874	1.247	0.094	
2	-75.331	10.747	1.341	0.000	
3	-55.772	10.645	1.317	0.024	
4	-35.446	10.463	1.183	0.158	
5	-14.604	10.425	1.164	0.177	备注：C 点为南侧桥墩尾上缘中间坐标
6	6.676	10.340	1.208	0.132	
7	27.501	10.254	1.138	0.203	
8	47.671	10.176	1.208	0.133	
9	67.264	10.151	1.128	0.213	
10	86.303	10.201	1.251	0.090	

卢沟桥北侧桥墩相对沉降表

北侧 D 点坐标

桥墩编号	X	Y	Z	dz	
1	48.53	50.98	2.89	0.00	
2	67.53	51.00	2.86	0.03	
3	87.04	50.97	2.70	0.20	
4	107.23	50.96	2.72	0.17	备注:
5	128.11	50.93	2.65	0.24	D 点位于 2 个桥孔之间，为北侧分水尖上缘顶点坐标
6	149.34	51.06	2.76	0.13	
7	170.34	50.85	2.75	0.14	
8	190.53	50.93	2.82	0.07	
9	210.05	50.89	2.73	0.17	
10	228.95	50.85	2.70	0.19	

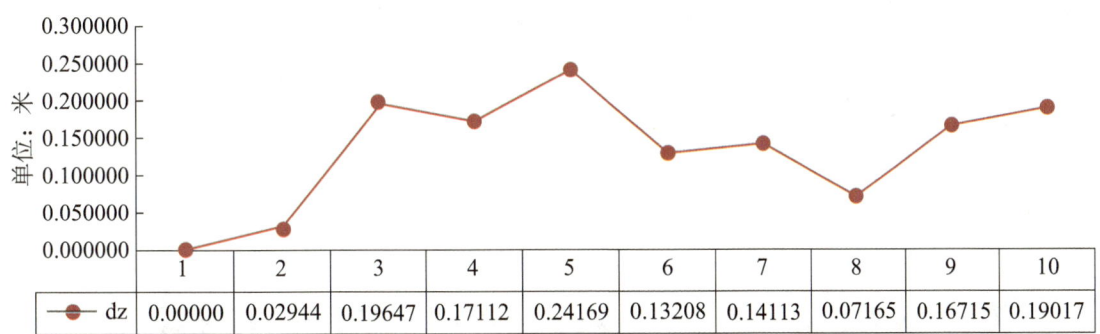

桥墩沉降分析（北侧D点）

相对沉降量（以最高1号桥墩D点高程为基准）

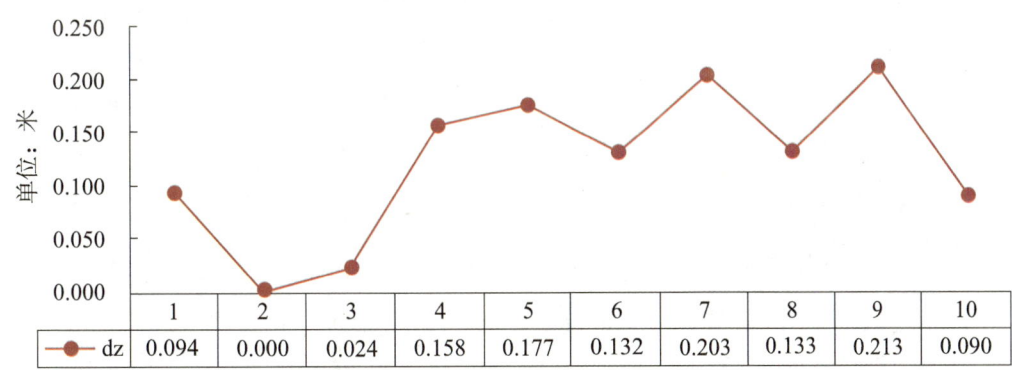

桥墩沉降分析（南侧C点）

相对沉降量（以最高2号桥墩D点高程为基准）

综合分析上述结果，其中北侧5号桥墩相对沉降量达24厘米，其余桥墩相对沉降量均小于20厘米；南侧桥墩相对沉降最大为9号桥墩，约21厘米，其余桥墩均接近或小于20厘米。

5. 病害检查评定

5.1 桥面铺装及公用系检查评定

（1）桥面为花岗岩条石横向铺砌路面。桥面石分为新旧两种，中间局部为旧桥面条石拼凑铺装，其余部位为新桥面石。桥面目前仅供行人通行。

西侧桥面

中间桥面

（2）经现场检查，新桥面石基本完好，表面平整，未见明显损坏；旧桥面石保留了表面的车辙，以供参观，表面凹凸不平，凹槽较多。

旧桥面凹槽

（3）经现场检查，望柱及栏板多处存在风化剥离现象，石狮严重风化，栏板处损伤部位大部分已采取过修补措施。

望柱及石狮风化

栏板风化及修补（一）

栏板风化及修补（二）

5.2 上部结构构件

（1）经现场检查，主拱券未发现存在明显开裂及变形，主拱券受力状态基本正常。

（2）经现场检查，主拱券上侧仰天石及金边普遍存在风化剥落，其中东侧1~2号孔上侧仰天石基本完好，此两孔的仰天石可能为后期更换。

3~11号孔仰天石及金边风化剥落

1~2号孔仰天石基本完好，金边风化剥落

（3）经现场检查，1号拱券脸石开裂已修补；2号拱券南侧券脸石局部小块断裂。

2号拱券南侧券脸石局部小块断裂

1号拱券脸石开裂已修补

（4）经现场检查，拱券内多处存在明显渗水现象，局部伴有晶体析出，局部券石酥碱。

2号拱券渗漏痕迹

1号拱券渗漏痕迹

（5）经现场检查，拱券内灰缝均已经过修补，基本完好。8号及11号拱券石局部存在开裂脱落，表面已经过修补。

3号拱券灰缝修复及空洞修补

4号拱券灰缝修复及空洞修补

附录二　卢沟桥结构安全检测鉴定

5号拱券灰缝修复及空洞修补

6号拱券灰缝修复

7号拱券灰缝修复及空洞修补

8号拱券灰缝修复及空洞修补

8号拱券石开裂及归安修复前

8号拱券石开裂及归安修复后

8号拱券灰缝修复及空洞修补

9号拱券灰缝修复及空洞修补

10 号拱券灰缝修复及空洞修补

11 号拱券灰缝修复

11号拱券石归安

（6）经现场检查，拱券侧墙灰缝均已经过修补，基本完好。

2～3号拱券南侧侧墙灰缝修复现状

4~5号拱券南侧侧墙灰缝修复

8~9号拱券南侧侧墙灰缝修复

5.3 桥梁下部结构构件

卢沟桥下部结构主要由桥台、桥墩（北侧分水尖及南侧墩尾）和下部基础组成。

经现场检查，桥墩桥台外观基本良好，表面局部存在轻微风化脱落现象，灰缝普遍经过修补。

西南角桥台

东南角桥台

附录二　卢沟桥结构安全检测鉴定

1~2号南侧桥墩

2~3号北侧桥墩

3~4号南侧桥墩

4~5号北侧桥墩

5~6号南侧桥墩

7~8号北侧桥墩

9～10号南侧桥墩

10～11号北侧桥墩

5.4 全桥技术状况评定

根据《公路桥梁技术状况评定标准》（JTG/T H21—2011）中评定方法，桥梁技术状况评定包括桥梁构件、部件、桥面系、上部结构、下部结构和全桥评定。公路桥梁技术状况的评定采用分层综合评定与五类单向指标相结合的方法，先对桥梁各构件进行评定，然后对桥梁各部件进行评定，再对桥面系、上部结构和下部结构分别进行评定，然后进行桥梁总体技术状况的评定。

在对桥面系、上部结构、下部结构技术状况进行评定时，各部件的权重值根据桥梁类型按规范规定值取值，对于缺失构件的权重用将缺失部件权重值按照既有部件权重在全部既有部件权重中所占比例进行重新分配。

卢沟桥技术状况评定结果详见下表：

卢沟桥技术状况评定表

部位	类别	评价部件	部件权重	部件重新分配后权重	部件评定值	部位评定值	部位权重
上部结构	1	拱券	0.70	0.78	57.24	61.69	0.4
	2	拱上结构	0.20	0.22	77.47		
	3	桥面板	0.10	0	0		
下部结构 ADS 从	4	翼墙、耳墙	0.02	0.02	100	82.54	0.4
	5	锥坡、护坡	0.01	0	0		
	6	桥墩	0.30	0.31	71.84		
	7	桥台	0.30	0.31	71.84		
	8	桥墩（台）基础	0.28	0.29	100		
	9	河床	0.07	0.07	100		
	10	调治构造物	0.02	0	0		
桥面系	11	桥面铺装	0.40	0.80	100	94.37	0.2
	12	伸缩缝装置	0.25	0	0		
	13	人行道	0.10	0	100		
	14	栏杆	0.10	0.20	71.84		
	15	排水系统	0.10	0	0		
	16	照明、标志	0.05	0	0		
技术状况评分 Dr		76.57		技术状况等级 Dj		3 类	

根据技术状况评定结果，得出如下结论：

卢沟桥的技术状况评分 Dr 值为 76.57，桥梁总体技术状况等级评定为 3 类，有中等缺损，尚能维持正常使用功能。

6. 结论与建议

（1）建议对存在风化剥离的栏板望柱、严重风化的石狮采取相应的保护措施。

（2）鉴于 8 号孔、9 号孔及 11 号孔拱券石多处脱落，建议对以上拱券采取相应的加固措施。

（3）鉴于 7 号孔、9 号孔及 10 号孔拱券顶点的南北高差相对较大，建议对以上拱券采取变形监测措施。

（4）鉴于北侧 5 号桥墩、南侧 9 号桥墩相对沉降较大，建议对以上桥墩采取沉降监测措施。

（5）严格按照公路桥梁相关养护维修规范做好卢沟桥桥梁结构的日常检查、维修、管养工作，对出现的问题及时按照规范要求进行处理。如：定期清理缝隙中植物根茎、券顶渗漏时及时进行修复、对桥面灰缝及时进行重铺或灌缝处理等。